Premiere Pro 2021
实战从入门到精通

任媛媛　编著

人民邮电出版社
北　京

图书在版编目（CIP）数据

Premiere Pro 2021实战从入门到精通 / 任媛媛编著
. -- 北京：人民邮电出版社，2022.4
ISBN 978-7-115-57303-2

Ⅰ. ①P… Ⅱ. ①任… Ⅲ. ①视频编辑软件 Ⅳ.
①TN94

中国版本图书馆CIP数据核字(2021)第188766号

内 容 提 要

本书以 Premiere Pro 2021 为基础，从案例制作和技术回顾这两条线帮助读者掌握 Premiere Pro 2021 的使用方法，并快速上手视频剪辑。

全书包含 115 个实战案例、34 个技术专题和约 1160 分钟的超清在线讲解视频，对 Premiere Pro 2021 的软件基础、序列、剪辑、关键帧、视频过渡、视频效果、调色、抠像、字幕、音频效果、输出等功能与技巧进行重点解析，配合常见类型的实战案例进行讲解，使读者能够融会贯通，将所学知识举一反三地运用到实际学习和工作中。

本书附赠的学习资源包括所有实际操作和商业项目实战的素材文件、实例文件和案例教学视频，以及技术回顾所运用的素材文件和相关的演示视频。读者若是在学习过程中有不明白的地方，可以观看相应的教学视频辅助学习，也可以在本书的学习群中与其他读者交流学习。

本书非常适合作为 Premiere Pro 2021 的初学者自学用书，也可以作为数字艺术教育培训机构及相关院校的教材。

◆ 编　　著　任媛媛
　　责任编辑　王　冉
　　责任印制　马振武

◆ 人民邮电出版社出版发行　　北京市丰台区成寿寺路 11 号
　　邮编　100164　　电子邮件　315@ptpress.com.cn
　　网址　https://www.ptpress.com.cn
　　雅迪云印（天津）科技有限公司印刷

◆ 开本：787×1092　1/16　　　　彩插：4
　　印张：25.75　　　　　　　　2022 年 4 月第 1 版
　　字数：1023 千字　　　　　　2022 年 4 月天津第 1 次印刷

定价：109.90 元

读者服务热线：(010)81055410　印装质量热线：(010)81055316
反盗版热线：(010)81055315
广告经营许可证：京东市监广登字 20170147 号

实战：制作新年动态视频	48页
实例文件	实例文件>CH02>实战：制作新年动态视频.prproj
学习目标	掌握在序列中添加剪辑的方法

实战：加速播放剪辑	59页
实例文件	实例文件>CH03>实战：加速播放剪辑.prproj
学习目标	掌握改变剪辑播放速度的方法

实战：嵌套序列	62页
实例文件	实例文件>CH03>实战：嵌套序列.prproj
学习目标	掌握嵌套序列的制作方法

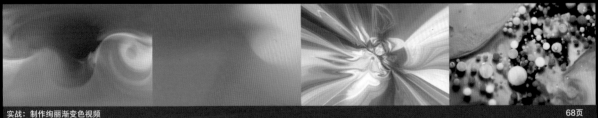

实战：制作绚丽渐变色视频	68页
实例文件	实例文件>CH03>实战：制作绚丽渐变色视频.prproj
学习目标	掌握剪辑的常用工具

实战：制作可爱宠物视频	71页
实例文件	实例文件>CH03>实战：制作可爱宠物视频.prproj
学习目标	掌握剪辑的常用工具

实战：为视频剪辑添加标记	75页
实例文件	实例文件>CH03>实战：为视频剪辑添加标记.prproj
学习目标	掌握标记工具的用法

实战：为音频剪辑添加标记	79页
实例文件	实例文件>CH03>实战：为音频剪辑添加标记.prproj
学习目标	掌握标记工具的用法

实战：制作缩放转场美食视频	92页
实例文件	实例文件>CH04>实战：制作缩放转场美食视频.prproj
学习目标	掌握添加"缩放"关键帧的方法

实战：制作旅游电子相册	100页
实例文件	实例文件>CH04>实战：制作旅游电子相册.prproj
学习目标	掌握添加"位置""旋转"和"缩放"关键帧的方法

本期导视

实战：制作新闻采访视频	108页
实例文件	实例文件>CH04>实战：制作新闻采访视频.prproj
学习目标	掌握添加"旋转"和"缩放"关键帧的方法

实战：制作房产图片动态视频　　　　　　　　　　　　　　　　　　　　　　　　**120页**

实例文件	实例文件>CH05>实战：制作房产图片动态视频.prproj
学习目标	掌握内滑类过渡效果

实战：制作年俗图片动态视频　　　　　　　　　　　　　　　　　　　　　　　　**125页**

实例文件	实例文件>CH05>实战：制作年俗图片动态视频.prproj
学习目标	掌握划像类过渡效果

实战：制作动态毕业相册　　　　　　　　　　　　　　　　　　　　　　　　　　**128页**

实例文件	实例文件>CH05>实战：制作动态毕业相册.prproj
学习目标	掌握擦除类过渡效果

实战：制作四季交替视频　　　　　　　　　　　　　　　　　　　　　　　　　　**139页**

实例文件	实例文件>CH05>实战：制作四季交替视频.prproj
学习目标	掌握擦除类过渡效果

实战：制作城市航拍视频　　　　　　　　　　　　　　　　　　　　　　　　　　**142页**

实例文件	实例文件>CH05>实战：制作城市航拍视频.prproj
学习目标	掌握溶解类过渡效果

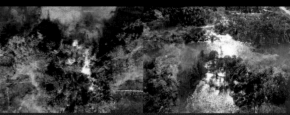

实战：制作风景动态视频　147页

实例文件	实例文件>CH05>实战：制作风景动态视频.prproj
学习目标	掌握溶解类过渡效果

实战：制作婚礼主题粒子转场视频　155页

实例文件	实例文件>CH05>实战：制作婚礼主题粒子转场视频.prproj
学习目标	掌握素材文件叠加过渡效果

实战：制作风景水墨转场视频　159页

实例文件	实例文件>CH05>实战：制作风景水墨转场视频.prproj
学习目标	掌握素材文件叠加过渡效果

实战：制作时尚图片切割转场视频　161页

实例文件	实例文件>CH05>实战：制作时尚图片切割转场视频.prproj
学习目标	掌握通道过渡效果

实战：制作MG动画转场视频　166页

实例文件	实例文件>CH05>实战：制作MG动画转场视频.prproj
学习目标	掌握通道过渡效果

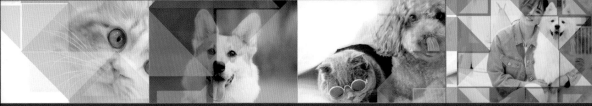

实战：制作宠物照片通道转场视频	169页
实例文件	实例文件>CH05>实战：制作宠物照片通道转场视频.prproj
学习目标	掌握通道过渡效果

实战：制作假日休闲J-cut转场视频	174页
实例文件	实例文件>CH05>实战：制作假日休闲J-cut转场视频.prproj
学习目标	掌握J-cut转场方式

实战：制作图片拉镜转场视频	194页
实例文件	实例文件>CH05>实战：制作图片拉镜转场视频.prproj
学习目标	掌握拉镜转场方式

实战：制作唯美色调效果视频	217页
实例文件	实例文件>CH06>实战：制作唯美色调效果视频.prproj
学习目标	掌握"四色渐变"和"镜头光晕"效果

实战：制作素描效果视频	228页
实例文件	实例文件>CH06>实战：制作素描效果视频.prproj
学习目标	掌握"查找边缘"效果

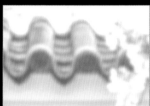  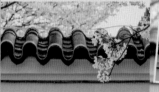 

实战：制作故障风动态视频		244页
实例文件	实例文件>CH06>实战：制作故障风动态视频.prproj	
学习目标	掌握数字故障风效果	

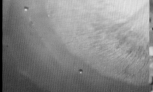   

实战：制作泛黄的照片视频		260页
实例文件	实例文件>CH07>实战：制作泛黄的照片视频.prproj	
学习目标	掌握"RGB曲线"效果	

实战：输出AVI格式视频文件		355页
实例文件	实例文件>CH11>实战：输出AVI格式视频文件.prproj	
学习目标	掌握AVI格式文件的输出方法	

商业项目实战：综艺游戏开场视频		387页
实例文件	实例文件>CH12>商业项目实战：综艺游戏开场视频.prproj	
学习目标	掌握栏目包装的制作方法	

商业项目实战：闲趣食品网店广告视频		411页
实例文件	实例文件>CH12>商业项目实战：闲趣食品网店广告视频.prproj	
学习目标	掌握网店广告视频的制作方法	

前言

Premiere Pro 2021是Adobe公司推出的一款专业且功能强大的视频编辑软件。软件提供了视频采集、剪辑、调色、音频、字幕添加和输出等一整套完整流程，在电视包装、影视剪辑、自媒体短视频和个人影像编辑等领域应用广泛。

本书特色

108个操作案例：这是一本实战型操作用书，对108个实战案例进行了步骤分解。读者可以通过大量的实战演练掌握视频编辑的技巧和精髓。

34个技术专题：笔者将34个制作技巧和剪辑经验毫无保留地奉献给读者，不仅极大地提升了本书的含金量，还能帮助读者提高学习和工作效率。

7个商业项目应用：本书最后一章列举了常见的7类Premiere Pro商业项目案例，包括快剪类、婚庆类、企业宣传类、栏目包装类、电子相册、Vlog和网店广告。

扫码看教学视频：本书提供了在线观看教学视频服务，读者可以用手机扫描书中二维码，随时随地观看教学视频。

1040分钟左右教学视频：笔者为所有实战案例和商业项目实战录制了超清语音教学视频，时长近1040分钟。读者可以结合视频进行学习，这样可以更好地掌握书中的知识点。

120分钟左右技术回顾视频：针对全书的重点功能安排的教学视频，这部分内容就是一套Premiere入门课程。

附赠资源

为方便读者学习，随书赠送全部案例的素材文件、实例文件和技术回顾素材文件。

本书还特别赠送视频素材、音频素材和免抠元素，为读者提供丰富的制作素材。

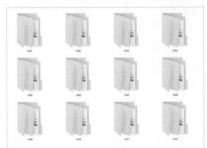  

所有学习资源均可在线获得。扫描封底或资源与支持页上的二维码，关注我们的微信公众号，即可获得素材文件的下载方式。

由于编者水平有限，书中难免存在疏漏之处，希望读者能够谅解，并欢迎批评指正。

编者
2021年10月

资源与支持

本书由"数艺设"出品，"数艺设"社区平台（www.shuyishe.com）为您提供后续服务。

配套资源

素材文件　　　实例文件　　　教学视频　　　技术回顾视频

免抠元素　　　视频素材　　　音频素材

资源获取请扫码

"数艺设"社区平台，为艺术设计从业者提供专业的教育产品。

与我们联系

我们的联系邮箱是 szys@ptpress.com.cn。如果您对本书有任何疑问或建议，请您发邮件给我们，并请在邮件标题中注明本书书名及ISBN，以便我们更高效地做出反馈。

如果您有兴趣出版图书、录制教学课程，或者参与技术审校等工作，可以发邮件给我们。如果学校、培训机构或企业想批量购买本书或"数艺设"出版的其他图书，也可以发邮件联系我们。

如果您在网上发现针对"数艺设"出品图书的各种形式的盗版行为，包括对图书全部或部分内容的非授权传播，请您将怀疑有侵权行为的链接通过邮件发给我们。您的这一举动是对作者权益的保护，也是我们持续为您提供有价值的内容的动力之源。

关于"数艺设"

人民邮电出版社有限公司旗下品牌"数艺设"，专注于专业艺术设计类图书出版，为艺术设计从业者提供专业的图书、视频电子书、课程等教育产品。出版领域涉及平面、三维、影视、摄影与后期等数字艺术门类，字体设计、品牌设计、色彩设计等设计理论与应用门类，UI设计、电商设计、新媒体设计、游戏设计、交互设计、原型设计等互联网设计门类，环艺设计手绘、插画设计手绘、工业设计手绘等设计手绘门类。更多服务请访问"数艺设"社区平台www.shuyishe.com。我们将提供及时、准确、专业的学习服务。

目录

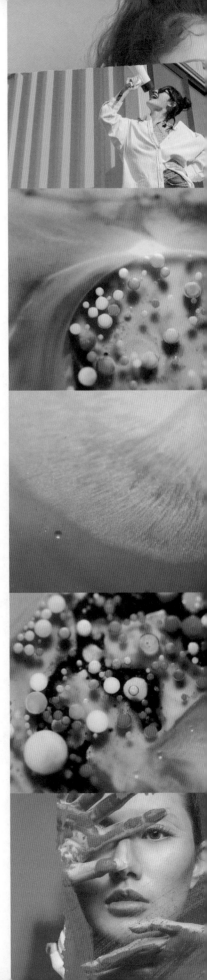

第9章　字幕 301

第10章　音频效果 333

第 **1** 章

软件界面与项目

　　Premiere Pro是一款非线性编辑的视频剪辑软件，用户可以在编辑的视频中随意替换、放置和移动视频、音频及图像。作为日常工作和生活中常用的剪辑软件之一，Premiere Pro不仅可以剪辑电影、电视这些专业视频，还可以剪辑常见的Vlog等短视频。近年来，短视频App的迅速普及带动了剪辑软件的发展，让普通用户也开始使用剪辑软件。

学习重点　🔍

实战：启动Premiere Pro 2021

素材文件	无
实例文件	无
难易程度	★☆☆☆☆
学习目标	启动软件，熟悉软件界面

扫码观看视频

安装完软件后，在桌面和"开始"菜单中都可以找到Premiere Pro 2021软件的启动图标。

☞案例制作

01 双击桌面上的Premiere Pro 2021快捷方式图标，就可以启动软件。在启动软件时，会显示图1-1所示的启动界面。

图1-1

> **① 技巧提示**
>
> 除了双击快捷方式图标启动软件，还可以在"开始"菜单中选择Adobe Premiere Pro 2021选项启动软件，如图1-2所示。
>
>
>
> 图1-2

> **◎ 技术专题：Premiere Pro 2021对计算机的要求**
>
> 随着Premiere软件的不断更新，其对计算机配置的要求越来越高。下面通过表1-1介绍运行Premiere Pro 2021软件的计算机的配置要求。
>
> 表1-1
>
> | 配置 | 基础型号 | 高级型号 |
> |---|---|---|
> | 操作系统 | Windows 10（64位） | Windows 10（64位） |
> | CPU | Intel 酷睿i7 8086 | Intel 酷睿i9 10900K |
> | 内存 | 8GB | 16GB |
> | 显卡 | NVIDIA GTX 1060/1070/1080 | NVIDIA RTX系列 |
> | 硬盘 | 1TB | 1TB |
> | 电源 | 500W | 600W |

02 启动完成后，会显示软件的"主页"页面，如图1-3所示。在"主页"页面中可以创建新的项目，也可以打开已有的项目，同时展示之前一段时间编辑过的项目。

03 切换到"学习"页面，这里会显示一些学习网页，可以帮助用户学习软件的相关知识，如图1-4所示。

图1-3

图1-4

04 单击"新建项目"按钮 新建项目，会弹出"新建项目"对话框，如图1-5所示。在对话框中，需要设置项目的名称和保存位置。单击"确定"按钮 确定，就可以进入软件界面，如图1-6所示。

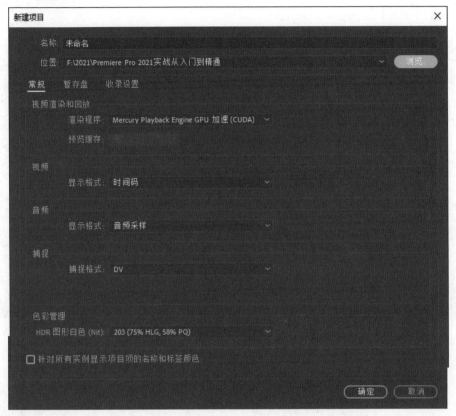

图1-5

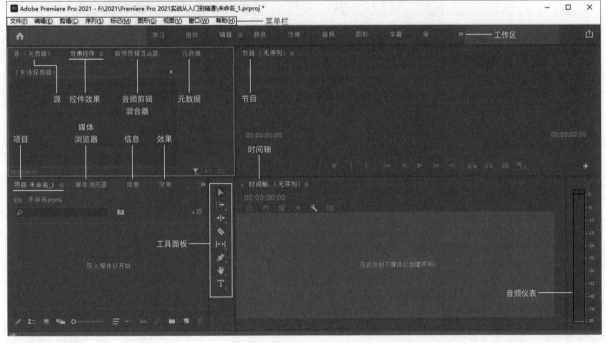

图1-6

05 默认情况下，软件打开的是"编辑"工作区。在工作区单击不同的按钮，可以切换到其他工作区，每种工作区的布局各不相同。单击"颜色"按钮 颜色，就可以切换到"颜色"工作区，如图1-7所示。在"第7章 调色"中就会通过"颜色"工作区进行操作。

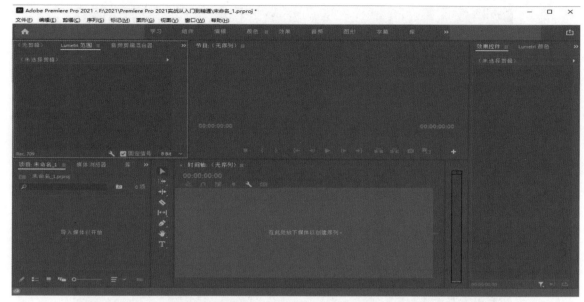

图1-7

◎ 技术专题：自定义工作区

用户除了选择系统提供的不同工作区外，还可以自定义适合自己的工作区。

单击工作区栏右端的■按钮，在弹出的下拉菜单中选择"编辑工作区"选项，如图1-8所示。

此时系统会弹出"编辑工作区"对话框，如图1-9所示。在对话框中可以选择想要移动的工作区名称。按住鼠标左键移动相应的选项到合适位置，即可完成移动，单击"确定"按钮 确定 就能完成对工作区界面的修改。

如果要删除工作区，可先选择需要删除的工作区，然后单击"编辑工作区"对话框左下角的"删除"按钮 删除，如图1-10所示。删除工作区后，在下次启动Premiere Pro时，将使用默认的工作区。

图1-8

图1-9　　　　　　　　　　　　图1-10

在自定义工作区后，界面会随之变化。若想储存自定义的工作区，就需要执行"窗口>工作区>另存为新工作区"菜单命令。执行"窗口>工作区>重置为保存布局"菜单命令（或按快捷键Alt+Shift+0），即可重置工作区，使界面恢复到默认布局。

06 将鼠标指针移动到相邻两个面板的分界线上，此时鼠标指针变成 形状，拖曳鼠标就能改变相邻面板的大小，如图1-11所示。

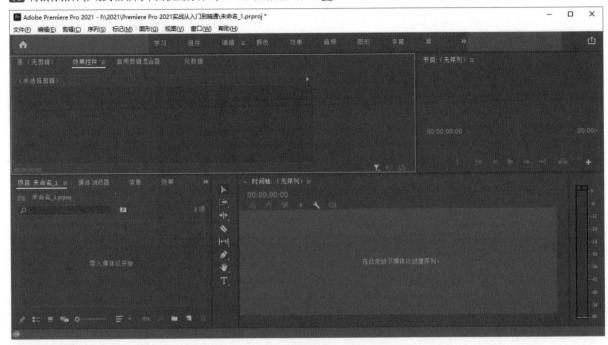

图1-11

07 将鼠标指针移动到4个面板的交界位置，此时鼠标指针变成 形状，拖曳鼠标就能改变相邻的4个面板的大小，如图1-12所示。

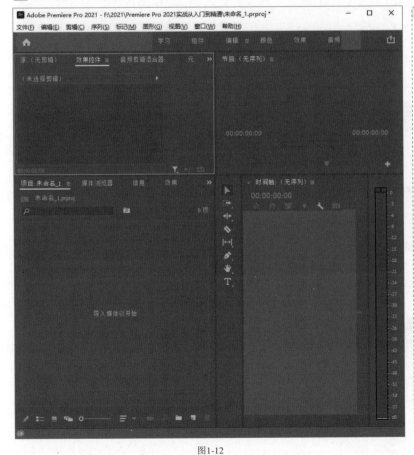

图1-12

> **技巧提示**
>
> 当按住鼠标左键拖曳面板时，可以将选中的面板移动到界面的任意位置。当移动的面板与其他面板的区域相交时，相交的面板区域会变亮，如图1-13所示。变亮的位置决定了移动的面板所插入的位置。如果想让面板自由浮动，就需要在拖曳面板的同时按住Ctrl键。

图1-13

08 双击任意面板的名称，就可以将该面板最大化显示，如图1-14所示。再次双击面板的名称，就能将面板恢复到以前的大小。

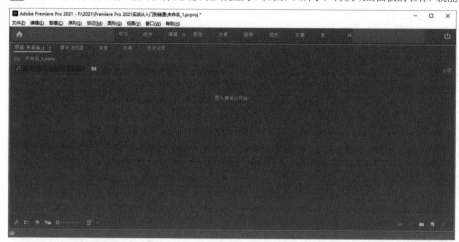

图1-14

09 在面板的左上角或右上角单击 ☰ 按钮，会弹出面板菜单，如图1-15所示。在面板菜单中可以选择面板的状态。如果在操作过程中不小心关闭了某个面板，在"窗口"菜单中勾选该面板的名称就可以在界面中显示该面板。

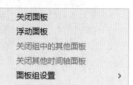

图1-15

◎ 技术专题：Premiere Pro的相关理论

在学习操作Premiere Pro软件之前，要先了解一些与软件有关的理论知识，以方便进行后面的学习。

1.常见的播放制式

世界上主要使用的电视广播制式有PAL（Phase Alteration Line，逐行倒相）、NTSC（National Television Standards Committee，国家电视标准委员会）和SECAM（Sequentiel Couleur A Memoire，按顺序传送彩色与存储）这3种，其中，国内大部分地区都使用PAL制式，欧美、东南亚和日韩等一些国家和地区使用NTSC制式，俄罗斯则使用SECAM制式。不同制式的帧频、分解率信号带宽、载频和色彩空间的转换关系等方面不同。

PAL制式：相比于NTSC制式，PAL制式克服了相位明暗造成的色彩失真的缺点。这种制式采用25帧/秒的帧速率，标准分辨率为720像素×576像素。图1-16所示为"新建序列"对话框中的PAL制式类型。

NTSC制式：这种制式采用29.97帧/秒的帧速率，标准分辨率为720像素×480像素。图1-17所示为"新建序列"对话框中的NTSC制式类型。

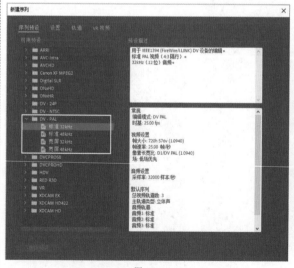

图1-16

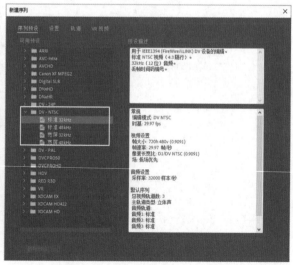

图1-17

SECAM制式：与PAL制式一样，也解决了NTSC制式相位失真的缺点，采用时间分隔法传送两个色彩信号。这种制式采用25帧/秒的帧速率，标准分辨率为720像素×576像素。

2.帧速率

帧速率是指画面每秒传送的帧数，"帧"则作为视频中最小的时间单位。例如，30帧/秒是指每秒传送30帧画面。帧速率越高，视频画面越流畅。例如，30帧/秒的视频在播放时要比15帧/秒的视频画面更流畅。

3.分辨率

在制作视频时，经常会听到720P（逐行扫描）、1080P和4K这些叫法，这些数字就代表了视频的分辨率。720P表示分辨率为1280像素×720像素，1080P表示分辨率为1920像素×1080像素，4K表示分辨率为4096像素×2160像素，如图1-18所示。

分辨率是用于度量图像内数据量多少的一个参数。例如，1280像素×720像素表示在横向和纵向上的有效像素分别为1280像素和720像素，在普通屏幕上播放视频时会很清晰，而在较大的屏幕上播放视频时就会模糊。

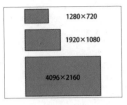

图1-18

4.像素长宽比

与分辨率的宽和高不同，像素长宽比是指放大画面后看到的每一个像素的长度和宽度的比例。由于播放设备本身的像素长宽比不是1：1，因此在播放设备上放映作品时，就需要修改像素长宽比。图1-19所示是"方形像素"和"D1/DV PAL宽银幕（1.46）"两种像素长宽比的对比效果。

通常在计算机上播放的视频的像素长宽比为1.0，而在电视机、电影放映机等设备上播放的视频像素长宽比要大于1.0。如果要在新建序列时更改像素长宽比，需要先在"设置"选项卡中设置"编辑模式"为"自定义"，就可以在"像素长宽比"下拉列表中选择需要的像素长宽比类型，如图1-20所示。

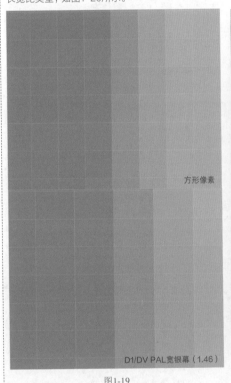

方形像素

D1/DV PAL宽银幕（1.46）

图1-19

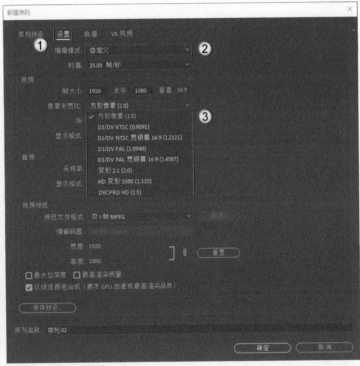

图1-20

实战：首选项设置

素材文件	无
实例文件	无
难易程度	★☆☆☆☆
学习目标	设置首选项相关参数

扫码观看视频

在进行剪辑工作之前，需要对软件进行一些前期设置，以方便后续制作。

☞案例制作--------------

01 执行"编辑>首选项>常规"菜单命令，就可以打开"首选项"对话框，如图1-21所示。在该对话框中可以对软件的外观和自动保存等选项进行设置。

02 切换到"外观"选项卡，调节亮度滑块，就能改变软件的界面亮度。默认情况下，软件界面是纯黑色的，当向右移动亮度滑块时，界面的颜色就由黑色变为深灰色，如图1-22所示。

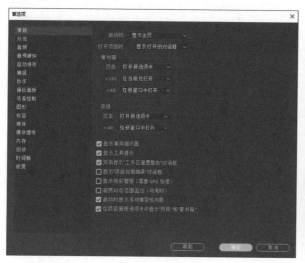

图1-21

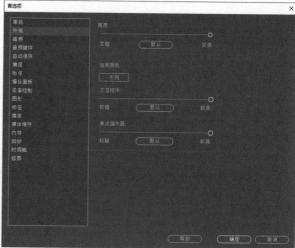

图1-22

03 切换到"自动保存"选项卡，然后勾选"自动保存项目"选项，就可以自动保存项目文件，如图1-23所示。不仅可以设置自动保存的时间间隔，还可以设置最大项目版本。如果勾选"将备份项目保存到Creative Cloud"选项，就会在用户的Adobe账号中自动保存项目文件。用户无论在哪台计算机上，只要登录自己的Adobe账号，都可以找到备份文件进行编辑。

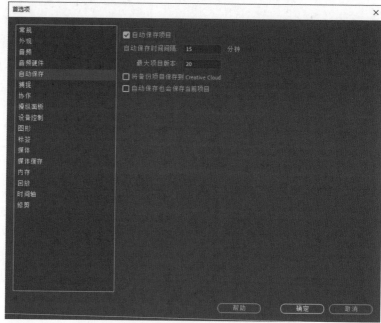

图1-23

实战：快捷键设置

素材文件	无
实例文件	无
难易程度	★☆☆☆☆
学习目标	设置快捷键

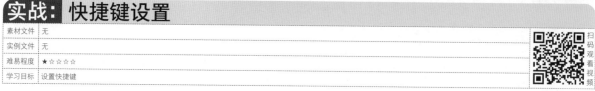

使用快捷键能够快速执行一些剪辑命令，帮助用户提高剪辑效率。在"键盘快捷键"对话框中不仅能查看默认的快捷键，还可以自定义快捷键。

☞案例制作

01 执行"编辑>快捷键"菜单命令，就可以打开"键盘快捷键"对话框，如图1-24所示。在对话框中可以查看已有的快捷键，也可以增加新的快捷键。

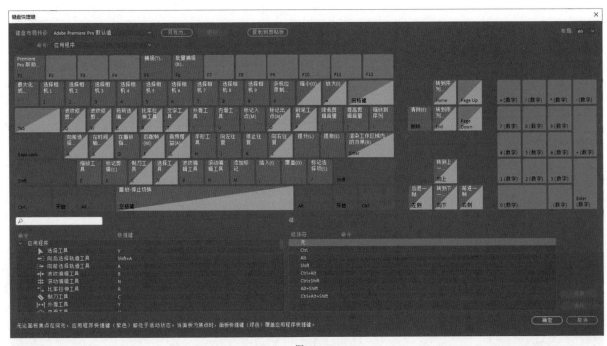

图1-24

02 在搜索栏中输入"嵌套",可以看到下方的"快捷键"中没有嵌套的快捷键,代表这个命令没有设置快捷键,如图1-25所示。

03 在"嵌套"命令后的"快捷键"位置单击,然后在输入框中按下Ctrl键和E键,此时输入框内显示快捷键为Ctrl+E,但是下方出现提示,表示该快捷键已经被"编辑原始"命令占用,如图1-26所示。遇到这种情况,最好重新设置快捷键。

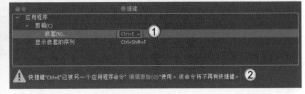

图1-25   图1-26

⊕ 技巧提示

"嵌套"命令使用频率很高,在后续章节的案例中经常出现。

04 重新在输入框中按Alt键和Q键,将快捷键设置为Alt+Q,且下方没有出现快捷键被占用的提示信息,代表这个快捷键是可以使用的,如图1-27所示。

05 单击"确定"按钮 确定 即可保存设置的快捷键并关闭对话框。重新打开"键盘快捷键"对话框,搜索"嵌套",就可以在下方看到刚才设置的Alt+Q快捷键,如图1-28所示。

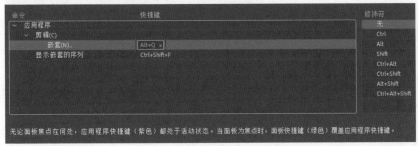

图1-27   图1-28

⊕ 技巧提示

选中"嵌套"命令,单击右边的"清除"按钮 清除 ,就可以删掉该快捷键。

★ 重点

实战：新建项目文件

素材文件	无
实例文件	无
难易程度	★☆☆☆☆
学习目标	学会新建项目文件

扫码观看视频

在剪辑视频之前必须建立一个相对应的项目文件。项目文件会包含剪辑需要的素材文件和剪辑文件，方便用户随时调用或修改。

☞ **案例制作** ---

01 在桌面上双击软件的快捷方式图标，打开软件，会显示"主页"页面，如图1-29所示。

02 在"主页"页面单击"新建项目"按钮 新建项目... ，会弹出"新建项目"对话框，如图1-30所示。在"名称"文本框中设置项目的名称，在"位置"中设置项目文件的保存位置。

图1-29

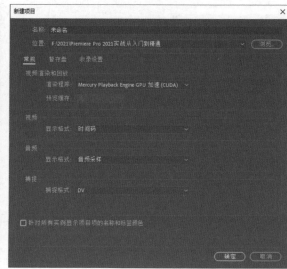

图1-30

> ① **技巧提示**
>
> 执行"文件>新建>项目"菜单命令（快捷键Ctrl+Alt+N），也可以新建项目文件。

03 单击"确定"按钮 确定 后，就会进入软件的编辑界面，如图1-31所示。

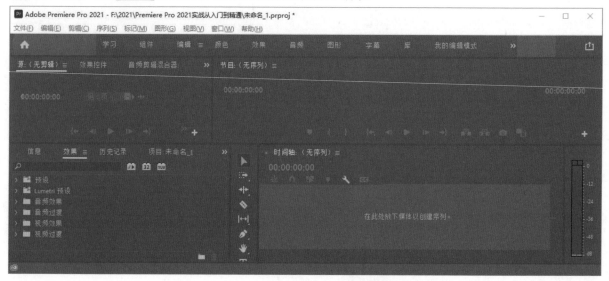

图1-31

　　"渲染程序"下拉列表中有两种渲染方式，一种是带GPU加速的渲染方式，另一种是不带GPU加速的渲染方式，如图1-32所示。建议读者使用带GPU加速的渲染方式，因为这种方式在一些视频效果中是必须要用的。

图1-32

👑 重点

实战：打开项目文件

素材文件	素材文件>CH01>01
实例文件	无
难易程度	★☆☆☆☆
学习目标	学会打开项目文件

扫码观看视频

　　当需要修改已有的项目文件时，就需要在软件中打开这个项目文件。

👉 案例制作

01 在桌面上双击软件的快捷方式图标，打开软件。在"主页"页面中单击"打开项目"按钮 打开项目，如图1-33所示。

02 弹出"打开项目"对话框。在对话框中打开学习资源"素材文件>CH01>01"文件夹，只要选中扩展名为.prproj的文件，单击"打开"按钮 打开(O)，如图1-34所示，即可打开项目文件，如图1-35所示。

图1-33

图1-34

图1-35

⚠ 技巧提示

在Premiere Pro中可以同时打开多个项目文件，且可以在这些项目文件中随意切换、编辑。

👑 重点

实战：保存项目文件

素材文件	素材文件>CH01>01
实例文件	实例文件>CH01>实战：保存项目文件.prproj
难易程度	★☆☆☆☆
学习目标	学会保存项目文件

扫码观看视频

编辑后的项目文件需要保存，以便后续修改或进行其他操作。

👉 案例制作--

01 打开本书学习资源"素材文件>CH01>01"文件夹中的项目文件，如图1-36所示。

图1-36

02 选中"时间轴"面板上的双色湖.mp4剪辑，如图1-37所示。

03 按Delete键将其删除，如图1-38所示。

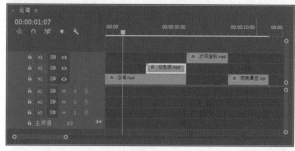

图1-37   图1-38

04 执行"文件>另存为"菜单命令（快捷键Ctrl+Shift+S），在弹出的"保存项目"对话框中设置保存文件的路径和名称，如图1-39所示。

05 单击"保存"按钮 保存(S) ，就可以在所设置的路径中找到刚刚保存的项目文件，如图1-40所示。

图1-39   图1-40

> **❓ 疑难问答：保存项目文件还有哪些方法？**
>
> 　　除了案例中讲到的通过"另存为"命令保存项目文件外，还有其他一些方法可以保存项目文件。
> 　　**第1种：** 执行"文件>保存"菜单命令（快捷键Ctrl+S），可以将正在编辑的项目文件及时保存，保存的文件会覆盖原文件。
> 　　**第2种：** 执行"文件>保存副本"菜单命令（快捷键Ctrl+Alt+S），可以将正在编辑的项目文件保存为一份新的PRPROJ格式文件。执行菜单命令后，会弹出"保存项目"对话框。在对话框中，用户可以选择另存文件的路径并设置文件名。
> 　　**第3种：** 执行"文件>全部保存"菜单命令，就可以将所有打开的项目文件同时保存并覆盖原文件。

👑 重点

实战：关闭项目文件

素材文件	素材文件>CH01>01
实例文件	无
难易程度	★☆☆☆☆
学习目标	学会关闭项目文件

扫码观看视频

　　不再进行编辑的项目文件可以直接在软件内关闭，而不需要退出软件。

👉 案例制作

01 打开学习资源"素材文件>CH01>01"文件夹中的项目文件，如图1-41所示。

02 执行"文件>关闭项目"菜单命令（快捷键Ctrl+Shift+W），可以将当前编辑状态下的项目文件关闭，如图1-42所示。

图1-41   图1-42

> **❗ 技巧提示**
>
> 　　如果同时打开了多个项目文件，执行"文件>关闭所有项目"菜单命令，可以将软件中打开的所有项目文件全部关闭。

03 关闭项目后，系统会显示"主页"页面，方便用户进行后续操作，如图1-43所示。

图1-43

❓ 疑难问答："关闭"与"关闭项目"有何区别?

"文件>关闭"菜单命令（快捷键Ctrl+W）是关闭当前选择的操作面板。例如，当选中"效果控件"面板时，按快捷键Ctrl+W会直接关闭这个面板，而项目文件仍然存在。

"文件>关闭项目"菜单命令（快捷键Ctrl+Shift+W）则是关闭整个项目文件。

第2章

① 技巧提示 ＋ ⑦ 疑难问答 ＋ ◎ 技术专题 ＋ ◎ 知识链接

文件与序列

在进行视频剪辑之前，需要导入素材文件并创建合适的序列，这些操作是后续进行视频剪辑的基础。序列可以确定视频的大小、制式等相关信息。

学习重点 🔍

实战：导入视频素材文件

素材文件	素材文件>CH02>01
实例文件	实例文件>CH02>实战：导入视频素材文件.prproj
难易程度	★☆☆☆☆
学习目标	掌握导入视频素材文件的方法

在剪辑视频之前，要先在"项目"面板中导入视频素材文件。本案例将讲解导入视频文件的具体方法。

☞案例制作--

01 执行"文件>新建>项目"菜单命令，在弹出的"新建项目"对话框中设置项目的"名称"和"位置"信息，然后单击"确定"按钮 **确定**，如图2-1所示。

02 双击"项目"面板，在弹出的"导入"对话框中选择学习资源"素材文件>CH02>01>01.mp4"文件，并单击"打开"按钮 **打开(O)**，如图2-2所示。选中的文件会出现在"项目"面板中，如图2-3所示。

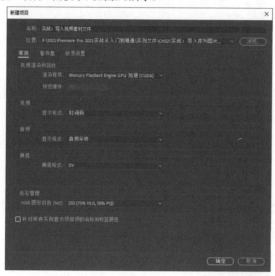

图2-1

图2-2

图2-3

◎ **技术专题：导入素材文件的其他方法**

第1种： 执行"文件>导入"菜单命令（快捷键Ctrl+I），在弹出的"导入"对话框中选择需要导入的素材文件。

第2种： 从"媒体浏览器"中选择需要导入的素材文件。

第3种： 直接将素材文件拖入"项目"面板中。

导入视频或音频素材文件后，"项目"面板中会显示导入文件的缩略图、素材名称和时长，如图2-4所示。

单击"从当前视图切换到列表视图"按钮，可以将素材从缩略图模式切换为列表形式，如图2-5所示。

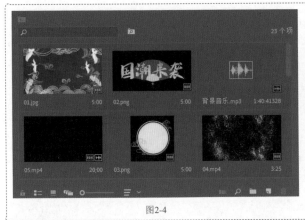

图2-4

图2-5

实战：导入序列图片素材文件

素材文件	素材文件>CH02>02
实例文件	实例文件>CH02>实战：导入序列图片素材文件.prproj
难易程度	★☆☆☆☆
学习目标	掌握导入序列图片素材文件的方法

对于渲染的动画序列帧，就需要通过导入序列图片的方式导入Premiere Pro中。本案例将讲解怎样将一组粒子爆炸的序列图片导入"项目"面板。

☞案例制作-----

01 执行"文件>新建>项目"菜单命令，在弹出的"新建项目"对话框中设置项目的"名称"和"位置"信息，然后单击"确定"按钮 确定 ，如图2-6所示。

02 双击"项目"面板，在弹出的"导入"对话框中打开学习资源"素材文件>CH02>02"文件夹，如图2-7所示。

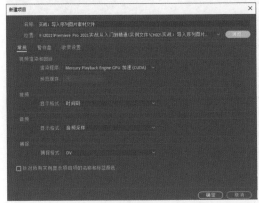

图2-6

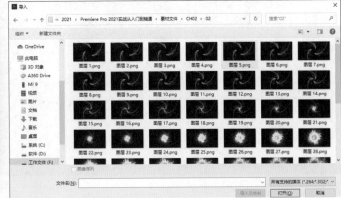

图2-7

03 随意选择一张图片，然后勾选下方的"图像序列"选项，接着单击"打开"按钮 打开(O) ，序列图片就会在"项目"面板中生成一个独立的文件，如图2-8和图2-9所示。

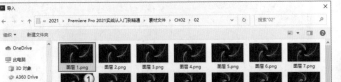

图2-8

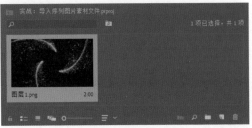

图2-9

实战: 打包素材

素材文件	素材文件>CH02>03
实例文件	实例文件>CH02>实战：打包素材.prproj
难易程度	★ ☆ ☆ ☆ ☆
学习目标	练习打包素材文件的方法

在制作剪辑文件时，素材可能不会都放在一个文件夹中。当需要在其他计算机上继续剪辑时，就要将素材打包到一个文件夹中，以免素材丢失。下面介绍具体的操作方法。

☞案例制作----------

01 打开本书学习资源"素材文件>CH02>03"文件夹中的项目文件，如图2-10所示。

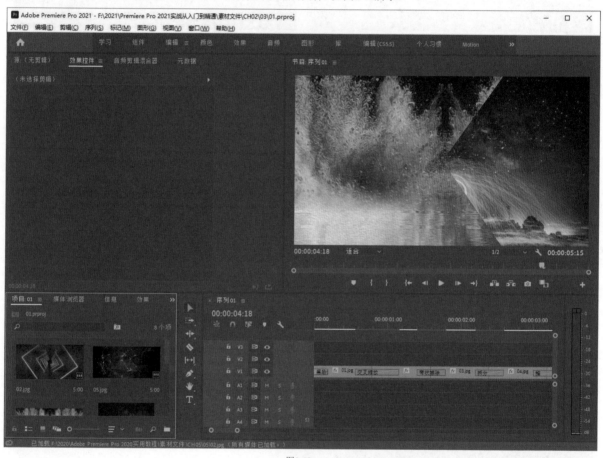

图2-10

02 执行"文件>项目管理"菜单命令，会弹出"项目管理器"对话框，如图2-11所示。

图2-11

03 选择"收集文件并复制到新位置"选项，然后在下方单击"浏览"按钮 浏览 ，选择收集素材的文件夹路径，如图2-12所示。

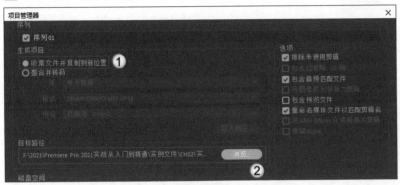

图2-12

04 设 置 完 毕 后 单 击 " 确 定 " 按 钮 确定 ，会弹出提示对话框。这里单击"是"按钮 是 ，如图2-13所示。

图2-13

05 在设置的新文件夹路径中可以找到收集的所有素材文件，如图2-14所示。

图2-14

👑 重点

实战： 编组素材

素材文件	素材文件>CH02>04
实例文件	实例文件>CH02>实战：编组素材.prproj
难易程度	★☆☆☆☆
学习目标	掌握编组素材文件的方法

同类型的素材文件可以进行归类成组，这时就需要用到素材箱。可以通过素材箱对素材进行分组管理，方便用户根据类型选取并调用素材。

👉 案例制作---

01 新建一个项目文件，在"项目"面板中导入学习资源"素材文件>CH02>04"文件夹中的所有素材文件，如图2-15所示。素材中有视频、图片和音频3种类型。

02 单击"新建素材箱"按钮 ，会在"项目"面板中创建一个新的素材箱，如图2-16所示。

图2-15

图2-16

03 将新建的素材箱命名为"视频素材",如图2-17所示。

04 按照上面的步骤,再创建"音频素材"和"图片素材"两个素材箱,如图2-18所示。

图2-17

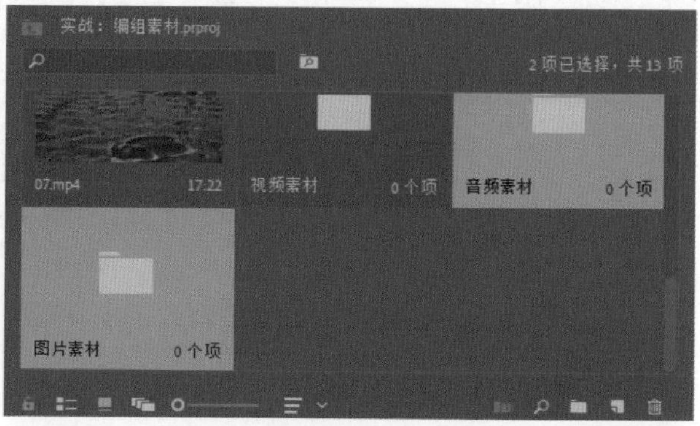

图2-18

05 按照素材箱的分类,将素材文件分别放入相应的素材箱中,如图2-19所示。

06 切换到列表视图模式中会更加直观,如图2-20所示。

图2-19

图2-20

> **⊙ 技巧提示**
>
> "项目"面板中可以存在多个素材箱,且素材箱中还可以包含素材箱。

实战: 重命名素材

素材文件	素材文件>CH02>05
实例文件	实例文件>CH02>实战:重命名素材.prproj
难易程度	★☆☆☆☆
学习目标	掌握重命名素材文件的方法

有时候导入的素材名称不方便识别,需要重命名。下面介绍重命名素材的方法。

☞**案例制作**

01 新建一个项目文件,在"项目"面板中导入学习资源"素材文件>CH02>05"文件夹中的素材文件,如图2-21所示。

02 导入的素材文件名称太复杂,不方便识别。选中第1个素材文件,然后单击鼠标右键,在弹出的菜单中选择"重命名"选项,如图2-22所示。

图2-21

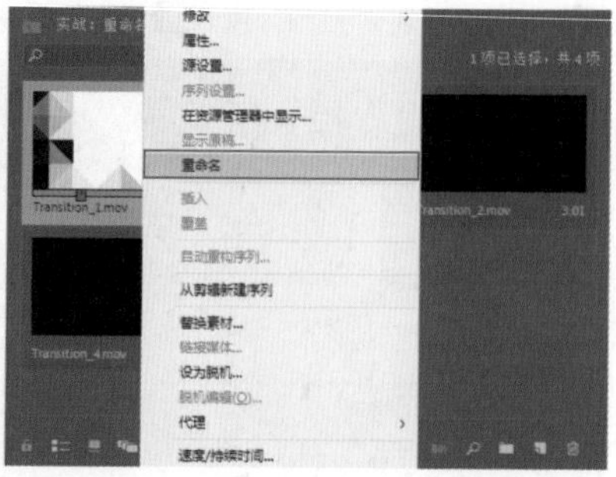

图2-22

> **⊙ 技巧提示**
>
> 双击素材的名称可以快速对素材进行重命名。

03 在素材名称的输入框内输入新的名字"过渡视频1"，如图2-23所示。

04 按照上面的步骤修改其他3个视频的名称，如图2-24所示。

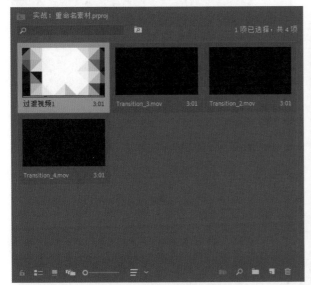

图2-23

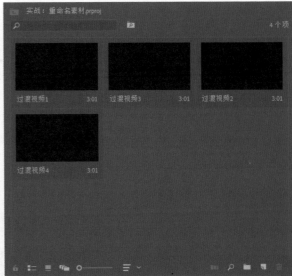

图2-24

实战：替换素材

素材文件	素材文件>CH02>06
实例文件	实例文件>CH02>实战：替换素材.prproj
难易程度	★☆☆☆☆
学习目标	掌握替换素材的方法

在剪辑时会碰到素材已经添加了一些属性，但突然发现素材不合适，需要更换新素材的情况。如果将素材直接删除，已经添加的属性会跟着删除，造成之前所做的工作全都无效。替换素材就可以解决这个烦恼，只替换原始素材文件，而不会更改已经添加的属性。

✍案例制作

01 新建一个项目文件，导入学习资源"素材文件>CH02>06>01.jpg"文件，如图2-25所示。

02 选中01.jpg素材文件，单击鼠标右键，在弹出的菜单中选择"替换素材"选项，如图2-26所示。

图2-25

图2-26

03 系统弹出"替换'01.jpg'素材"对话框，在对话框中选中02.jpg文件，然后单击"选择"按钮 ▢选择▢ ，如图2-27所示。

04 "项目"面板中的素材会替换为02.jpg文件，效果如图2-28所示。

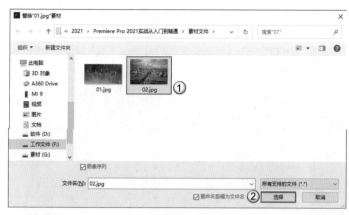

图2-27

图2-28

◎ **技术专题：丢失素材文件的处理方法**

当我们打开某些项目文件时，系统会弹出提示错误的对话框，如图2-29所示。

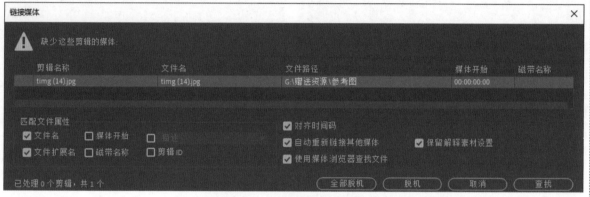

图2-29

这种情况代表原有路径的素材文件存在缺失。造成这种情况的原因有以下3种。

第1种：移动了素材文件的位置。

第2种：误删了素材文件。

第3种：修改了素材文件的名称。

下面介绍两种方法进行修改。

查找：这种方法适用于素材文件名称未修改，只是移动了素材位置的情况。单击"查找"按钮，在弹出的对话框左侧选择文件可能存在的路径，然后单击右下角的"搜索"按钮，如图2-30所示。

图2-30

此时系统会在选择的路径内进行查找。搜索完毕后，如果搜索到与缺失的素材文件相同名称的文件，则可以勾选"仅显示精确名称匹配"选项，并单击"确定"按钮 确定，如图2-31所示。

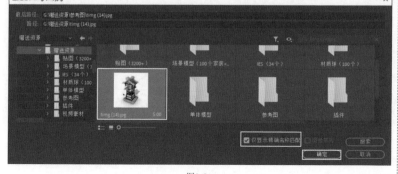

图2-31

脱机：这种方法适用于素材名称被修改或是素材文件已被删除的情况。单击"脱机"按钮 ▇▇脱机▇▇，此时在"节目"监视器中可以发现内容显示为红色，且"时间轴"面板中的剪辑也显示为红色，如图2-32和图2-33所示。

图2-32

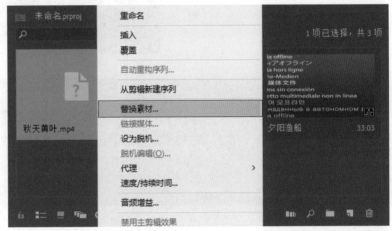

图2-33

在"项目"面板中选中缺失的素材文件，然后单击鼠标右键，在弹出的菜单中选择"替换素材"选项，接着在弹出的对话框中找到缺失的素材或是可替代的素材，并单击"选择"按钮 ▇选择▇，如图2-34和图2-35所示。此时在"节目"监视器中就可以看到替换后的素材，如图2-36所示。

图2-34

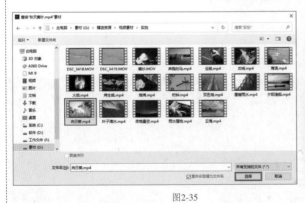

图2-35

图2-36

▲ 重点

实战：创建序列

素材文件	素材文件>CH02>07
实例文件	实例文件>CH02>实战：创建序列.prproj
难易程度	★☆☆☆☆
学习目标	掌握两种创建序列的方法

创建序列后，就可以在序列中编辑素材，添加不同的效果或过渡，从而生成丰富的画面效果。创建序列的方法有两种，下面通过具体的案例操作进行学习。

☞案例制作--

新建一个项目文件，在"项目"面板中导入学习资源"素材文件>CH02>07"文件夹中的素材，如图2-37所示。

第1种创建序列的方法。 选中01.jpg素材文件，将其拖曳到"时间轴"面板中，就可以生成符合素材文件参数的序列，如图2-38所示。

第2种创建序列的方法。

01 单击"项目"面板下方的"创建项"按钮 ▤，在弹出的菜单中选择 "序列" 选项，如图2-39所示。

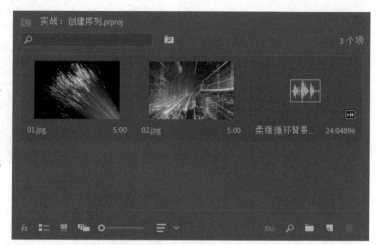
图2-37

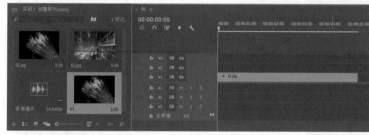
图2-38

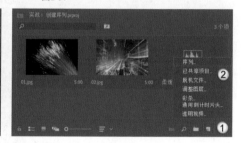
图2-39

> ⓘ **技巧提示**
>
> 按快捷键Ctrl+N，就可以快速打开"创建序列"对话框。

02 系统会弹出"创建序列"对话框。在对话框中，用户可以选择设置好参数的序列选项，如图2-40所示。

03 单击"确定"按钮（ 确定 ）后，就会在"时间轴"面板生成序列，如图2-41所示。

图2-40

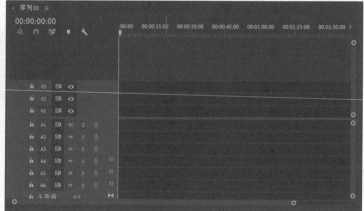
图2-41

> ◉ **技术专题：序列面板**
>
> 不同的序列在轨道数量上会有差异，其余参数都是相同的，如图2-42所示的面板。

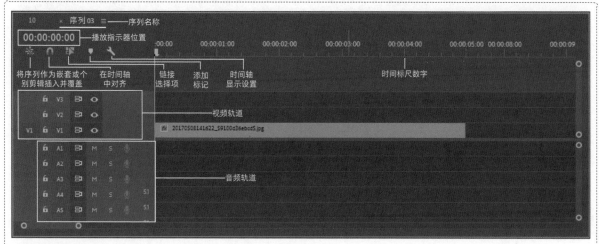

图2-42

序列名称： 高亮显示为当前序列。用户可在多个序列中切换或关闭。

播放指示器位置： 显示播放指示器所在位置的当前时间。

时间标尺数字： 显示序列的时间轴。

将序列作为嵌套或个别剪辑插入并覆盖： 默认高亮状态下，将嵌套序列拖曳到序列上会显示为嵌套序列形式，否则为单个素材。

在时间轴中对齐： 默认高亮状态下，拖曳剪辑会自动对齐。

链接选择项： 默认高亮状态下，拖曳到序列上素材文件的视频和音频呈关联状态。

添加标记： 单击该按钮，会在时间标尺数字上显示标记。

时间轴显示设置： 单击该按钮，会在弹出的菜单中勾选时间轴中需要显示的属性，如图2-43所示。

视频轨道： 添加的图片和视频素材会显示在视频轨道中，如图2-44所示。

音频轨道： 添加的音频素材会显示在音频轨道中，如图2-45所示。

图2-43

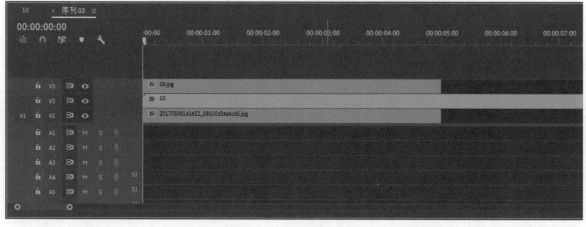

图2-44

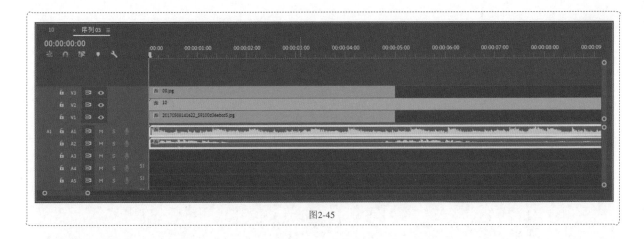

图2-45

实战：序列轨道的常用操作

素材文件	素材文件>CH02>07
实例文件	实例文件>CH02>实战：创建序列.prproj
难易程度	★☆☆☆☆
学习目标	掌握序列轨道的常用操作方法

序列面板上存在许多按钮，通过这些按钮可以对轨道进行各种操作。下面就通过案例演示这些按钮的用法。

☞案例制作

01 在"项目"面板中打开本书学习资源"素材文件>CH02>07"文件夹中的素材文件，如图2-46所示。

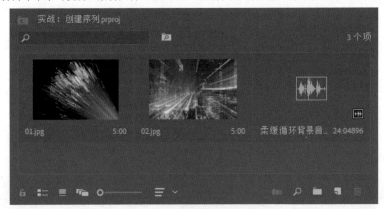

图2-46

02 选中01.jpg素材，将其拖曳到"时间轴"面板中生成序列，如图2-47所示。

03 在"项目"面板中选中02.jpg素材，将其拖曳到V2轨道上，如图2-48所示。

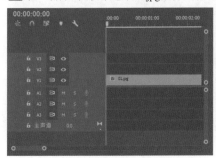

图2-47

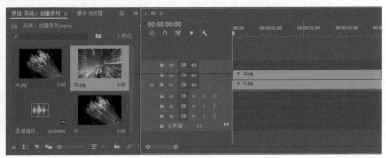

图2-48

04 在视频轨道的左侧有个像眼睛一样的按钮，这个按钮就是"切换轨道输出"按钮。默认状态下，此轨道上的剪辑可以显示出来，如图2-49所示。

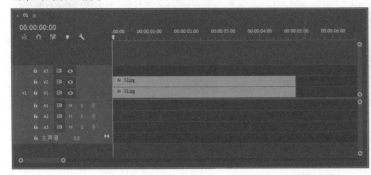

图2-49

05 单击该按钮，按钮图标会变成效果，代表这个轨道上的剪辑不可见，只能看到其他轨道上的素材，如图2-50所示。灵活切换该按钮，方便观察剪辑效果。

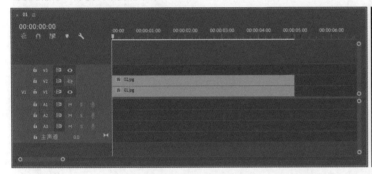

图2-50

◎ **技术专题：轨道间的关系**

视频轨道可以类比为Photoshop中的图层，位于上方轨道中的剪辑会覆盖下方轨道中的剪辑。与Photoshop不同的是，轨道带有时间长度，在"节目"监视器中始终显示当前时间内最上方轨道中的剪辑效果。

图2-51所示的序列中，V2轨道和V1轨道中的剪辑在00:00:00:00位置上处于重叠状态，这时"节目"监视器中会显示上方V2轨道中剪辑的效果，如图2-52所示。

当移动播放指示器到00:00:04:00的位置时，V2轨道上的剪辑已经显示完毕，只剩下V1轨道上还存在剪辑，此时"节目"监视器中会显示V1轨道中的剪辑效果，如图2-53和图2-54所示。

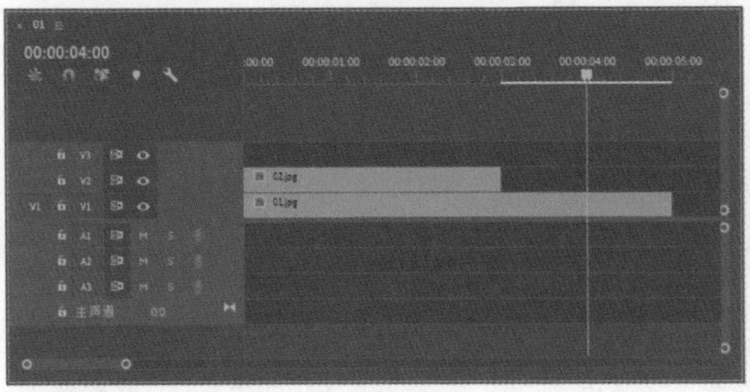

图2-51

图2-52

图2-53

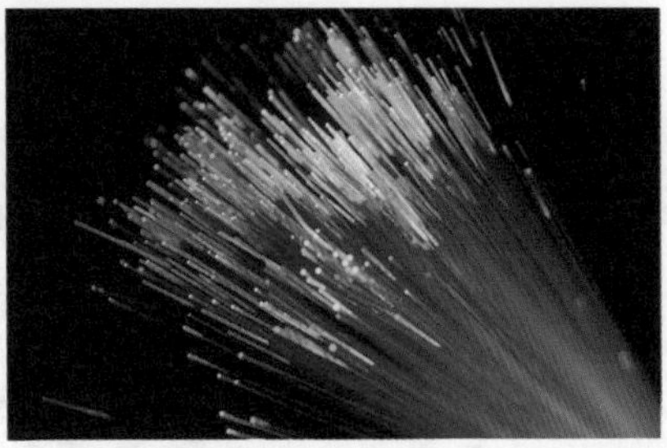

图2-54

图2-55所示的序列中在00:00:00:00位置上，V1轨道中有剪辑，但V2轨道还没有出现剪辑，这时"节目"监视器中显示的是V1轨道中的剪辑效果，如图2-56所示。

图2-55　　　　　　　　　　　　　　　　　　　图2-56

06 选中图2-57所示V1轨道中的剪辑，按快捷键Ctrl+C复制，然后按快捷键Ctrl+V粘贴，可以观察到粘贴的新剪辑会出现在V1轨道后方，如图2-58所示。

 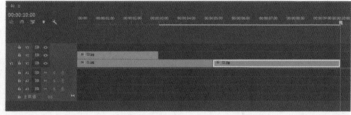

图2-57　　　　　　　　　　　　　　　　　　　图2-58

① 技巧提示

每个轨道的前方都会显示轨道的名称，如图2-59所示。轨道显示为蓝底状态，代表这个轨道是目标轨道。目标轨道在复制粘贴、剪切剪辑和上下键快速跳转编辑点时非常实用。

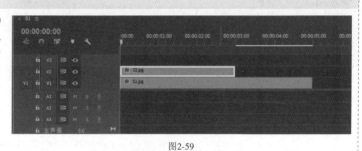

图2-59

07 取消V1轨道的目标轨道设置，设置V2轨道为目标轨道，如图2-60所示。按快捷键Ctrl+V粘贴，会发现粘贴的新剪辑出现在V2轨道后方，如图2-61所示。

 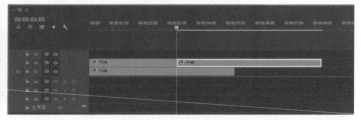

图2-60　　　　　　　　　　　　　　　　　　　图2-61

08 按键盘上的↑键和↓键时，可以观察到播放指示器会自动跳转到目标轨道中剪辑的起始和结束位置，如图2-62和图2-63所示。

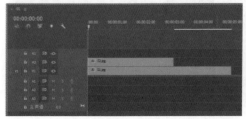 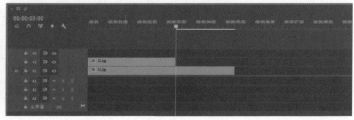

图2-62　　　　　　　　　　　　　　　　　　　图2-63

09 使用"剃刀工具" 🔪 剪切剪辑时，只能剪切目标轨道中的剪辑，没有被选为目标轨道的轨道中的剪辑则不会被剪切，如图2-64所示。

图2-64

10 单击轨道前的"切换轨道锁定"按钮 🔒，就可以将轨道上的剪辑进行锁定，如图2-65所示。锁定后，轨道上的剪辑不能被选中，也不能进行编辑，但"节目"监视器中可以显示其效果。

11 再次单击"切换轨道锁定"按钮 🔒，就可以将锁定的轨道解锁，如图2-66所示。解锁后的轨道可以进行编辑。

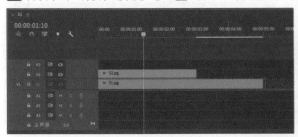
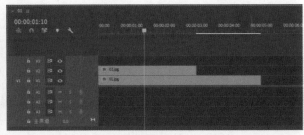

图2-65　　　　　　　　　　　　　　　　　　　图2-66

12 选中"项目"面板中的"柔缓循环.mp3"素材文件，将其拖曳到A1轨道上，如图2-67所示。

图2-67

13 单击音频轨道上的"静音轨道"按钮 M，就不能通过扬声器或耳机聆听轨道中的音频效果了，如图2-68所示。再次单击"静音轨道"按钮 M，就可以聆听轨道中音频的效果。

图2-68

14 单击轨道上的"独奏轨道"按钮 S，就只播放该轨道上的音频剪辑，如图2-69所示。再次单击"独奏轨道"按钮 S，就可以聆听所有轨道中的音频效果。

图2-69

👑重点

实战: 制作节气动态视频

素材文件	素材文件>CH02>08
实例文件	实例文件>CH02>实战：制作节气动态视频.prproj
难易程度	★★☆☆☆
学习目标	掌握在序列中添加剪辑的方法

本案例需要将素材文件导入"项目"面板，新建序列后添加剪辑，案例效果如图2-70所示。

👉 **案例制作**--

01 新建一个项目文件，在"项目"面板中导入本书学习资源中的"素材文件>CH02>08"文件夹中的所有素材文件，如图2-71所示。

图2-70   图2-71

02 选中01.mp4素材文件，将其拖曳到右侧的"时间轴"面板中，系统会根据素材文件自动生成一个序列，如图2-72所示。此时"节目"监视器中会显示素材的效果，如图2-73所示。

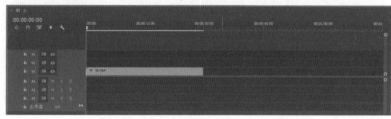

图2-72   图2-73

03 选中02.png素材文件，将其拖曳到V2轨道上，如图2-74所示。

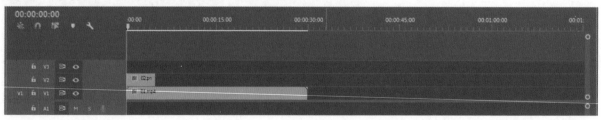

图2-74

04 观察序列中的剪辑，会发现V2轨道中的剪辑要比V1轨道中的剪辑短很多。使用"剃刀工具"◈在V1轨道上剪切剪辑，使其与V2轨道剪辑的长度相同，如图2-75所示。

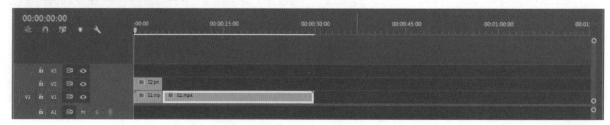

图2-75

05 选中V1轨道中多余的剪辑，按Delete键将其删除，如图2-76所示。

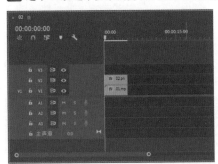

图2-76

技巧提示

读者若是觉得剪辑的长度太短，不方便观察，可以按键盘上的+键放大序列，如图2-77所示。按键盘上的-键则可以缩小序列。

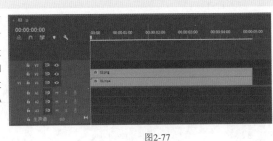

图2-77

06 移动播放指示器，会发现"节目"监视器中02.png素材文件的大小超出屏幕，如图2-78所示。

07 选中V2轨道中的剪辑，单击鼠标右键，在弹出的菜单中选择"缩放为帧大小"选项，如图2-79所示。此时就可以在"节目"监视器中观察到素材的效果，如图2-80所示。

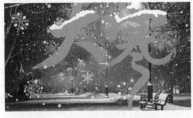

图2-78

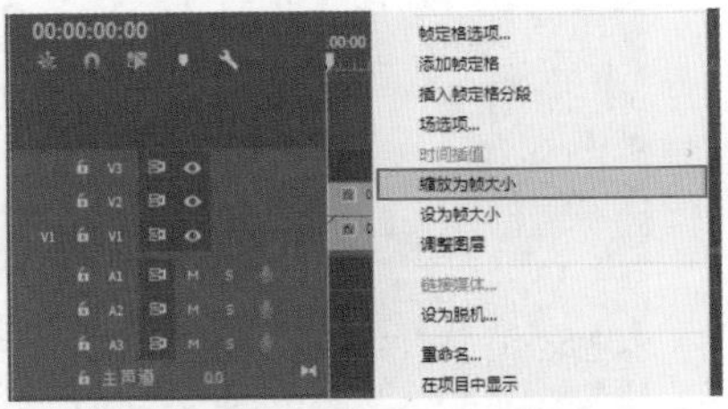

图2-79

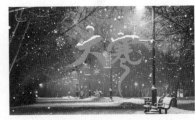

图2-80

08 在"节目"监视器中双击文字部分，然后使其向左下角位置移动，如图2-81所示。

09 在"效果"面板的"视频效果"中找到"Alpha发光"效果，选中该效果，并将其拖曳到02.png剪辑上，如图2-82所示。

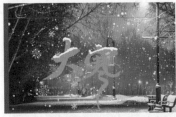

图2-81

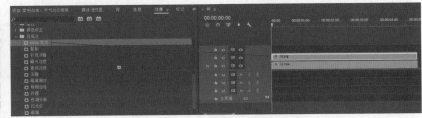

图2-82

技巧提示

在"节目"监视器中观察到蓝色的编辑框时，代表文字部分的剪辑是被选中的状态。

10 在"效果控件"面板中，设置"发光"为60，"起始颜色"为白色，如图2-83所示。此时"节目"监视器中的线框素材会出现发光效果，如图2-84所示。至此，本案例制作完成。

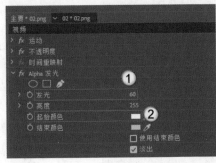

图2-83

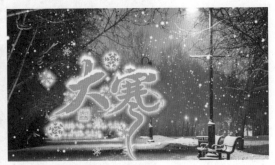

图2-84

实战：制作新年动态视频

素材文件	素材文件>CH02>09
实例文件	实例文件>CH02>实战：制作新年动态视频.prproj
难易程度	★★☆☆☆
学习目标	掌握在序列中添加剪辑的方法

本案例需要将素材文件夹中的视频和图片素材导入"项目"面板，然后在时间轴上生成序列，效果如图2-85所示。

图2-85

👉案例制作

01 新建一个项目文件，在"项目"面板中导入本书学习资源中的"素材文件>CH02>09"文件夹中的所有素材文件，如图2-86所示。

02 选中01.mp4素材文件，将其拖曳到"时间轴"面板中生成序列，如图2-87所示。效果如图2-88所示。

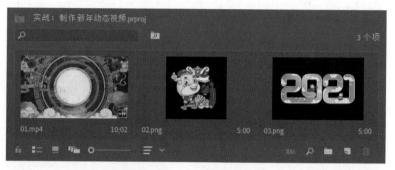

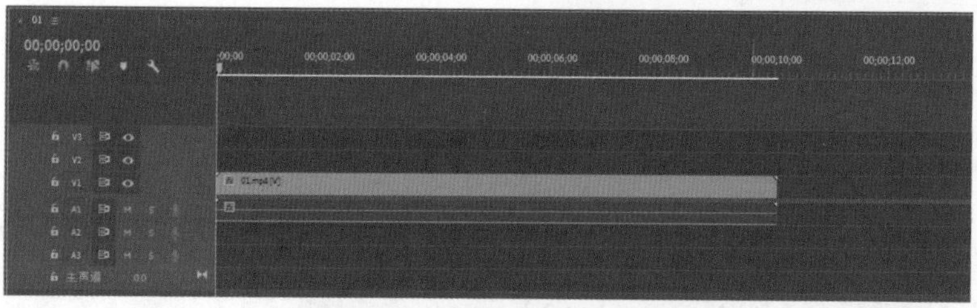

图2-86

图2-87

图2-88

03 选中02.png素材文件，将其拖曳到V2轨道上，如图2-89所示。效果如图2-90所示。

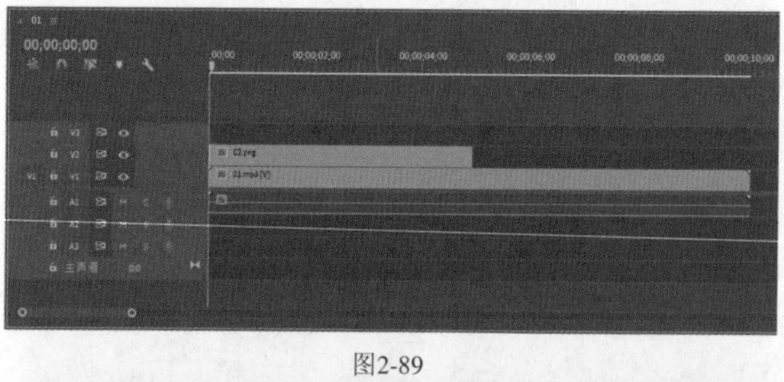

图2-89

图2-90

04 卡通牛素材有些偏大，需要将其缩小。选中V2轨道中的02.png剪辑，在"效果控件"面板中设置"缩放"为85，如图2-91所示。缩小后的效果如图2-92所示。

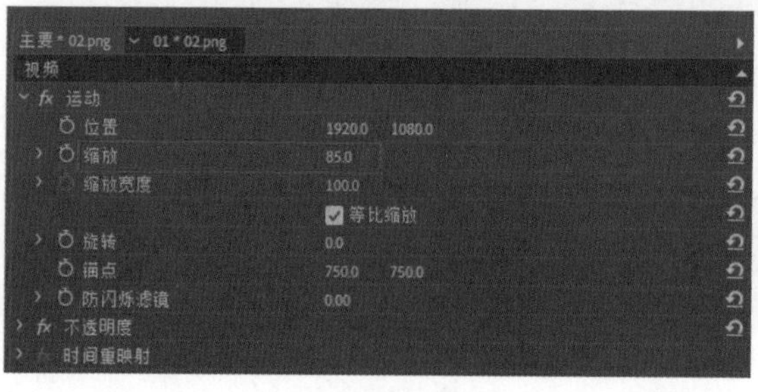

图2-91

图2-92

05 选中03.png素材文件，将其拖曳到V3轨道上，如图2-93所示。效果如图2-94所示。

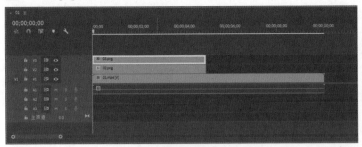

图2-93 · 图2-94

06 选中V3轨道上的03.png剪辑，在"效果控件"面板中设置"位置"为（1920,1770），"缩放"为50，如图2-95所示。效果如图2-96所示。

图2-95 · 图2-96

> ⓘ **技巧提示**
>
> 　　除了在"效果控件"面板中通过设置具体数值控制剪辑的位置和大小外，还可以在"节目"监视器中直接设置。双击"节目"监视器中的素材文件，当出现蓝色的控制器框时，就可以移动素材位置，拖曳控制器四角的控制点，就可以缩放素材，如图2-97所示。

图2-97

07 V1轨道中的剪辑要与其余两个轨道中的剪辑等长。使用"剃刀工具" ◈ 将V1轨道中多余的剪辑进行裁剪并删除，如图2-98所示。

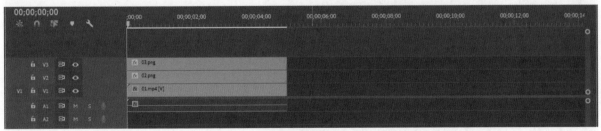

图2-98

08 单击"导出帧"按钮 ◙ ，在序列上随意截取4帧图片，效果如图2-99所示。

图2-99

实战：制作节约用水公益视频

素材文件	素材文件>CH02>10
实例文件	实例文件>CH02>实战：制作节约用水公益视频.prproj
难易程度	★★☆☆☆
学习目标	掌握在序列中添加剪辑的方法

本案例需要将素材文件夹中的视频和图片素材导入"项目"面板，然后在时间轴上生成序列，效果如图2-100所示。

图2-100

案例制作

01 新建一个项目文件，在"项目"面板中导入本书学习资源中的"素材文件>CH02>10"文件夹中的所有素材文件，如图2-101所示。

❓ 疑难问答：为何素材缩略图是黑色的？

相信有的读者会产生疑问，为何02.png素材的缩略图是黑色的？这是因为该素材的内容为黑色画面，且在Premiere Pro中透明素材也显示为黑色，这就会造成缩略图显示为黑色。

图2-101

02 选中01.mov素材，将其拖曳到"时间轴"面板，生成序列，如图2-102所示。效果如图2-103所示。

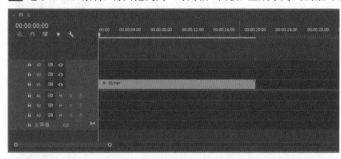

图2-102

图2-103

03 移动播放指示器，在00:00:01:20的位置画面中出现水波纹，如图2-104所示。效果如图2-105所示。

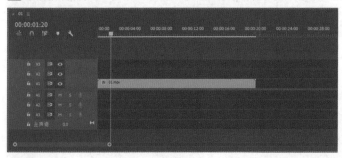

图2-104

图2-105

04 保持播放指示器的位置不变，选中02.png素材文件，并将其拖曳到V2轨道上，如图2-106所示。效果如图2-107所示。

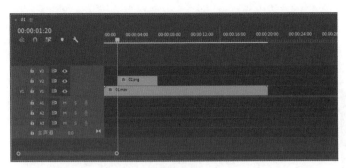

图2-106　　　　　　　　　　　　　　　　　　图2-107

05 文字素材的大小明显超过了画面。在"节目"监视器中选中02.png素材，将其缩小并移动到画面左边，如图2-108所示。

06 下方视
频素材中的
水波纹太靠
近画面中心。
选中01.mov
素材，将其向
右移动并放
大，效果如图
2-109所示。

图2-108　　　　　　　　　　　　　　　　　　图2-109

07 在"时间轴"面板中将02.png剪辑的结束位置与下方01.mov剪辑的结束位置设置为相同的位置，这样文字就会一直显示在
画面上，如图2-110所示。效果如图2-111所示。

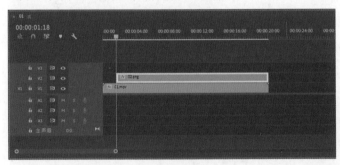

图2-110　　　　　　　　　　　　　　　　　　图2-111

08 选中02.png剪辑并移动播放指示器到剪辑起始位置，然后在"效果控件"面板中设置"不透明度"为0%，如图2-112所示。
此时画面中不会出现文字素材，如图2-113所示。

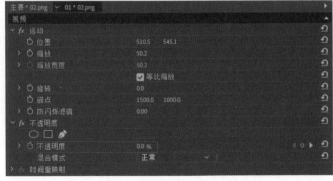

图2-112　　　　　　　　　　　　　　　　　　图2-113

> ⊗ **知识链接**
>
> 设置"不透明度"的数值，系统会自动添加关键帧。关键帧的相关知识点请参阅第4章相关案例。

09 移动播放指示器到00:00:06:22的位置，然后设置"不透明度"为100％，如图2-114所示。此时画面中会显示文字效果，如图2-115所示。

图2-114

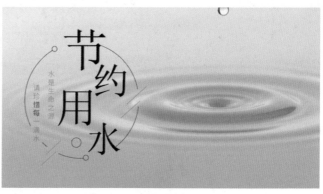

图2-115

10 单击"导出帧"按钮 📷，在序列上随意截取4帧图片，效果如图2-116所示。

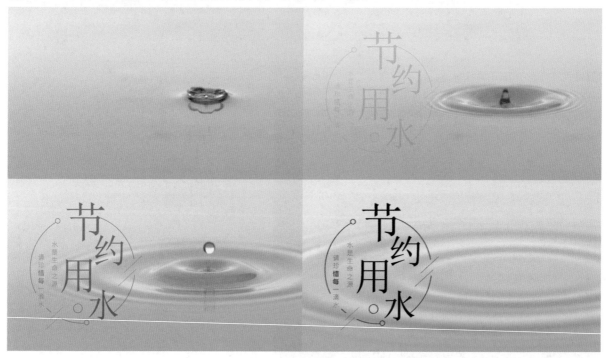

图2-116

第 **3** 章

① 技巧提示 ＋ ② 疑难问答 ＋ ◎ 技术专题 ＋ ⑧ 知识链接

剪辑和标记

本章将深入讲解剪辑的相关知识。通过对本章的学习，相信读者能掌握常用的剪辑知识，学会如何编辑剪辑，从而制作出简单的剪辑效果。

学习重点 🔍

实战：查找剪辑间隙

素材文件	素材文件>CH03>01
实例文件	实例文件>CH03>实战：查找剪辑间隙.prproj
难易程度	★ ☆ ☆ ☆ ☆
学习目标	掌握查找剪辑间隙的方法

　　经常使用"提升"工具 编辑剪辑或是使用"剃刀工具" 裁剪剪辑片段，会在序列上留下许多间隙。当缩小序列后，很难发现这些细小的间隙，这时就可以使用"查找间隙"命令快速查找间隙并进行处理。

图3-1

☞ **案例制作** ---

01 新建一个项目文件，在"项目"面板中导入学习资源"素材文件>CH03>01"文件夹中的资源文件，如图3-1所示。

02 将素材拖曳到"时间轴"面板中，生成序列，如图3-2所示。

03 移动播放指示器到00:00:05:00的位置，然后按I键添加入点，如图3-3所示。

图3-2

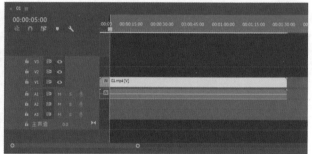

图3-3

04 移动播放指示器到00:00:06:00的位置，然后按O键添加出点，如图3-4所示。

05 在"节目"监视器上单击"提升"按钮 （;键），会观察到入点和出点间的剪辑被剪切，剪切的部分留出空隙，如图3-5所示。

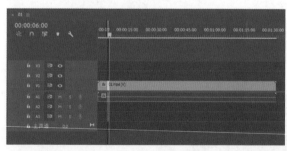

图3-4

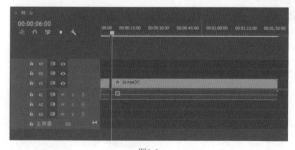

图3-5

◎ **技术专题："源"监视器与"节目"监视器**

1."源"监视器

　　双击"时间轴"面板上的剪辑或是双击"项目"面板中的素材文件，就可以在"源"监视器中查看和编辑素材，如图3-6所示。"源"监视器中显示素材原本的效果。

图3-6

"源"监视器的下方有一些控件，如图3-7所示。

图3-7

添加标记 （M键）：单击此按钮后，会在序列上添加一个标记图标。双击标记图标，会弹出对话框，如图3-8所示。在对话框中可以对标记进行简单的注释，以方便剪辑。

标记入点 （I键）：设置素材开始的位置，每个素材只有一个入点，如图3-9所示。

标记出点 （O键）：设置素材结束的位置，每个素材只有一个出点，如图3-10所示。

图3-8

图3-9

图3-10

转到入点 （快捷键Shift+I）：将播放指示器移动到入点位置。

后退一帧 （←键）：将播放指示器向后移动一帧。

播放–停止切换 （Space键）：在监视器中播放或停止原素材。

前进一帧 （→键）：将播放指示器向前移动一帧。

转到出点 （快捷键Shift+O）：将播放指示器移动到出点位置。

插入 （，键）：通过插入编辑模式将剪辑添加到"时间轴"面板当前显示的序列中。如果是设置了入点和出点的素材，只会添加入点到出点间的素材片段到"时间轴"面板的序列中。

覆盖 （．键）：通过覆盖编辑模式将素材添加到"时间轴"面板当前显示的序列中，替换原有的剪辑。

导出帧 （快捷键Ctrl+Shift+E）：将监视器中显示的当前内容创建为一幅静态图像。

2."节目"监视器

"节目"监视器会显示"时间轴"面板中所有剪辑叠加后的整体效果，如图3-11所示。可以在"节目"监视器中对单个序列进行编辑，从而得到理想的整体效果。

图3-11

"节目"监视器的下方有一些控件，如图3-12所示。这些控件与"源"监视器大致相同，只有个别控件不同。下面介绍不同的控件。

图3-12

提升 (；键)：单击该按钮后，会将标记了入点和出点的剪辑中入点和出点间的部分删除，且删除的序列空隙保留，如图3-13所示。

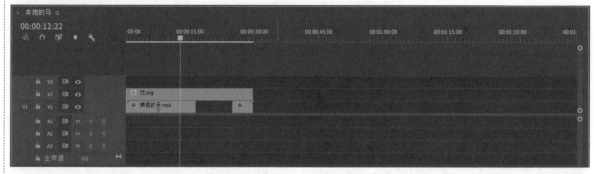

图3-13

提取 ('键)：单击该按钮后，会将标记了入点和出点的剪辑中入点和出点间的部分删除，但删除后序列的后端会与前端相接，不保留空隙，如图3-14所示。

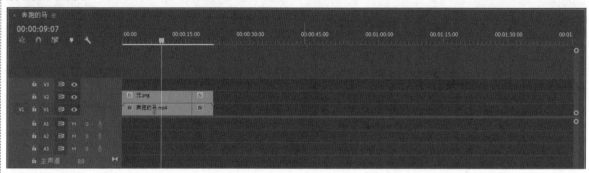

图3-14

比较视图：单击该按钮后，会将播放指示器所在帧的画面与序列画面进行对比，这样方便观察调整后的效果，如图3-15所示。

图3-15

06 按照上面的方法,继续在剪辑上提升一些片段,如图3-16所示。此时需要将剪辑间长短不一的空隙全部删掉,并将剪辑片段拼合在一起。

07 执行"序列>转至间隔>序列中下一段"菜单命令(快捷键Shift+;),播放指示器就会自动移动到间隙的起始位置,如图3-17所示。

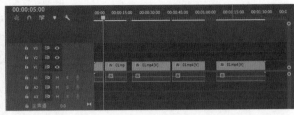

图3-16   图3-17

08 选中间隙,按Delete键将其删除,后方的剪辑就会自动与前方的剪辑相接,如图3-18和图3-19所示。

图3-18   图3-19

09 逐个选中空隙再删除会比较麻烦,执行"序列>封闭间隙"菜单命令,就可以将所有的间隙都删掉,且剪辑全部连接在一起,如图3-20所示。

图3-20

> **❶ 技巧提示**
>
> 如果序列中设置了入点和出点的标记,就只能删除标记片段中的间隙。

☀ 重点

实战:选择/拆分/移动/删除剪辑

素材文件	素材文件>CH03>02
实例文件	实例文件>CH03>实战:选择/拆分/移动/删除剪辑.prproj
难易程度	★☆☆☆☆
学习目标	掌握剪辑的常用操作

使用"剃刀工具" ◐可以将一段剪辑拆分为多个剪辑片段,使用"选择工具" ▶则可以将剪辑进行任意位置和轨道的移动,不需要的剪辑可以直接删除。

☞ 案例制作----------

01 新建一个项目文件,在"项目"面板中导入学习资源"素材文件>CH03>02"文件夹中的素材文件,如图3-21所示。

02 选中素材文件,将其拖曳到"时间轴"面板中,生成序列,如图3-22所示。

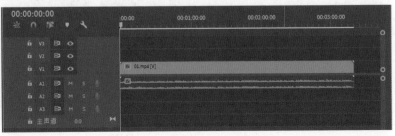

图3-21   图3-22

03 默认状态下，视频轨道与音频轨道呈关联状态。选中剪辑，单击鼠标右键，在弹出的菜单中选择"取消链接"选项，如图3-23所示。取消链接后，音频剪辑可以单独被选中，如图3-24所示。

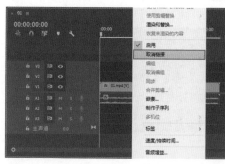 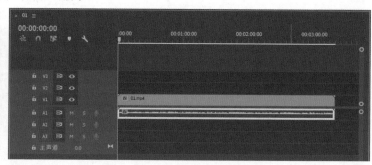

图3-23　　　　　　　　　　　　　　　　　　　　图3-24

04 选中音频剪辑，按Delete键将其删除，如图3-25所示。

05 移动播放指示器到00:00:25:00的位置，使用"剃刀工具" 在播放指示器的位置单击，将剪辑拆分为两个部分，如图3-26所示。

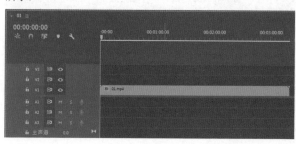

图3-25　　　　　　　　　　　　　　　　　　　　图3-26

06 移动播放指示器到00:01:17:00的位置，使用"剃刀工具" 在播放指示器的位置单击，如图3-27所示。

07 在00:02:06:00和00:03:11:20的位置使用"剃刀工具" 裁剪剪辑，如图3-28所示。

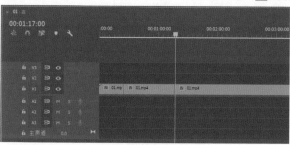

图3-27　　　　　　　　　　　　　　　　　　　　图3-28

08 选中第2段剪辑，使用"选择工具" 将其向上移动到V2轨道上，如图3-29所示。

09 选中第3段剪辑，使用"选择工具" 将其向上移动到V3轨道上，如图3-30所示。

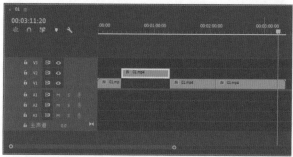 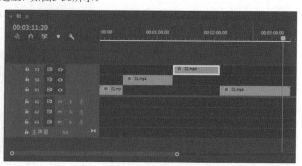

图3-29　　　　　　　　　　　　　　　　　　　　图3-30

10 选中最后一段剪辑，按Delete键将其删除，如图3-31所示。

11 选中第4段剪辑，单击鼠标右键，在弹出的菜单中取消选择"启用"选项，如图3-32所示。可以看到取消启用的剪辑呈深灰色，如图3-33所示，且"节目"监视器中不会呈现画面效果。

12 使用"选择工具" ▶ 框选前3个剪辑，单击鼠标右键，在菜单中选择"编组"选项，如图3-34所示。

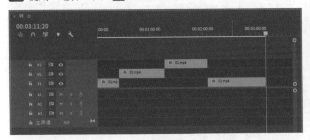

图3-31

图3-32

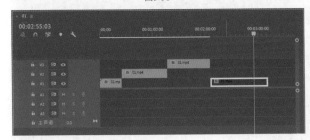

图3-33

图3-34

> **⊙ 技巧提示**
>
> 在右键菜单中选择"启用"选项会再次激活剪辑，同时会在"节目"监视器中观察到剪辑画面。

13 单击3个剪辑中的任意一个剪辑，其他两个剪辑也会同时被选中，如图3-35所示。移动剪辑的位置时，3个剪辑会按照原有的位置同时进行移动，如图3-36所示。

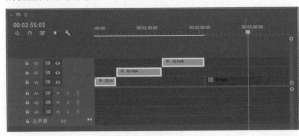

图3-35

图3-36

👑 重点

实战：加速播放剪辑

素材文件	素材文件>CH03>03
实例文件	实例文件>CH03>实战：加速播放剪辑.prproj
难易程度	★☆☆☆☆
学习目标	掌握改变剪辑播放速度的方法

本案例需要将一段播放速度正常的视频修改为2倍速的播放效果。案例效果如图3-37所示。

图3-37

👉 案例制作

01 在"项目"面板中导入本书学习资源"素材文件>CH03>03"文件夹中的素材文件，如图3-38所示。

02 将视频素材拖曳到"时间轴"面板上，自动创建一个序列，如图3-39所示。

图3-38

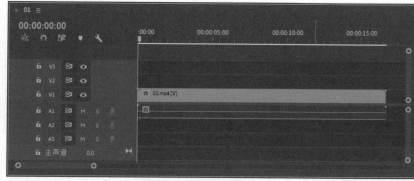

图3-39

03 选中序列，单击鼠标右键，在弹出的菜单中选择"速度/持续时间"选项，如图3-40所示。

04 在弹出的"剪辑速度/持续时间"对话框中，设置"速度"为200%，如图3-41所示。此时可以观察到，与"速度"关联的"持续时间"会同步改变，由于提升至两倍速度，持续时间就减少了一半。

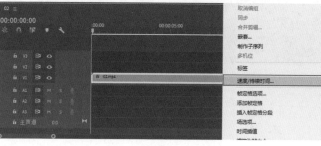

图3-40

图3-41

◎ **技术专题："剪辑速度/持续时间"对话框**

在"剪辑速度/持续时间"对话框中，可以设置序列的播放速度。默认情况下，"速度"的数值为100%，表示序列采用原有速度进行播放。

"速度"和"持续时间"两个参数默认情况下是关联的，只要修改其中一个参数，另一个会相应发生改变。

勾选"倒放速度"选项，整个序列的播放顺序会完全相反，原来在起始部分的内容会镜像移动到序列末尾。

勾选"保持音频音调"选项，会让加速或减速状态下的音频不会产生太严重的偏差。当然，一些搞笑类视频会用这种独特的效果增强视频的趣味性。

---

05 单击"确定"按钮 ，按Space键可以在"节目"监视器中观看加速后的播放效果。导出4帧单帧图，效果如图3-42所示。

图3-42

❗ **技巧提示**

如果要减慢播放速度，就需要设置"速度"数值小于100%。视频网站中常见的0.5倍速效果，设置"速度"数值为50%。

👉 **技术回顾**

演示视频: 001-速度/持续时间

工具: 剪辑速度/持续时间

位置: 剪辑菜单

扫码观看视频

01 新建一个项目文件，在"项目"面板中导入学习资源"技术回顾"文件夹中02.mp4素材文件，如图3-43所示。

02 将02.mp4素材文件拖曳到"时间轴"面板中，生成序列。可以观察到剪辑总长度为00:02:19:09，如图3-44所示。

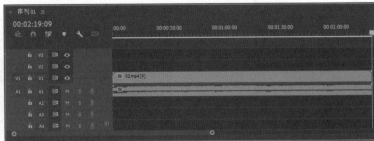

图3-43　　　　　　　　　　　　　　　　　　　　　　图3-44

03 选中剪辑，单击鼠标右键，在弹出的菜单中选择"速度/持续时间"选项，如图3-45所示。系统会弹出"剪辑速度/持续时间"对话框，如图3-46所示。

图3-45　　　　　　　　　　　　　　　　　　　　　　图3-46

04 在对话框中设置"速度"为300%，可以看到下方的"持续时间"自动更改为00:00:46:11，如图3-47所示。单击"确定"按钮 ，可以在"时间轴"面板上看到剪辑总长变成00:00:46:11，如图3-48所示。

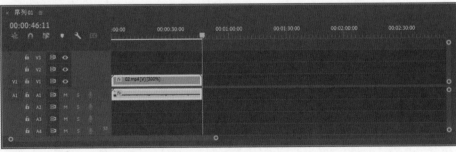

图3-47　　　　　　　　　　　　　　　　　　图3-48

05 按Space键播放画面，明显发现动画速度变快，且声音会发生变调，播放效果如图3-49所示。

图3-49

06 重新打开"剪辑速度/持续时间"对话框，勾选"保持音频音调"选项，如图3-50所示。再次聆听音频效果，发现音调没有明显改变，只是速度变快。

07 在"剪辑速度/持续时间"对话框中，勾选"倒放速度"选项，如图3-51所示。播放画面会发现，整体剪辑呈倒放效果。

08 在"剪辑速度/持续时间"对话框中，设置"速度"为50%，会发现"持续时间"增加到00:04:38:18，整体剪辑长度增加一倍，如图3-52所示。单击"确定"按钮 <u>确定</u> 可以发现，"时间轴"面板中剪辑的长度同样发生改变，如图3-53所示。

图3-50

图3-51

图3-52

图3-53

单击工具面板中的"比率拉伸工具"按钮 ，向前拖曳剪辑，会发现"持续时间"会相应缩短，如图3-54所示。按Space键播放，无论是画面还是音频都会变快，和"剪辑速度/持续时间"对话框的功能是一致的。

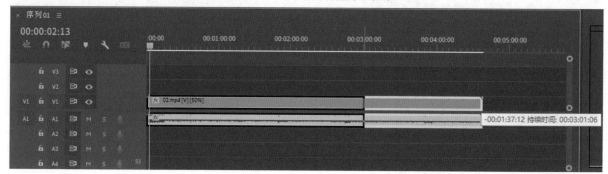
图3-54

👑 重点

实战：嵌套序列

素材文件	素材文件>CH03>04
实例文件	实例文件>CH03>实战：嵌套序列.prproj
难易程度	★★☆☆☆
学习目标	掌握嵌套序列的制作方法

扫码观看视频

嵌套序列可以简单理解为一个序列中包含一些子序列，而这个序列是这些子序列的父层级。用户可以对多个相关联的剪辑片段进行嵌套，再对嵌套的序列进行编辑，这样可以让时间轴上的序列看起来更加清晰明了，不会因为剪辑片段过多而无从下手。案例效果如图3-55所示。

图3-55

👉 案例制作

01 新建一个项目文件，在"项目"面板中导入学习资源"素材文件>CH03>04"文件夹中的素材文件，如图3-56所示。

02 选中01.mov素材，将其拖曳到"时间轴"面板中，生成序列，如图3-57所示。

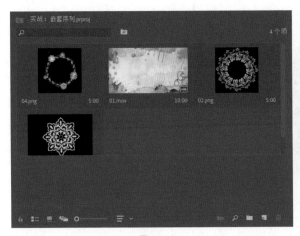

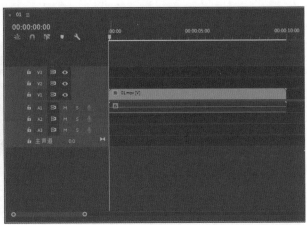

图3-56

图3-57

03 选中02.png素材，将其拖曳到V2轨道上，如图3-58所示。"节目"监视器中的效果如图3-59所示。

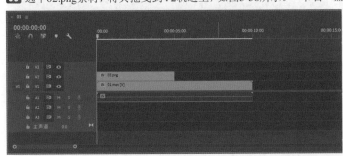

图3-58

图3-59

04 观察画面，02.png文件的大小超过了画面。选中02.png剪辑，单击鼠标右键，在弹出的菜单中选择"缩放为帧大小"选项，如图3-60所示。缩放后的效果如图3-61所示。

图3-60

图3-61

05 向前拖曳01.mov剪辑的末尾，使其与02.png剪辑的长度相等，如图3-62所示。

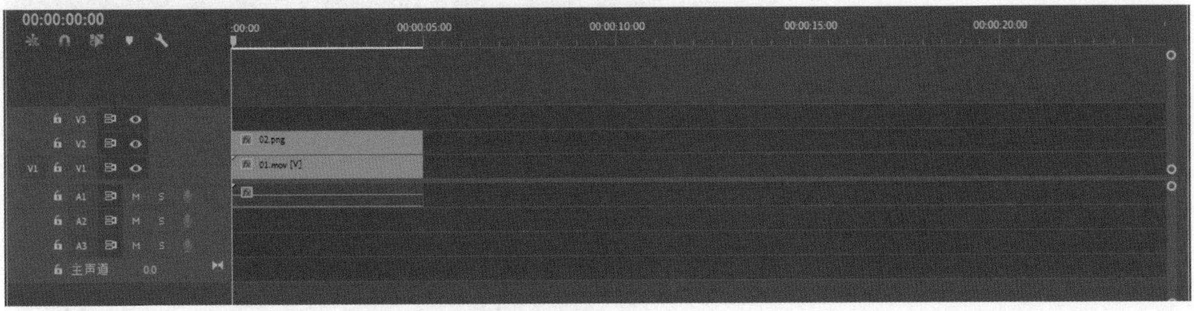

图3-62

06 选中两个剪辑，单击鼠标右键，在弹出的菜单中选择“嵌套”选项，如图3-63所示。此时系统会弹出“嵌套序列名称”对话框，在对话框中将嵌套序列命名为“花纹1”，如图3-64所示。

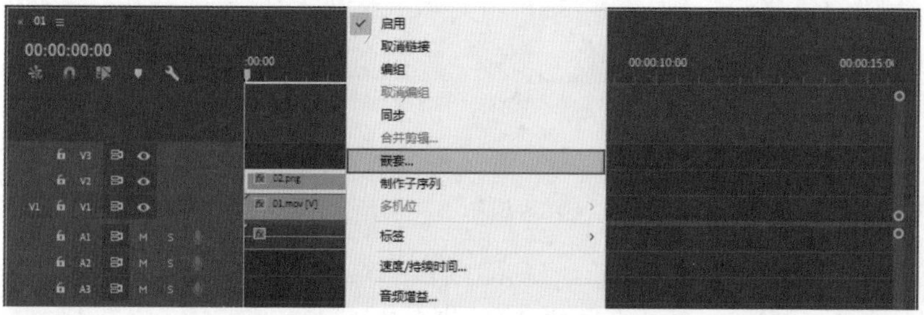

图3-63

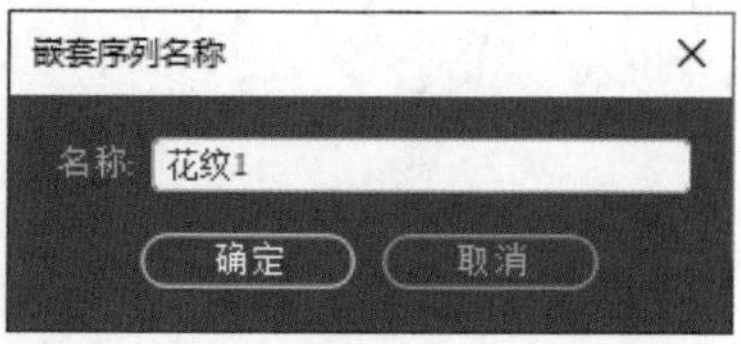

图3-64

07 单击“确定”按钮确定，序列面板中的两个序列合并为一个绿色的序列，如图3-65所示。这个绿色的序列就是嵌套序列。

08 双击绿色的嵌套序列，就可以进入子序列层级看到原来的剪辑，如图3-66所示。

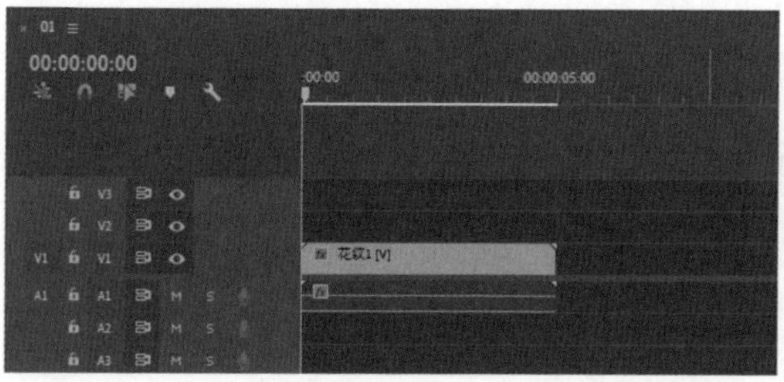

图3-65

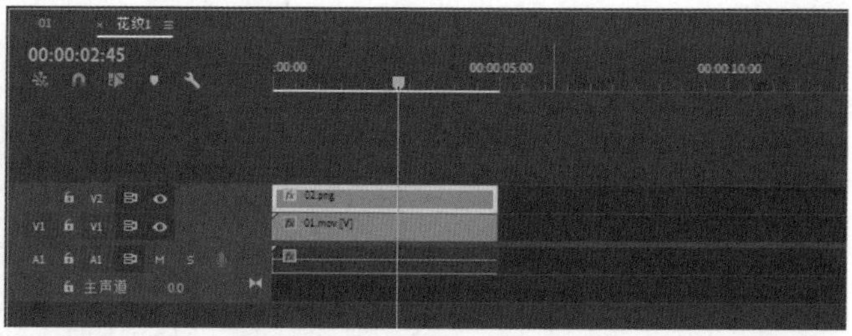

图3-66

09 选中02.png剪辑，在“效果控件”面板中设置“混合模式”为“相乘”，如图3-67所示。修改后的画面效果如图3-68所示。

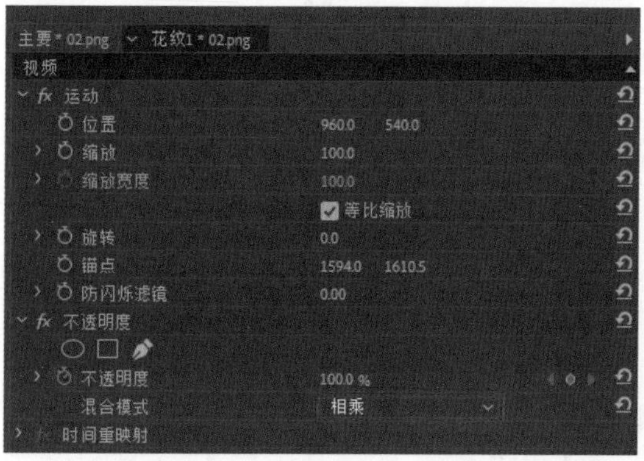

图3-67

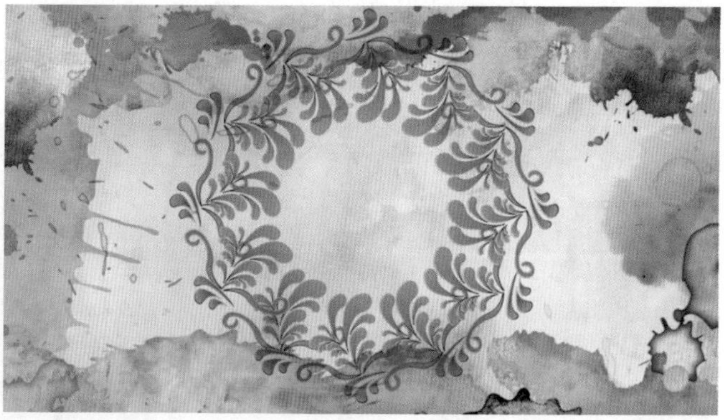

图3-68

10 在“项目”面板中选中“花纹1”嵌套序列，按快捷键Ctrl+C复制，接着快捷键Ctrl+V粘贴，并修改嵌套序列的名称为“花纹2”，如图3-69所示。

> **疑难问答：为何不可以按住Alt键移动复制嵌套序列？**
>
> 如果要复制剪辑，可以按住Alt键移动复制，但嵌套序列并不适合采用这种方法。一般来说，复制嵌套序列后需要更改子序列中的剪辑内容，而使用Alt键移动复制的嵌套序列，只要更改其中一个子序列的内容，其他复制的嵌套序列内容会同样被修改。

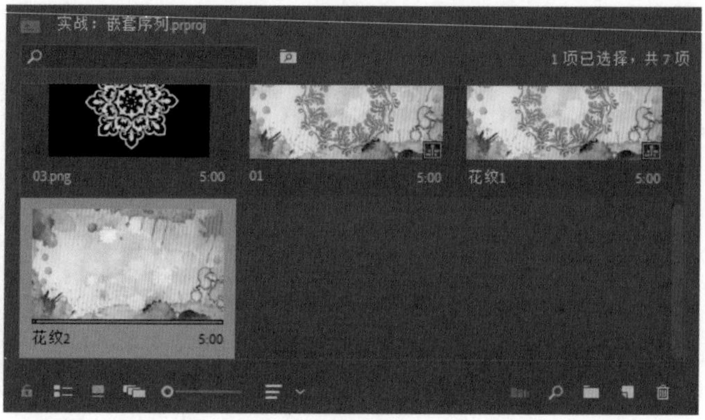

图3-69

11 双击进入"花纹2"嵌套序列，在"项目"面板中选中03.png素材，接着选中02.png剪辑并单击鼠标右键，在弹出的菜单中选择"使用剪辑替换>从素材箱"选项，就可以将02.png剪辑替换为03.png剪辑，如图3-70和图3-71所示。

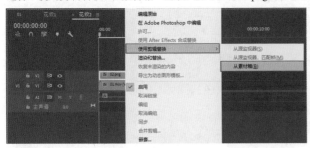

图3-70

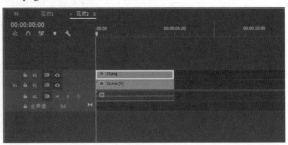

图3-71

12 调整素材的大小，并设置"混合模式"为"叠加"，效果如图3-72所示。

13 按照上面的方法复制出"花纹3"嵌套序列并替换花纹素材为04.png，如图3-73所示。

图3-72

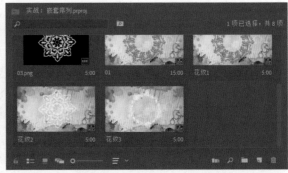

图3-73

14 设置04.png剪辑的"混合模式"为"线性减淡"，效果如图3-74所示。

15 将3个嵌套序列依次首尾相连放置在V1轨道上，如图3-75所示。导出的单帧效果如图3-76所示。

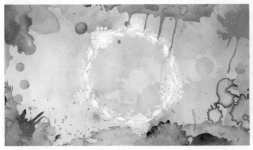

图3-74

图3-75

图3-76

> ⚠ 技巧提示
>
> 01序列可重命名为"总合成"序列，以方便识别序列的作用。

☞ **技术回顾**

演示视频:002-嵌套序列
工具: 嵌套
位置: 右键菜单

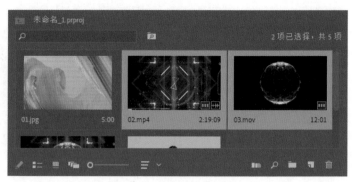

01 新建一个项目文件,在"项目"面板中导入学习资源"技术回顾"文件夹中02.mp4和03.mov素材文件,如图3-77所示。

图3-77

02 将02.mp4素材文件拖曳到"时间轴"面板中,生成序列,然后将03.mov素材文件拖曳至V2轨道上,如图3-78所示。

03 按住Alt键,将03.mov剪辑复制多个,使其整体长度与剪辑02.mp4相等,如图3-79所示。

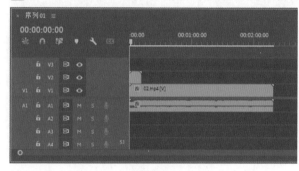

图3-78

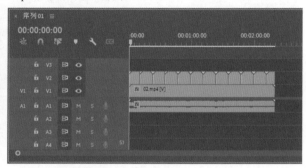

图3-79

04 选中V1和V2轨道上的所有剪辑,单击鼠标右键,在弹出的菜单中选择"嵌套"选项,如图3-80所示。

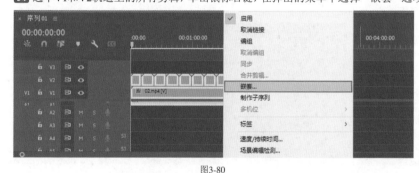

图3-80

05 系统会弹出图3-81所示的"嵌套序列名称"对话框。可以在对话框中设置嵌套序列的名称,也可以保持默认的名称。

图3-81

06 单击"确定"按钮 [确定],原有两个轨道的剪辑会变成一个绿色的剪辑,如图3-82所示。

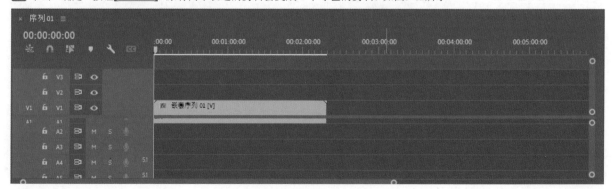

图3-82

07 双击绿色的剪辑，会在"序列01"旁边生成一个新的"嵌套序列01"序列，如图3-83所示。这个序列就是嵌套前的序列。

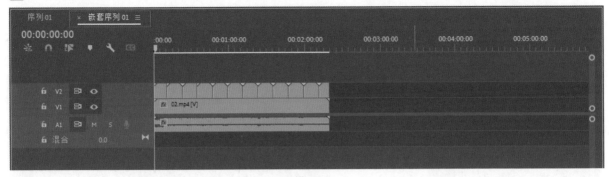

图3-83

08 选中"序列01"，序列面板会切换回绿色的嵌套序列，如图3-84所示。

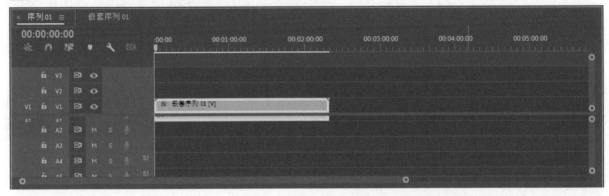

图3-84

---

① 技巧提示

单击序列名称前的"关闭"按钮 ✖，就可以关闭该序列面板。关闭的序列面板可以在"项目"面板中找到，双击后就能重新打开并进行编辑，如图3-85所示。

图3-85

除了上面讲到的创建嵌套序列的方法外，还可以从"项目"面板中创建。在"项目"面板中选中"序列01"，单击鼠标右键，在弹出的菜单中选择"从剪辑新建序列"选项，如图3-86所示。"序列"面板上会自动新建一个同名的嵌套序列，如图3-87所示。

图3-86

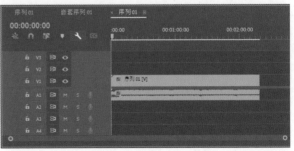

图3-87

除此以外，还有一种方法也可以制作嵌套序列。在02.mp4剪辑上单击鼠标右键，在弹出的菜单中选择"制作子序列"选项，如图3-88所示。此时在"项目"面板中会出现"嵌套序列 01_Sub_01"嵌套序列，如图3-89所示。双击该嵌套序列，"序列"面板中就会出现剪辑，如图3-90所示。

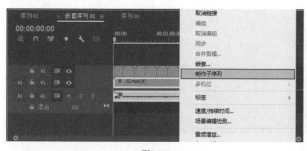

图3-88

图3-89

图3-90

👑 重点

实战：制作绚丽渐变色视频

素材文件	素材文件>CH03>05
实例文件	实例文件>CH03>实战：制作绚丽渐变色视频.prproj
难易程度	★★☆☆☆
学习目标	掌握剪辑的常用工具

扫码观看视频

本案例是将不同时长的素材缩放至相同时长后进行拼接，从而生成影片效果。效果如图3-91所示。

图3-91

👉 案例制作 --

01 双击"项目"面板，在弹出的"导入"对话框中选择本书学习资源"素材文件>CH03>05"文件夹中的所有素材，单击"打开"按钮，效果如图3-92所示。

02 选中01.mp4素材，将其拖曳到"时间轴"面板上，并生成一个序列，如图3-93所示。效果如图3-94所示。

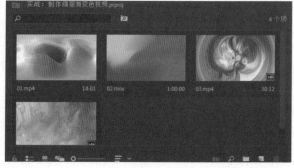

图3-92

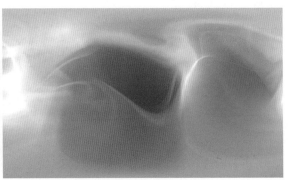

图3-93   图3-94

◎ **技术专题：剪辑不匹配警告**

如果已经建立了序列，再将视频格式的素材文件拖曳到"时间轴"面板中，有时候会弹出"剪辑不匹配警告"对话框，如图3-95所示。

在对话框中单击"更改序列设置"按钮 更改序列设置 ，此时已经设置完成的序列会根据导入的视频素材进行修改和再次匹配。若是单击"保持现有设置"按钮 保持现有设置 ，则不会更改序列设置，但素材的尺寸可能会与序列不匹配，需要进行调整。

图3-95

03 选中01.mp4剪辑，打开"剪辑速度/持续时间"对话框，设置"速度"为300%，如图3-96所示。

04 将"项目"面板中的02.mov文件拖曳到"时间轴"面板上，并且将其放置在01.mp4剪辑的后方，如图3-97所示。效果如图3-98所示。

图3-96   图3-97   图3-98

05 素材的尺寸明显小于画面。选中02.mov剪辑，单击鼠标右键，在弹出的菜单中选择"缩放为帧大小"选项，如图3-99所示。效果如图3-100所示。

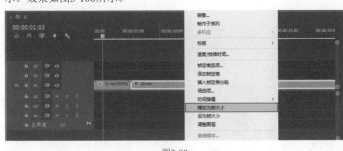

图3-99   图3-100

06 选中02.mov剪辑，打开"剪辑速度/持续时间"对话框，设置"持续时间"为00:00:04:15，如图3-101所示。

07 在"项目"面板中选中03.mp4文件，将其拖曳至"时间轴"面板上并放置在02.mov剪辑的后方，如图3-102所示。

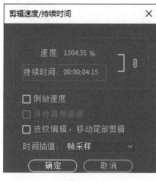

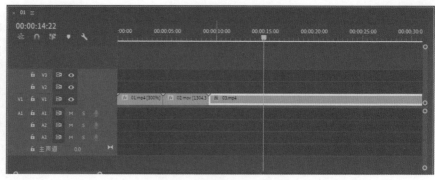

图3-101　　　　　　　　　　　　　　　　　　　　　　图3-102

08 按照步骤**06**的方法，将剪辑03.mp4的"持续时间"设置为00:00:04:15，如图3-103所示。画面效果如图3-104所示。

09 将剪辑的大小缩放至帧大小，效果如图3-105所示。

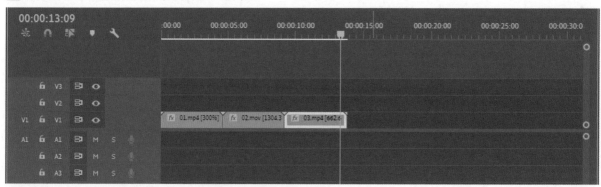

图3-103

图3-104　　　　　　　　　　　　　　　　　　　　　　图3-105

10 在V1轨道上放置04.mp4素材文件，如图3-106所示。效果如图3-107所示。

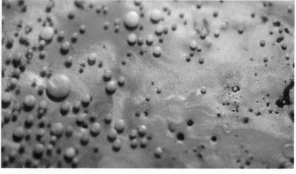

图3-106　　　　　　　　　　　　　　　　　　　　　　图3-107

11 将04.mp4剪辑的时长缩短到00:00:04:15，如图3-108所示。

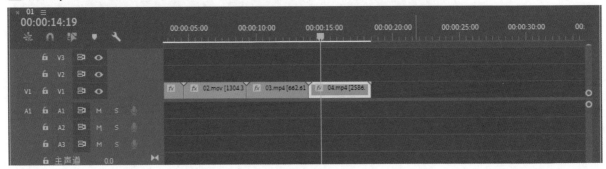

图3-108

12 单击"导出帧"按钮 ⚪ ，导出4帧画面，效果如图3-109所示。

图3-109

★ 重点

实战：制作可爱宠物视频

素材文件	素材文件>CH03>06
实例文件	实例文件>CH03>实战：制作可爱宠物视频.prproj
难易程度	★★☆☆☆
学习目标	掌握剪辑的常用工具

扫码观看视频

本案例是通过剪辑工具对素材进行简单剪辑，生成影片效果。效果如图3-110所示。

图3-110

☞ 案例制作

01 双击"项目"面板，在弹出的"导入"对话框中选择学习资源"素材文件>CH03>06"文件夹中的素材，单击"打开"按钮，效果如图3-111所示。

02 按快捷键Ctrl+N，新建一个AVCHD 1080p25序列，如图3-112所示。

图3-111

图3-112

03 双击01.mp4素材文件，在"源"监视器中显示素材，如图3-113所示。

04 移动"源"监视器中的播放指示器至00:00:00:24的位置，然后按I键标记入点，如图3-114所示。

> ⓘ **技巧提示**
> AVCHD 1080p25序列可以输出1920像素×1080像素的视频。

图3-113 　　　　　　　　　　图3-114

05 移动播放指示器到00:00:01:20的位置，按O键添加出点，如图3-115所示。

06 在"源"监视器面板上单击"插入"按钮（,键），就可以将入点和出点间的剪辑提取到V1轨道上，如图3-116所示。

07 移动播放指示器到00:00:04:08的位置，按I添加入点，如图3-117所示。

图3-115 　　　　　　　　图3-116 　　　　　　　　图3-117

08 移动播放指示器到00:00:06:00的位置，按O键添加出点，如图3-118所示。

09 单击"插入"按钮，将入点和出点间的素材提取到V1轨道上，如图3-119所示。

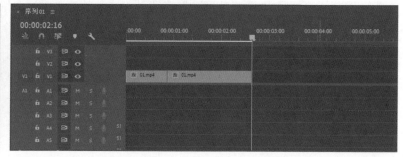

图3-118 　　　　　　　　　　　图3-119

10 依上述方法分别在00:00:15:17和00:00:16:08的位置添加入点和出点，然后单击"插入"按钮提取素材，如图3-120和图3-121所示。

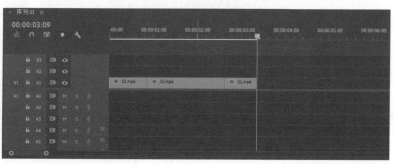

图3-120 　　　　　　　　　　　图3-121

11 按Space键在"节目"监视器中预览序列效果，发现播放的速度较快。选中第1段剪辑，将其移动到V2轨道上，并设置"速度"为50%，如图3-122所示。减速后的剪辑效果如图3-123所示。

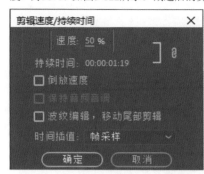

图3-122

图3-123

> **⚠ 技巧提示**
>
> 减慢播放速度后，剪辑的长度会增加。如果后方还有其他剪辑，会显示不完全，移动到V2轨道能避免这个问题。

12 选中最后一段剪辑，将其"速度"设置为50%，效果如图3-124所示。

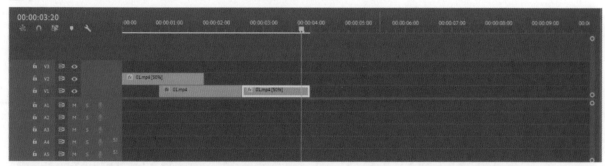

图3-124

13 选中后两段剪辑，将其整体向后移动，与第1段剪辑进行拼接，如图3-125所示。

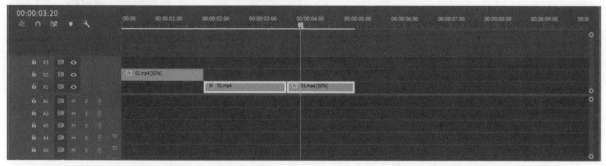

图3-125

14 单击"导出帧"按钮 ，导出3帧画面，效果如图3-126所示。

图3-126

◎ **技术专题：剪辑的相关理论**

剪辑是指将素材文件放置在序列轨道上后进行裁剪和编辑。剪辑能影响作品的叙事、节奏和情感，各个剪辑片段拼接后可形成一段完整的作品。

1.剪辑的节奏

剪辑的节奏体现在剪辑片段之间的拼接方式上，不同的拼接方式能给人带来不同的视觉感受。

静止接静止：这种拼接方式是指在上一个剪辑片段结束时，下一个剪辑片段以静止的形式切入。这种拼接方式不强调画面运动的连续性，只注重画面的连贯性，如图3-127所示。

静止接运动：这种拼接方式是指动感微弱的镜头与动感强烈的镜头相拼接，在视觉上更有冲击性，如图3-128所示。与其相反的是"运动接静止"拼接方式，同样在视觉上具有冲击感。

图3-127 图3-128

运动接运动：这种拼接方式是指镜头在推拉、移动等动作中进行画面切换。这种拼接方式能产生动感效果，常用在人或物运动时，如图3-129所示。

分剪：与上面3种拼接方式不同，这种拼接方式是将一个素材剪开，分成多个部分。这种拼接方式不仅可以弥补前期素材不足的情况，还可以删掉一部分，以增强画面的节奏感，如图3-130所示。

拼剪：这种拼接方式是将同一个素材重复拼接。这种拼接方式常用在素材不够长或缺素材时，不仅可以延长镜头时间，还可以酝酿观众情绪，弥补前期素材的不足，如图3-131所示。

图3-129

图3-130 图3-131

2.剪辑的流程

在Premiere Pro中剪辑，按照流程可以分为素材整理、粗剪、精剪和细节调整4个步骤。

素材整理：整理好素材对剪辑有非常大的帮助。整理素材时，可以将相同属性的素材存放在一起，也可以按照脚本将相同场景的素材放在一起。整齐有序的素材文件不仅可以提高剪辑效率，还可以显示出剪辑的专业性，如图3-132所示。当然，每个人的工作习惯不同，整理素材的方式也不尽相同，读者只要找到适合自己的方式即可。

粗剪：粗剪是将素材按照脚本进行大致的拼接，不需要添加配乐、旁白和特效等，呈现影片初样，效果如图3-133所示。粗剪的影片能体现出影片的表现中心和叙事逻辑。以粗剪的样片为基础，进一步制作整个影片。

图3-132 图3-133

精剪：精剪需要花费大量的时间，不仅需要添加配乐、旁白、特效和文字等内容，还需要将原有的粗剪样片进一步修整。精剪可以控制镜头的长短、调整镜头转换的位置等，可决定最终成品质量的好坏。精剪效果如图3-134所示。

细节调整：着重调整细节部分及节奏点。这部分注重作品的情感表达，使其更有故事性和看点。效果如图3-135所示。

图3-134　　　　　　　　　　　　　　　　　图3-135

👑重点

实战：为视频剪辑添加标记

素材文件	素材文件>CH03>07
实例文件	实例文件>CH03>实战：为视频剪辑添加标记.prproj
难易程度	★★☆☆☆
学习目标	掌握标记工具的用法

扫码观看视频

标记可以为序列上的剪辑添加备注，帮助用户快速识别剪辑的内容。本案例需要为一段美食视频添加转场标记，效果如图3-136所示。

图3-136

👉 **案例制作**--------------------

01 双击"项目"面板，在弹出的"导入"对话框中选择学习资源"素材文件>CH03>08"文件夹中的素材，单击"打开"按钮，效果如图3-137所示。

图3-137

02 选中01.mp4素材文件，将其拖曳到"时间轴"面板上，生成序列，如图3-138所示。效果如图3-139所示。

图3-138　　　　　　　　　　　　　　　　　图3-139

03 移动播放指示器，在00:00:06:13的位置按M键，就可以在时间轴上方添加一个绿色的标记，如图3-140所示。此位置正是两个镜头切换的位置，如图3-141所示。

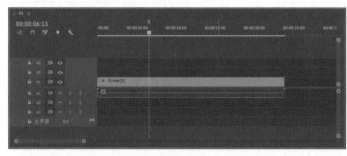

图3-140　　　　　　　　　　　　　　　　　　　　图3-141

◎ **技术专题：标记类型**

标记类型有多种，每种类型的颜色不一样，这样可方便用户识别标记，如图3-142所示。

图3-142

注释标记（绿色）： 通用标记，可以指定名称、持续时间和注释。

章节标记（红色）： DVD或蓝光光盘设计程序可以将这种标记转换为普通的章节标记。

分段标记（紫色）： 在某些播放器中，会根据这个标记将视频拆分为多个部分。

Web链接（橙色）： 在某些播放器中，可以在播放视频的时候，通过标记中的链接打开一个Web页面。

Flash提示点（黄色）： 这种提示点是与Adobe Animate CC一起工作时使用的标记。

04 移动播放指示器，在00:00:11:12的位置按M键添加标记，如图3-143所示。此时画面效果如图3-144所示。

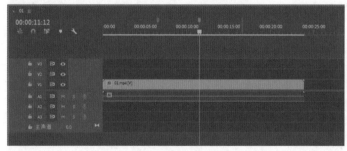

图3-143　　　　　　　　　　　　　　　　　　　　图3-144

05 按照标记的位置，使用"剃刀工具" ◆对视频剪辑进行裁剪，如图3-145所示。

06 选中3段剪辑，设置"持续时间"为00:00:05:00，如图3-146所示。序列面板如图3-147所示。

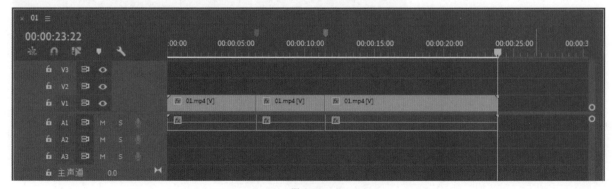

图3-145

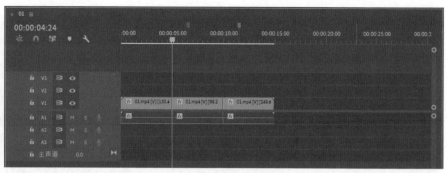

图3-146   图3-147

07 单击"导出帧"按钮 📷 导出3帧画面，效果如图3-148所示。

图3-148

📖 技术回顾---

演示视频：003-标记

工具：标记（M键）

位置：序列面板

01 新建一个项目文件，在"项目"面板中导入学习资源"技术回顾"文件夹中02.mp4素材文件，如图3-149所示。

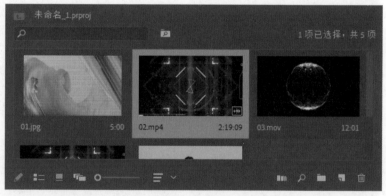

图3-149

02 将02.mp4素材文件拖曳到"时间轴"面板中，生成序列，如图3-150所示。

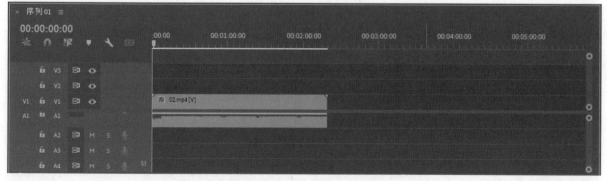

图3-150

03 添加标记。添加标记的位置很随意，没有固定的标准，可完全按照剪辑制作者的意图进行添加。当移动播放指示器移动到00:00:09:06的位置，按M键，就可以在"序列01"面板的时间轴上方显示一个绿色的标记，如图3-151所示。

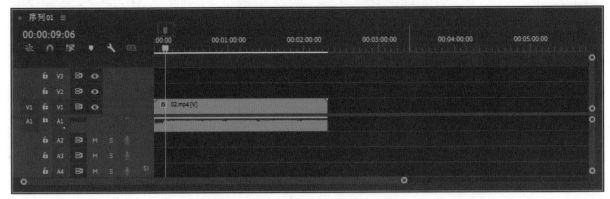

图3-151

图3-152

04 双击绿色的标记，会弹出"标记"对话框，如图3-152所示。在对话框中可以对这个标记进行命名，还可添加一些注释，同时可选择不同的标记类型。

05 执行"窗口>标记"菜单命令，就可以打开"标记"面板，如图3-153所示。面板中会显示标记帧的相关信息。

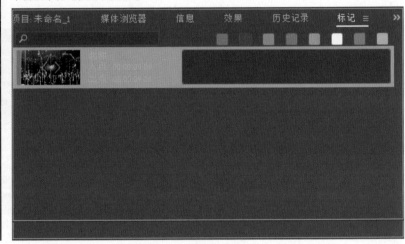

图3-153

除了对视频轨道进行标记，也可以对音频轨道进行标记。取消视频和音频的链接，并删除视频轨道，如图3-154所示。

将播放指示器移动到00:00:07:05的位置，可以听到音频轨道的音乐从纯音乐变为带人声，按下M键就可以在这个位置添加标记，如图3-155所示。对音频添加标记可以方便添加视频镜头，让视频的镜头转换与音频的节奏相对应，从而制作出带有节奏感的视频。

图3-154

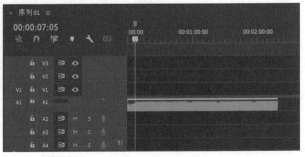

图3-155

实战：为音频剪辑添加标记

素材文件	素材文件>CH03>08
实例文件	实例文件>CH03>实战：为音频剪辑添加标记.prproj
难易程度	★★★☆☆
学习目标	掌握标记工具的用法

本案例需要为一段音频添加标记，并根据标记添加素材图片，生成一段视频。效果如图3-156所示。

图3-156

案例制作

01 双击"项目"面板，在弹出的"导入"对话框中选择学习资源"素材文件>CH03>08"文件夹中的所有素材，单击"打开"按钮，效果如图3-157所示。

02 选中音频素材01.wav，并将其拖曳到"时间轴"面板上，生成一个序列，如图3-158所示。

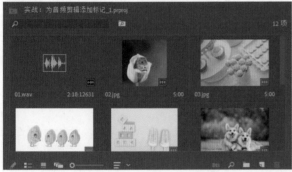

图3-157

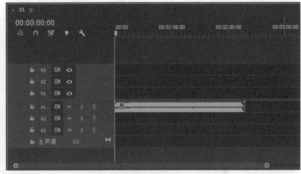

图3-158

03 移动播放指示器，在00:00:30:00的位置使用"剃刀工具" 将音频剪切，并删掉后半段音频，如图3-159所示。

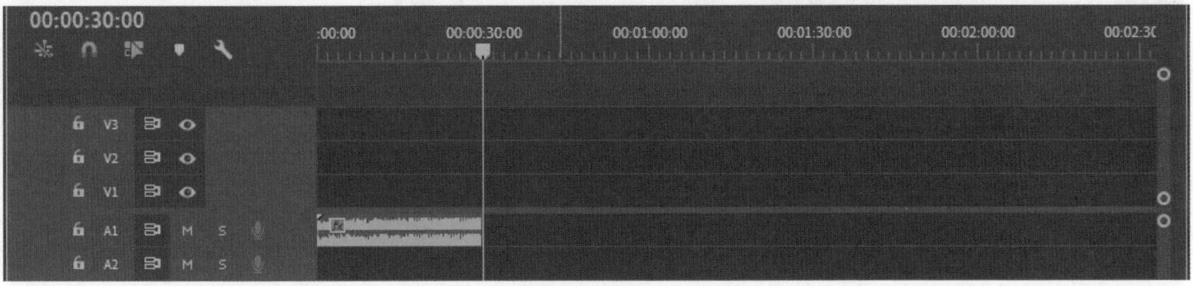

图3-159

04 按Space键播放音频。当播放指示器移动到00:00:04:08的位置时，音乐有明显的节奏重点，按M键，在序列面板上添加一个绿色标记，如图3-160所示。

05 继续播放音频。当播放指示器移动到00:00:09:11的位置时，按M键添加一个绿色标记，如图3-161所示。

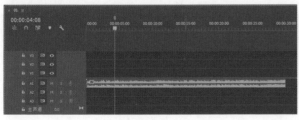

图3-160

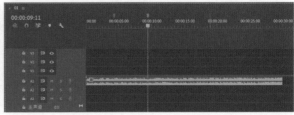

图3-161

06 当播放指示器移动到00:00:15:11的位置时，音乐出现一个重音，按M键添加一个绿色标记，如图3-162所示。

07 当播放指示器移动到00:00:20:23的位置时，按M键添加一个绿色标记，如图3-163所示。

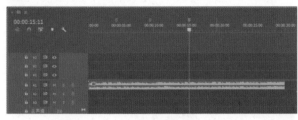
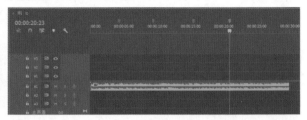

图3-162　　　　　　　　　　　　　　　　　　　　图3-163

08 当播放指示器移动到00:00:25:10的位置时，按M键添加一个绿色标记，如图3-164所示。

09 将图片素材按照顺序依次放在各个标记间的位置上，如图3-165所示。

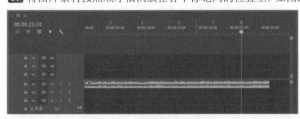

图3-164　　　　　　　　　　　　　　　　　　　　图3-165

10 全选图片剪辑，如图3-166所示。

图3-166

11 图片素材与画面不吻合。选中02.jpg剪辑，在"效果控件"面板中设置"缩放"为180，如图3-167所示。效果如图3-168所示。

12 画面始终处于静止状态会显得不生动。在02.jpg剪辑的起始位置单击"缩放"前的"切换动画"按钮，为剪辑添加一个关键帧，如图3-169所示。

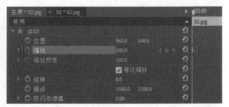

图3-167　　　　　　　　　　图3-168　　　　　　　　　　图3-169

🔗 **知识链接**

添加"缩放"关键帧的相关知识请参阅"第4章 关键帧动画"的相关案例。

13 将播放指示器移动到02.jpg剪辑的末尾,设置"缩放"为360,如图3-170所示。效果如图3-171所示。

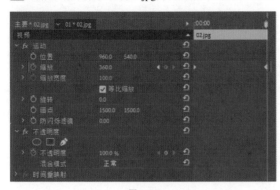

| 图3-170 | 图3-171 |

❗ **技巧提示**

当开启"切换动画"按钮 时,只要修改相应的参数,系统就会自动记录关键帧。

14 选中03.jpg剪辑,在剪辑的起始位置设置"缩放"为240,并添加关键帧,如图3-172所示。效果如图3-173所示。

15 移动播放指示器到03.jpg剪辑末尾,设置"缩放"为120,如图3-174所示。效果如图3-175所示。

| 图3-172 | 图3-173 |

| 图3-174 | 图3-175 |

16 选中04.jpg剪辑,在"效果控件"面板中设置"位置"为(622,540),"缩放"为140,并添加关键帧,如图3-176所示。效果如图3-177所示。

图3-176 图3-177

17 移动播放指示器到04.jpg剪辑末尾，设置"位置"为（1300,540），如图3-178所示。效果如图3-179所示。

图3-178 图3-179

18 选中05.jpg剪辑，设置"位置"为（1292,217），并添加关键帧，接着设置"缩放"为160，如图3-180所示。效果如图3-181所示。

图3-180 图3-181

19 移动播放指示器到05.jpg剪辑末尾，设置"位置"为（636,612），如图3-182所示。效果如图3-183所示。

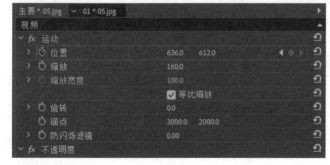

图3-182 图3-183

20 选中06.jpg剪辑，在剪辑起始位置设置"位置"为（706,356），并添加关键帧，然后设置"缩放"为150，如图3-184所示。效果如图3-185所示。

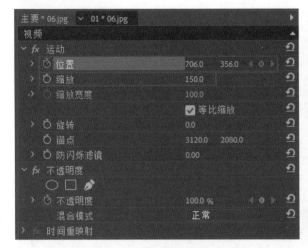

图3-184 图3-185

21 移动播放指示器到06.jpg剪辑末尾，设置"位置"为（1200,356），如图3-186所示。效果如图3-187所示。

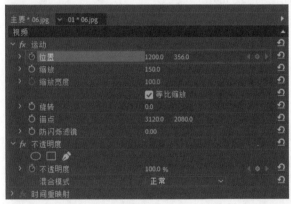

图3-186 图3-187

22 选中07.jpg剪辑，在起始位置设置"位置"为（960,440），并添加关键帧，然后设置"缩放"为121，如图3-188所示。效果如图3-189所示。

图3-188 图3-189

23 移动播放指示器到07.jpg剪辑末尾，设置"位置"为（960,580），如图3-190所示。效果如图3-191所示。

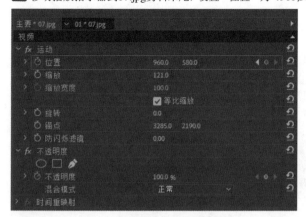

图3-190

图3-191

24 单击"导出帧"按钮 📷，导出4帧画面，效果如图3-192所示。

图3-192

◎ **技术专题：标记面板**

除了在"时间轴"或监视器上观察标记外，还可以在"标记"面板中观察和编辑标记。默认的界面中不包含"标记"面板，需要执行"窗口>标记"菜单命令，才能在"项目"面板旁边显示"标记"面板，如图3-193所示。

面板中会直观地显示标记的类型、示意图、名称、入点和出点等信息。用户可以非常方便地找到标记，可进行编辑或用于剪辑。单击右侧的输入框，就能直接为标记添加注释，如图3-194所示。

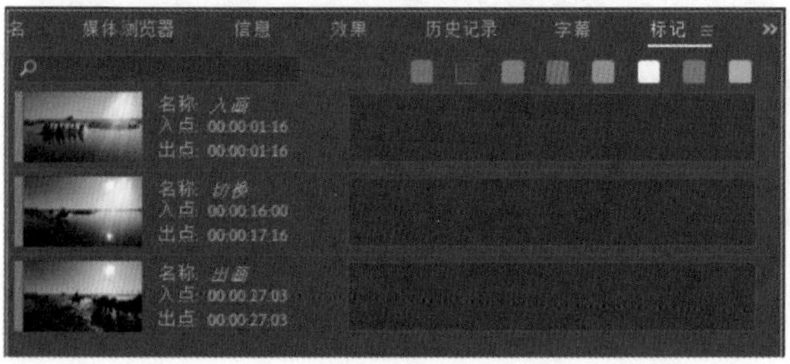

图3-193

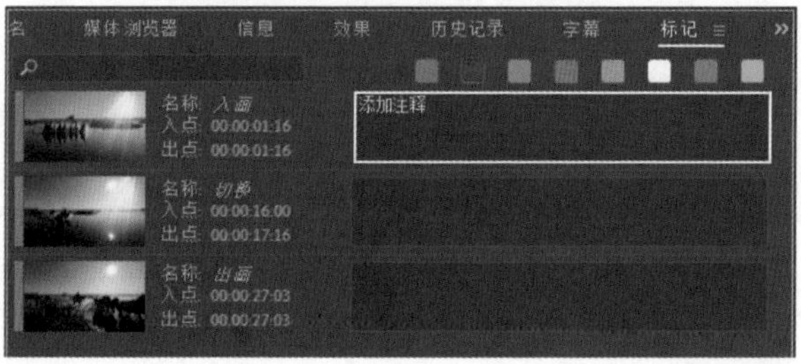

图3-194

选中一个标记，播放指示器会自动跳转到标记的位置，可方便用户进行选择，如图3-195所示。

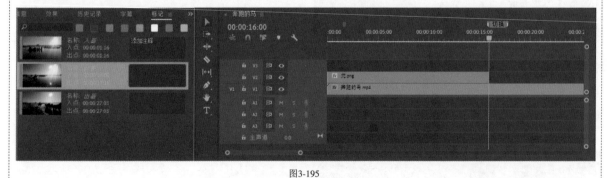

图3-195

第 **4** 章

① 技巧提示 ＋ ② 疑难问答 ＋ ◎ 技术专题 ＋ ✎ 知识链接

关键帧动画

　　关键帧是制作视频效果的关键元素。关键帧可以形成画面移动、旋转、缩放和显示消失等多种变化形式。关键帧在视频过渡和视频效果方面有着重要的作用，是学习视频剪辑必须掌握的技能。

学习重点　　　　　　　　　　　　　　　　　　　🔍

实战：制作位移动态搞笑视频

素材文件	素材文件>CH04>01
实例文件	实例文件>CH04>实战：制作位移动态搞笑视频.prproj
难易程度	★★☆☆☆
学习目标	掌握添加"位置"关键帧的方法

通过设置"位置"参数添加关键帧，就可以形成位移动画。本案例需要为素材添加"位置"关键帧，从而制作位移动态搞笑视频。案例效果如图4-1所示。

图4-1

☞ **案例制作**

01 在"项目"面板中导入学习资源"素材文件>CH04>01"文件夹中的素材文件，如图4-2所示。

02 单击"新建项"按钮 ▣，在弹出的菜单中选择"颜色遮罩"选项，如图4-3所示。在弹出的"新建颜色遮罩"对话框中单击"确定"按钮 ⬚ 确定 ⬚，如图4-4所示。

图4-2

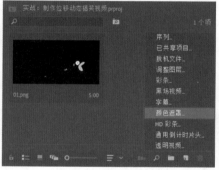

图4-3

图4-4

03 在弹出的"拾色器"对话框中设置颜色为（R:167，G:211，B:219），如图4-5所示。单击"确定"按钮 ⬚ 确定 ⬚，在"项目"面板中生成"颜色遮罩"素材文件，如图4-6所示。

图4-5

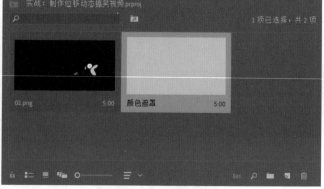

图4-6

> ⓘ **技巧提示**
>
> 在设置颜色后，会对颜色遮罩进行命名，默认情况下使用"颜色遮罩"。

04 选中"颜色遮罩"素材，将其拖曳到"时间轴"面板中，生成序列，如图4-7所示。效果如图4-8所示。

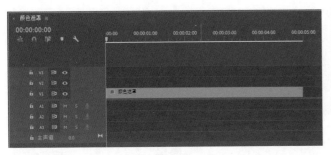

图4-7

图4-8

05 选中01.png素材文件，将其放置在V2轨道上，如图4-9所示。效果如图4-10所示。

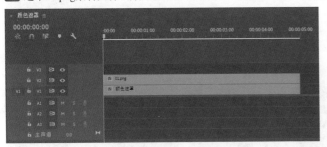

图4-9

图4-10

06 移动播放指示器到剪辑的起始位置，然后在"效果控件"面板中单击"切换动画"按钮 ，接着设置"位置"为（-770,540）。这时时间轴上会生成一个菱形标记，代表刚才设置的参数记录为关键帧，如图4-11所示。

图4-11

◎ **技术专题：添加关键帧的方法**

在Premiere Pro中添加关键帧的方法主要有3种。

第1种： 单击"切换动画"按钮 添加关键帧。

第2种： 使用"切换动画"按钮 添加了第1个关键帧后，移动时间指示器的位置，单击"添加/移除关键帧"按钮 ，即可手动添加第2个关键帧。添加的第2个关键帧参数与第1个完全相同，直接修改参数即可改变关键帧。

第3种： 有时候通过参数设置关键帧不是很直观。使用"切换动画"按钮 添加了第1个关键帧后，移动播放指示器的位置，在"节目"监视器中双击需要更改的素材，这时素材周围会出现控制点。调整控制点就可以调整素材的位置、旋转和缩放效果，同时会记录在"效果控件"面板上，生成关键帧。

---

07 移动播放指示器到剪辑末尾位置，设置"位置"为（2732,540），如图4-12所示。可以观察到修改参数后，系统会自动在时间轴上添加关键帧。

08 移动播放指示器，可以从"节目"监视器中观察到乌鸦从画面中飞过，效果如图4-13所示。

图4-12

图4-13

09 单击"导出帧"按钮 📷，导出4帧画面，效果如图4-14所示。

图4-14

☞ **技术回顾**

演示视频:004-位置

工具: 位置

位置: "效果控件"面板

01 新建一个项目文件，在"项目"面板中导入学习资源"技术回顾"文件夹中的08.png和09.jpg素材文件，如图4-15所示。

02 选中09.jpg素材文件，将其拖曳到"时间轴"面板中，生成序列，并将08.png素材文件添加到V2轨道上，效果如图4-16所示。

03 选中08.png剪辑，在剪辑起始位置将图片素材移动到画面的左侧，如图4-17所示。

图4-15   图4-16   图4-17

> ❗ **技巧提示**
>
> 在"节目"监视器中双击图片素材，就可以选中该素材并进行移动、旋转和缩放编辑。

04 在"效果控件"面板中可以看到当前图片素材的"位置"参数，单击"切换动画"按钮 ⏱，将其记录为关键帧，如图4-18所示。

05 移动播放指示器到剪辑末尾，将图片素材移动到画面右侧，如图4-19所示。观察"效果控件"面板，可以看到"位置"参数发生了改变，且在剪辑末尾自动添加了关键帧，如图4-20所示。

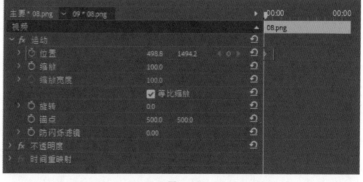

图4-18

图4-19   图4-20

06 按Space键进行预览，可以看到素材图标从左向右移动的动画效果，效果如图4-21所示。此时动画呈匀速运动效果。

07 在"效果控件"面板展开"位置"前方的 ▶ 按钮，就可以显示其速度曲线，如图4-22所示。

图4-21　　　　　　　　　　　　　　　　　　　图4-22

08 选中关键帧，速度曲线上会出现蓝色调节手柄，如图4-23所示。

09 调节手柄的长度和角度，可以改变速度曲线的走势，形成不同的运动速度。图4-24所示是从减速到加速的运动效果曲线。

图4-23　　　　　　　　　　　　　　　　　　　图4-24

10 除了自定义调节外，系统还提供了常见的"缓入"和"缓出"模式。选中关键帧，单击鼠标右键，在弹出的菜单中选择"缓入"或"缓出"选项，就能改变运动曲线，如图4-25所示。改变后的运动曲线如图4-26所示。

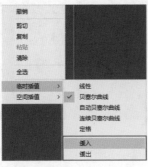

图4-25　　　　　　　　　　　　　　　　　　　图4-26

11 移动播放指示器到剪辑的中间位置，然后移动图片素材的位置，会在画面中生成新的运动轨迹，如图4-27所示。

12 按Space键进行预览，可以观察到图片素材按照运动轨迹的曲线进行运动，并不是直线运动。选中"效果控件"的关键帧，单击鼠标右键，在弹出的菜单中选择"空间插值>线性"选项，如图4-28所示。此时可以观察到画面中的轨迹曲线变成直线效果，如图4-29所示。

图4-27　　　　　　　　　　　图4-28　　　　　　　　　　　图4-29

实战： 制作旋转光效动态视频

素材文件	素材文件>CH04>02
实例文件	实例文件>CH04>实战：制作旋转光效动态视频.prproj
难易程度	★★☆☆☆
学习目标	掌握添加"旋转"关键帧的方法

设置"旋转"参数添加关键帧，可以使素材产生旋转的动画效果。本案例需要为素材添加"旋转"关键帧，从而制作旋转光效动态视频。案例效果如图4-30所示。

图4-30

📖 案例制作

01 新建项目文件，导入学习资源"素材文件>CH04>02"文件夹中的素材文件，如图4-31所示。

02 选中02.mp4素材文件，将其拖曳到"时间轴"面板中，生成序列，如图4-32所示。

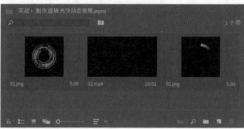

图4-31　　　　　　　　　　　　　图4-32

03 将01.png素材拖曳到V2轨道上，并缩放为帧大小，如图4-33所示。效果如图4-34所示。

图4-33　　　　　　　　　　　　　图4-34

04 将02.png素材拖曳到V3轨道上，并缩放为帧大小，如图4-35所示。效果如图4-36所示。

05 选中01.png剪辑，切换到"效果控件"面板，在剪辑的起始位置单击"旋转"前的"切换动画"按钮，添加关键帧，如图4-37所示。

图4-35

图4-36　　　　　　　　　　　　　图4-37

06 移动播放指示器到剪辑末尾,设置"旋转"为2×0°,如图4-38所示。效果如图4-39所示。

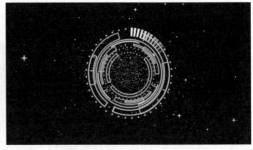

图4-38 图4-39

07 选中02.png剪辑,在剪辑的起始位置添加"旋转"关键帧,如图4-40所示。

08 移动播放指示器到剪辑末尾,然后设置"旋转"为-2×0°,如图4-41所示。效果如图4-42所示。

图4-40 图4-41 图4-42

09 单击"导出帧"按钮 🖸,导出4帧画面,效果如图4-43所示。

图4-43

☞ 技术回顾

演示视频:005-旋转

工具: 旋转

位置: "效果控件"面板

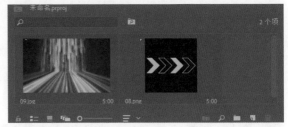

01 新建一个项目文件,在"项目"面板中导入学习资源"技术回顾"文件夹中的08.png和09.jpg素材文件,如图4-44所示。

图4-44

02 选中09.jpg素材文件,将其拖曳到"时间轴"面板中,生成序列,并将08.png素材文件添加到V2轨道上,效果如图4-45所示。

03 在"效果控件"面板中调整"旋转"参数,可以观察到图片素材围绕自身中心进行旋转,效果如图4-46所示。

图4-45 图4-46

04 在"效果控件"面板中调整"锚点"参数，使其离开图片素材的中心位置，可以观察到图片素材的位置发生了改变，如图4-47所示。

05 再次调整"旋转"参数，可以观察到图片素材围绕画面中心进行旋转，效果如图4-48所示。

图4-47 图4-48

在"节目"监视器中移动画面中心的锚点位置，也可以改变图片素材的旋转中心，如图4-49所示。

图4-49

实战：制作缩放转场美食视频

素材文件	素材文件>CH04>03
实例文件	实例文件>CH04>实战：制作缩放转场美食视频.prproj
难易程度	★★☆☆☆
学习目标	掌握添加"缩放"关键帧的方法

调整"缩放"参数添加关键帧，就可以形成缩放动画。本案例需要为素材添加"缩放"关键帧，从而制作缩放转场美食视频。案例效果如图4-50所示。

图4-50

☞ 案例制作

01 新建项目文件，导入学习资源"素材文件>CH04>03"文件夹中的素材文件，如图4-51所示。

02 选中01.mp4素材文件，将其拖曳到"时间轴"面板中，生成序列，如图4-52所示。

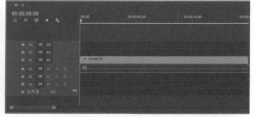

图4-51 图4-52

03 取消视频与音频的链接，然后删掉音频剪辑，如图4-53所示。

04 设置视频剪辑的"持续时间"为00:00:12:00，如图4-54所示。

05 将4个图片素材依次放置在V2轨道上，使其首尾相连，且每个素材的长度均为3秒，如图4-55所示。

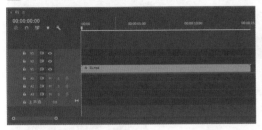

图4-53　　　　　　　　　　　　图4-54　　　　　　　　　　　　图4-55

06 将4个图片剪辑缩放为帧大小，效果如图4-56所示。

图4-56

07 选中V2轨道上的01.jpg
剪辑，在剪辑的起始位置
设置"缩放"为220，并单击
"切换动画"按钮 ，添加
关键帧，如图4-57所示。效
果如图4-58所示。

图4-57　　　　　　　　　　　　图4-58

08 移动播放指示器到
01.jpg剪辑的末尾，设置
"缩放"为0，如图4-59所
示。效果如图4-60所示。

图4-59　　　　　　　　　　　　图4-60

09 选中02.jpg剪辑，在剪辑的起始位置设置"缩放"为0，添加关键帧，如图4-61所示。

10 移动播放指示器到02.jpg剪辑末尾，设置"缩放"为120，如图4-62所示。效果如图4-63所示。

图4-61　　　　　　　　　　　　图4-62　　　　　　　　　　　　图4-63

11 选中03.jpg剪辑，在剪辑的起始位置设置"缩放"为125，添加关键帧，如图4-64所示。效果如图4-65所示。

12 移动播放指示器到03.jpg剪辑末尾，设置"缩放"为0，如图4-66所示。

图4-64

图4-65

图4-66

13 选中04.jpg剪辑，在剪辑的起始位置设置"缩放"为0，添加关键帧，如图4-67所示。

14 移动播放指示器到04.jpg剪辑末尾，设置"缩放"为120，如图4-68所示。效果如图4-69所示。

图4-67

图4-68

图4-69

15 单击"导出帧"按钮 🔘，导出4个帧画面，效果如图4-70所示。

图4-70

👉 **技术回顾**--

　　　演示视频：006-缩放

　　　工具：缩放

　　　位置："效果控件"面板

01 新建一个项目文件，在"项目"面板中导入学习资源"技术回顾"文件夹中的08.png和09.jpg素材文件，如图4-71所示。

02 选中09.jpg素材文件，将其拖曳到"时间轴"面板中，生成序列，并将08.png素材文件添加到V2轨道上，效果如图4-72所示。

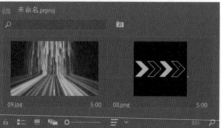
图4-71

图4-72

03 选中08.png剪辑，在"效果控件"面板中设置"缩放"为350，可以观察到画面中的图片素材被放大，如图4-73所示。

图4-73

04 设置"缩放"为50，可以观察到画面中的图片素材比原来的尺寸要小，如图4-74所示。

图4-74

05 取消勾选"等比缩放"选项，可以激活"缩放高度"和"缩放宽度"两个参数，如图4-75所示。

06 设置"缩放高度"为200，"缩放宽度"为300，可以观察到图片素材按照不等比的方式被放大，整体素材被拉宽，如图4-76所示。

图4-75　　　　　　　　　　　　　　　图4-76

实战：制作年会片头视频

素材文件	素材文件>CH04>04
实例文件	实例文件>CH04>实战：制作年会片头视频.prproj
难易程度	★★★☆☆
学习目标	掌握添加"不透明度"关键帧的方法

扫码观看视频

设置"不透明度"参数添加关键帧，就可以制作出显示或消失动画。在制作镜头切换素材效果时，"不透明度"是经常用到的参数。本案例需要为素材添加"不透明度"关键帧，从而制作年会片头的Logo显示视频。效果如图4-77所示。

图4-77

案例制作

01 新建一个项目文件，导入学习资源"素材文件>CH04>04"文件夹中的素材文件，如图4-78所示。

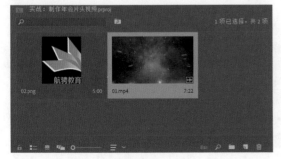

图4-78

◎ **技术专题：导入视频素材失败的处理方法**

有时候在导入外部视频素材时，系统会提示导入素材失败，并弹出对话框，如图4-79所示。

图4-79

遇到这种情况，首先需要判断素材文件是否能正常打开。如果不能正常打开播放，代表视频素材已经损坏，需要更换其他完好的视频素材。如果素材文件能正常播放，那么代表这个视频素材的格式不能被Premiere Pro软件识别，需要将其转换为MP4格式或MOV格式的视频后再导入。

02 选中01.mp4素材文件，将其拖曳到"时间轴"面板中，生成序列，如图4-80所示。效果如图4-81所示。

图4-80　　　　　　　　　　图4-81

03 选中02.png素材文件，将其放置到V2轨道上，如图4-82所示。效果如图4-83所示。

图4-82　　　　　　　　　　图4-83

04 选中02.png剪辑，在剪辑的起始位置设置"不透明度"为0%，如图4-84所示。此时画面中只显示背景部分。

05 移动播放指示器到00:00:02:05的位置，单击"添加/移除关键帧"按钮，添加关键帧，如图4-85所示。

图4-84　　　　　　　　　　图4-85

06 移动播放指示器到00:00:02:10的位置，设置"不透明度"为100%，如图4-86所示。此时画面中显示图片效果，如图4-87所示。

图4-86　　　　　　　　　　图4-87

07 移动播放指示器到00:00:05:20的位置，单击"添加/移除关键帧"按钮，添加关键帧，如图4-88所示。

08 移动播放指示器到00:00:06:20的位置，设置"不透明度"为0%，如图4-89所示。此时画面中只显示背景部分，如图4-90所示。

图4-88　　　　　　　　图4-89　　　　　　　　图4-90

09 单击"导出帧"按钮 📷，导出4帧画面，效果如图4-91所示。

图4-91

👉 **技术回顾**

演示视频：007-不透明度

工具： 不透明度

位置： "效果控件"面板

扫码观看视频

01 新建一个项目文件，在"项目"面板中导入学习资源"技术回顾"文件夹中的08.png和09.jpg素材文件，如图4-92所示。

02 选中09.jpg素材文件，将其拖曳到"时间轴"面板中，生成序列，并将08.png素材文件添加到V2轨道上，效果如图4-93所示。

03 选中08.png剪辑，在"效果控件"面板中设置"缩放"为300，效果如图4-94所示。放大素材可方便后续制作。

图4-92

图4-93

图4-94

04 设置"不透明度"为50％，可以在画面中观察到图片素材的透明度降低，与背景相互融合，如图4-95所示。

图4-95

> ⓘ **技巧提示**
>
> 默认情况下，开启"切换动画"按钮 ⏱，只要修改"不透明度"数值，就会自动记录关键帧。如果读者不需要做"不透明度"动画，最好在设置参数之前将"切换动画"按钮 ⏱ 关闭。

05 展开"混合模式"下拉列表，可以看到系统提供的轨道间的混合模式，如图4-96所示。

06 在"混合模式"下拉列表中选择不同的选项，可以形成不同的混合效果，如图4-97所示。

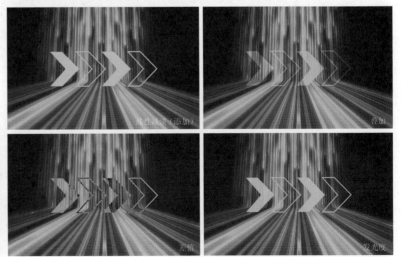

图4-96

图4-97

👑 重点

实战： 制作趣味倒水视频

素材文件	素材文件>CH04>05
实例文件	实例文件>CH04>实战：制作趣味倒水视频.prproj
难易程度	★★★☆☆
学习目标	掌握时间重映射的操作方法

扫码观看视频

"时间重映射"可以实现素材的加速、减速、倒放和静止的播放效果，让画面产生节奏变化和动感效果。本案例需要通过时间重映射制作一段趣味倒水视频，效果如图4-98所示。

图4-98

👉 案例制作

01 新建一个项目文件，在"项目"面板中导入学习资源"素材文件>CH04>05"文件夹中的素材，如图4-99所示。

02 选中素材并将其拖曳到"时间轴"面板中，生成序列，如图4-100所示。效果如图4-101所示。

图4-99

图4-100

图4-101

03 选中01.mp4剪辑，单击鼠标右键，在弹出的菜单中选择"显示剪辑关键帧>时间重映射>速度"选项，如图4-102所示。

04 将鼠标指针放在V1轨道和V2轨道之间，向上拖曳，就可以显示剪辑的关键帧区域，如图4-103所示。

图4-102

图4-103

05 选中剪辑，设置"速度"为400%，如图4-104所示。序列面板如图4-105所示。

图4-104

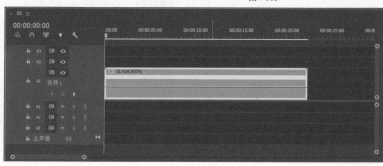

图4-105

06 移动播放指示器到00:00:05:00的位置，单击轨道左侧的"添加-移除关键帧"按钮，直接在剪辑上添加关键帧，如图4-106所示。

07 按住Ctrl键，向右拖曳关键帧到00:00:10:00的位置，生成的区域就会形成倒放效果，如图4-107所示。

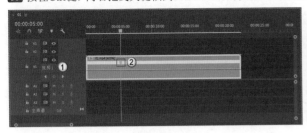

图4-106

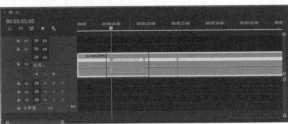

图4-107

08 按Space键播放剪辑，观察到倒放的片段速度较慢。选中"选择工具"，向下拖曳倒放区域中间的线段，让整个倒放区域变小，如图4-108所示。

09 倒放区域之前的部分播放速度偏慢。选中"选择工具"，向上拖曳中间的线段，使整个区域变小，如图4-109所示。

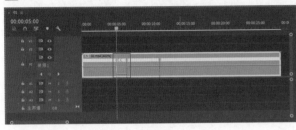

图4-108

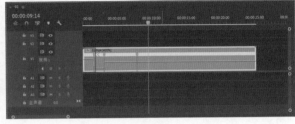

图4-109

10 移动播放指示器到00:00:05:00的位置，添加关键帧。按住Ctrl键向右拖曳至00:00:06:20的位置，如图4-110所示。

11 选中00:00:05:00的关键帧，向左拖曳到，可以观察到代表速度的直线变成斜线，如图4-111所示。

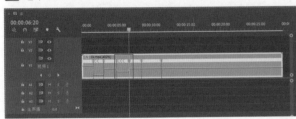

图4-110

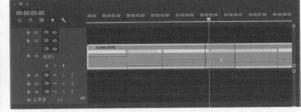

图4-111

> **技巧提示**
> 斜线代表速度播放速度呈非匀速状态。

12 移动播放指示器到00:00:09:15位置的关键帧，按住Ctrl+Alt键将关键帧向右拖曳到00:00:11:20的位置，如图4-112所示。

13 按Space键播放，可以观察到上一步处理后的关键帧之间的画面呈静止状态，效果如图4-113所示。

图4-112

图4-113

14 观察播放效果，发现静止的时间有些长。按住Alt键，选中00:00:11:20位置的关键帧，向左拖曳到00:00:10:10的位置，如图4-114所示。

15 选中末尾处的速度曲线，按住Alt键向上移动，使剪辑末尾处于00:00:15:00的位置，如图4-115所示。

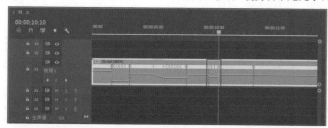

图4-114

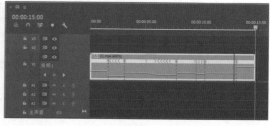

图4-115

16 单击"导出帧"按钮，导出4帧画面，效果如图4-116所示。

图4-116

◎ **技术专题：时间重映射的快捷操作方法**

通过上面的案例，可以总结出时间重映射的常用操作方法。

加速/减速：选中两个关键帧之间的线段，使用"移动工具"▶向上移动线段，这时画面呈加速播放状态。使用"移动工具"▶向下移动线段，这时画面呈减速播放状态。

倒放：在要倒放的位置添加时间重映射关键帧，选中该关键帧并按住Ctrl键不放，向右拖曳一段距离，拖曳的距离就是倒放剪辑的长度。

静止帧：移动播放指示器到需要静止的位置，按住Ctrl+Alt组合键不放，向右拖曳一段距离，这段距离中的帧就会处于静止状态。

修改帧位置：如果需要修改关键帧的位置，直接选中关键帧并拖曳，就会让线段变成斜线，这时会产生平滑的运动效果。旋转斜线上的手柄可以改变运动的平滑程度。如果只是单纯想改变关键帧的区间，不想改变播放速度，就需要按住Alt键并拖曳关键帧。

删除帧：如果要删除单个关键帧，只需要选中该关键帧，按Delete键即可删除。如果要删除所有关键帧，需要在"效果控件"面板中单击蓝色的"切换动画"按钮。

♛ 重点

实战：制作旅游电子相册

素材文件	素材文件>CH04>06
实例文件	实例文件>CH04>实战：制作旅游电子相册.prproj
难度程度	★★★☆☆
学习目标	掌握添加"位置""旋转"和"缩放"关键帧的方法

扫码观看视频

通常在制作电子相册等视频时会进行画面过渡。进行画面过渡时可能会只采用一种类型的关键帧，也可能几种类型的关键帧混用。本案例需要制作一个旅游电子相册，运用之前学习的知识进行制作。案例效果如图4-117所示。

图4-117

☞ **案例制作**

01 新建一个项目文件，在"项目"面板中导入学习资源"素材文件>CH04>06"文件夹中的素材文件，如图4-118所示。

02 新建一个AVCHD 1080p25序列，将01.jpg素材拖曳到V1轨道上，如图4-119所示。效果如图4-120所示。

图4-118

图4-119

图4-120

03 将01.jpg剪辑的"持续时间"设置为00:00:03:00，效果如图4-121所示。

04 在剪辑的起始位置单击"缩放"前的"切换动画"按钮⚙，添加关键帧。然后移动播放指示器到00:00:01:00的位置，设置"缩放"为40，如图4-122所示。效果如图4-123所示。

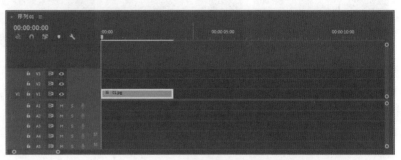
图4-121

05 按Space键预览动画效果，可以观察到图片呈匀速缩放状态。在"效果控件"面板上选中关键帧，单击鼠标右键，在弹出的菜单中选择"缓入"选项，如图4-124所示。

图4-122

图4-123

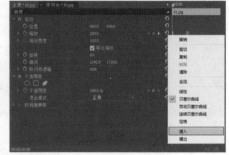
图4-124

◎ **技术专题：关键帧插值制作方法**

关键帧插值可以控制关键帧的速度变化状态，分为"临时插值"和"空间插值"两个大类，每个大类还细分为多种类型。默认情况下，系统采用线性插值。若想改变插值类型，选中关键帧并单击鼠标右键，在弹出的菜单中可以选择插值类型，如图4-125所示。

1.临时插值

"临时插值"可控制关键帧之间速度变化的状态，其分类如图4-126所示。

线性：关键帧之间呈匀速变化。

贝塞尔曲线：在关键帧的任意一侧手动调整手柄的角度，可改变速度。调整后的关键帧图标会变成▮样式。

自动贝塞尔曲线：调整关键帧的速率为平滑变化速率。调整后的关键帧图标会变成▮样式。

连续贝塞尔曲线：调整关键帧的速率为平滑变化速率。调整后的关键帧图标会变成▮样式。

定格：更改关键帧的属性值，但不产生渐变过渡。调整后的关键帧图标会变成◀样式。

缓入：减慢进入关键帧的速度。

缓出：加快离开关键帧的速度。

2.空间插值

"空间插值"可设置关键帧的过渡效果，其分类如图4-127所示。

图4-125

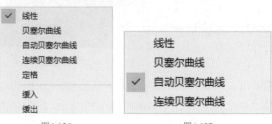
图4-126　　　图4-127

线性：关键帧两侧线段为直线，转折角度较为明显，效果如图4-128所示。

贝塞尔曲线：在"节目"监视器中手动调节控制点两侧的手柄来调整曲线的形状，从而生成画面的动画效果，如图4-129所示。

自动贝塞尔曲线：控制点两侧的手柄会自动更改，从而保证关键帧之间的平滑速率。效果如图4-130所示。如果手动调整手柄方向，则可以将其转换为连续贝塞尔曲线关键帧。

连续贝塞尔曲线：与"自动贝塞尔曲线"操作方法相同，也可以通过控制手柄调整曲线方向。效果如图4-131所示。

图4-128 　　　　　图4-129 　　　　　图4-130 　　　　　图4-131

06 按Space键预览动画效果，可以观察到图片呈减速运动，但速度减慢的效果不是很明显。单击"缩放"前的三角按钮 ❯，可以观察到关键帧间的曲线，如图4-132所示。

07 调整曲线的弧度调整缩放的速度，如图4-133所示。

08 移动播放指示器到00:00:01:15的位置，单击"位置"前的"切换动画"按钮 ⏱，添加关键帧，如图4-134所示。

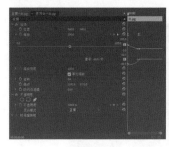 

图4-132 　　　　　图4-133 　　　　　图4-134

09 移动播放指示器到01.jpg剪辑末尾，设置"位置"为（2971,540），如图4-135所示。此时图片素材向右移出画面，效果如图4-136所示。

图4-135 　　　　　图4-136

10 调整"位置"的关键帧运动曲线，使其成为加速运动，如图4-137所示。

11 向右移动的动画时间太长，会使动画速度变慢。移动播放指示器到00:00:02:00的位置，将关键帧和剪辑末尾拖曳到播放指示器的位置，如图4-138所示。

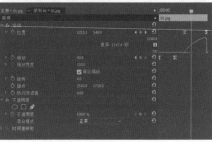

图4-137 　　　　　图4-138

12 将01.jpg剪辑移动到V2轨道上，移动播放指示器到00:00:01:15的位置，如图4-139所示。

13 选中02.jpg素材文件，将其拖曳到V1轨道上，其剪辑起始位置放在播放指示器的位置，如图4-140所示。此时01.jpg剪辑和02.jpg剪辑的画面就可以无缝衔接，不会出现黑色的背景，如图4-141所示。

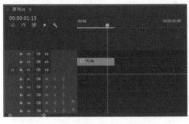

图4-139　　　　　　　　　　　　　　图4-140　　　　　　　　　　　　　图4-141

14 将02.jpg剪辑的时长缩短至2秒，然后将剪辑缩放为帧大小，如图4-142所示。

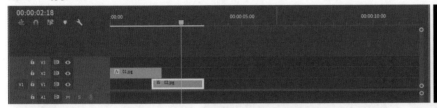

图4-142

15 选中02.jpg剪辑，在剪辑的起始位置设置"缩放"为120，并添加关键帧。然后在00:00:02:15的位置设置"缩放"为220。效果如图4-143和图4-144所示。

图4-143　　　　　　　　　　　　　　　　图4-144

> **❶ 技巧提示**
>
> 　　单击"添加/移除关键帧"按钮 ◎ 可以在播放指示器的位置添加关键帧或删除已有的关键帧。单击"转到上一关键帧"按钮 ◀ 和"转到下一关键帧"按钮 ▶ ，可以快速在关键帧上定位切换，避免移动播放指示器时造成关键帧错位。

16 选中缩放的关键帧，设置其运动为缓出，如图4-145所示。

17 移动播放指示器到00:00:03:05的位置，然后在"位置"和"旋转"上添加关键帧，如图4-146所示。

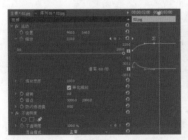

图4-145　　　　　　　　　　　　　　　图4-146

18 移动播放指示器到02.jpg剪辑末尾，设置"位置"为（960,2292），如图4-147所示。

19 选中"位置"关键帧，设置其运动曲线为加速运动，如图4-148所示。

图4-147　　　　　　　　　　　　　　　图4-148

20 移动播放指示器到00:00:03:05的位置，将03.jpg素材放置在V2轨道上，如图4-149所示。

21 调整03.jpg剪辑的"持续时间"为00:00:02:00，并将剪辑调整为帧大小，如图4-150和图4-151所示。

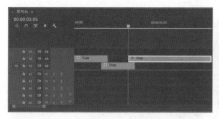

图4-149　　　　　　　　　　图4-150　　　　　　　　　　图4-151

22 移动播放指示器到剪辑的起始位置，设置"位置"为（960，-1073），并添加关键帧，如图4-152所示。此时图片位于画面的外部。

23 移动播放指示器到00:00:03:15的位置，设置"位置"为（960，441），如图4-153所示。此时，图片素材位于画面中心，如图4-154所示。

图4-152　　　　　　　　　　图4-153　　　　　　　　　　图4-154

24 选中"位置"关键帧，设置运动曲线为加速状态，如图4-155所示。

25 移动播放指示器到00:00:04:15的位置，单击"缩放"前的"切换动画"按钮，添加关键帧，如图4-156所示。

图4-155　　　　　　　　　　图4-156

26 移动播放指示器到剪辑末尾，设置"缩放"为280，设置运动曲线为加速运动，如图4-157所示。效果如图4-158所示。

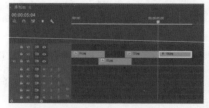

图4-157　　　　　　　　　　图4-158

27 选中04.jpg素材文件，将其放置在V2轨道上，并将"持续时间"缩短到2秒，如图4-159所示。效果如图4-160所示。

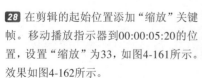

图4-159　　　　　　　　　　图4-160

28 在剪辑的起始位置添加"缩放"关键帧。移动播放指示器到00:00:05:20的位置，设置"缩放"为33，如图4-161所示。效果如图4-162所示。

图4-161　　　　　　　　　　图4-162

29 保持播放指示器的位置不动，添加"旋转"关键帧。然后返回剪辑的起始位置，设置"旋转"为1×0°，如图4-163所示。效果如图4-164所示。

30 移动播放指示器观察效果，会发现在缩小并旋转的时候，会出现黑色背景，如图4-165所示。

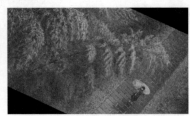

| 图4-163 | 图4-164 | 图4-165 |

31 将04.jpg剪辑向上移动到V3轨道，然后延长03.jpg剪辑的长度到00:00:05:20的位置，如图4-166所示。用03.jpg剪辑进行填补，将就不会出现黑色背景，如图4-167所示。

32 展开"旋转"关键帧的曲线，设置曲线为减速运动效果，如图4-168所示。

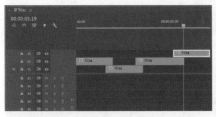

| 图4-166 | 图4-167 | 图4-168 |

33 移动播放指示器到00:00:06:20的位置，添加"缩放"关键帧。移动到剪辑末尾，设置"缩放"为100，如图4-169所示。效果如图4-170所示。

| 图4-169 | 图4-170 |

34 单击"导出帧"按钮 📷 ，导出4帧画面，效果如图4-171所示。

图4-171

👑重点

实战： 制作年俗展示视频

素材文件	素材文件>CH04>07
实例文件	实例文件>CH04>实战：制作年俗展示视频.prproj
难易程度	★★★☆☆
学习目标	掌握添加"不透明度"和"缩放"关键帧的方法

本案例需要制作一个年俗展示视频，需要添加"缩放"和"不透明度"关键帧。案例效果如图4-172所示。

图4-172

☞ **案例制作** --

01 新建一个项目文件，导入学习资源"素材文件>CH04>07"文件夹中的素材文件，如图4-173所示。

02 选中"背景.mp4"素材文件，将其拖曳到"时间轴"面板中，生成序列，如图4-174所示。效果如图4-175所示。

图4-173

图4-174

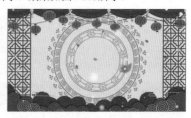

图4-175

03 原有剪辑的长度是40秒，将其缩短到20秒，如图4-176所示。

04 将4张图片素材依次放置到V2轨道上，如图4-177所示。

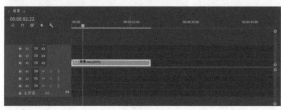

图4-176

图4-177

05 选中4个图片素材剪辑，将其"缩放"都设置为30，效果如图4-178所示。

图4-178

06 选中雪.mov素材，并将其放置到V3轨道上。将剪辑的"持续时间"设置为20秒，如图4-179所示。效果如图4-180所示。

图4-179

图4-180

07 选中27.png剪辑，在起始位置设置"缩放"为0，并添加关键帧，如图4-181所示。此时场景中看不到27.png素材，如图4-182所示。

图4-181

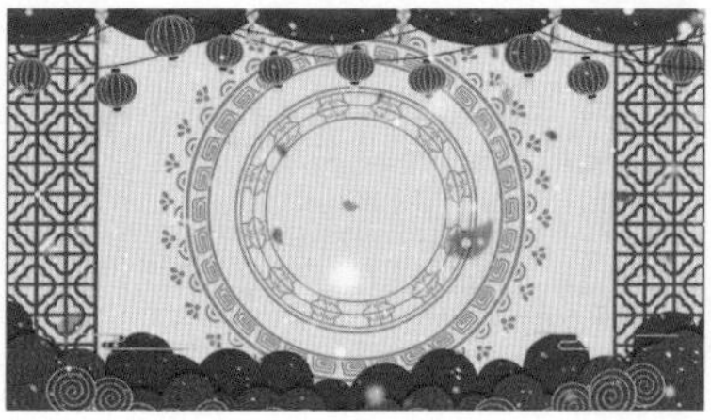

图4-182

08 移动播放指示器到00:00:02:00的位置，设置"缩放"为30，如图4-183所示。

09 移动播放指示器到00:00:02:20的位置，设置"缩放"为25，如图4-184所示。

10 移动播放指示器到00:00:03:15的位置，设置"缩放"为30，如图4-185所示。

图4-183　　　　　　　　　　　图4-184　　　　　　　　　　　图4-185

> **① 技巧提示**
>
> 素材放大后停留在画面中不动，会显得画面非常呆板。添加不同大小的缩放关键帧，可以让画面产生变化，让画面生动起来。

11 移动播放指示器到00:00:04:12的位置，设置"缩放"为25，如图4-186所示。

12 返回剪辑的起始位置，设置"不透明度"为0%，如图4-187所示。

13 移动播放指示器到00:00:01:00的位置，设置"不透明度"为100%，如图4-188所示。

图4-186　　　　　　　　　　　图4-187　　　　　　　　　　　图4-188

14 移动播放指示器到00:00:03:15的位置，将灯笼转场.mov素材放置到V4轨道上，如图4-189所示。效果如图4-190所示。

图4-189　　　　　　　　　　　　　　　　　　图4-190

> **① 技巧提示**
>
> 加入转场剪辑时，不能将剪辑末尾与27.png剪辑末尾对齐，否则会在左侧出现27.png剪辑的内容。要将转场剪辑放在下方两个图片剪辑交接的位置。

15 按照步骤07~步骤13为后续3个图片剪辑添加缩放和不透明度关键帧，如图4-191所示。

图4-191

16 按住Alt键，将转场剪辑向右复制两个，放在图片剪辑交接的位置，如图4-192所示。

17 根据画面的衔接关系调整转场剪辑的位置，如图4-193所示。

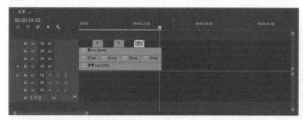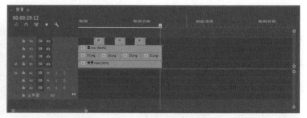

图4-192 图4-193

18 单击"导出帧"按钮 ，导出4帧画面，效果如图4-194所示。

图4-194

⬥ 重点

实战：制作新闻采访视频

素材文件	素材文件>CH04>08
实例文件	实例文件>CH04>实战：制作新闻采访视频.prproj
难易程度	★★★☆☆
学习目标	掌握添加"旋转"和"缩放"关键帧的方法

本案例的制作方法相对复杂，需要运用"缩放"和"旋转"制作关键帧动画。案例效果如图4-195所示。

图4-195

👉 案例制作

01 新建一个项目文件，导入学习资源"素材文件>CH04>08"文件夹中的素材文件，如图4-196所示。

02 选中01.mp4素材文件，将其拖曳到"时间轴"面板中生成序列，如图4-197所示。效果如图4-198所示。

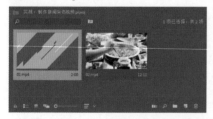

图4-196 图4-197 图4-198

03 选中02.mp4素材文件，将其放置到V2轨道上，如图4-199所示。效果如图4-200所示。

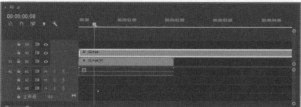

图4-199 图4-200

04 使用"剃刀工具"◢裁剪多余的剪辑并将其删除，如图4-201所示。

05 使用"矩形工具"▢绘制一个矩形，矩形应比02.mp4剪辑稍大一些，如图4-202所示。

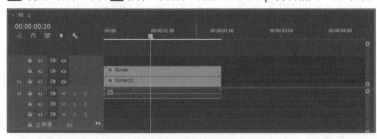

图4-201   图4-202

ⓘ **技巧提示**

读者可以向前拖曳02.mp4剪辑的末尾，使02.mp4剪辑与01.mp4剪辑一样长。

06 在"效果控件"面板中，取消勾选"填充"选项，勾选"描边"选项，设置为黑色，并设置"描边宽度"为40，如图4-203所示。效果如图4-204所示。

07 选中V1轨道和V2轨道上的剪辑，将其转换为嵌套序列，如图4-205所示。

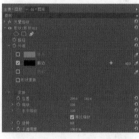

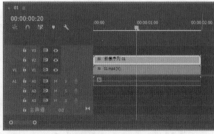

图4-203   图4-204   图4-205

ⓘ **技巧提示**

设置完描边后，使用"移动工具"▶调整矩形的边缘，使其与素材边缘重合。

08 选中嵌套序列，在剪辑的起始位置设置"缩放"为0，并添加关键帧，如图4-206所示。效果如图4-207所示。

图4-206   图4-207

09 移动播放指示器到00:00:01:00的位置，设置"缩放"为100，如图4-208所示。效果如图4-209所示。

图4-208   图4-209

10 保持播放指示器的位置不变，添加"旋转"关键帧，如图4-210所示。

11 移动播放指示器到剪辑的起始位置，设置"旋转"为-120°，如图4-211所示。移动播放指示器，可以看到嵌套序列呈旋转放大的效果，如图4-212所示。

12 移动播放指示器到00:00:01:02的位置，使用"矩形工具"■在火锅素材的右下角绘制一个矩形，设置"填充"为黄色，"描边"为黑色，如图4-213所示。

13 使用"文字工具"**T**在上一步绘制的矩形中输入"本期导视"，调整文字的字体、字号和颜色，如图4-214所示。

图4-210

图4-211

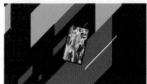

图4-212

图4-213

图4-214

14 单击"导出帧"按钮 ，导出4帧画面，效果如图4-215所示。

图4-215

实战：制作旅游相册

素材文件	素材文件>CH04>09
实例文件	实例文件>CH04>实战：制作旅游相册.prproj
难易程度	★★★★☆
学习目标	掌握添加"位置"关键帧的方法

扫码观看视频

本案例需要根据模板的位置添加图片，以制作旅游相册。根据模板的位置为图片添加"位置"关键帧，可追踪模板的运动轨迹。效果如图4-216所示。

案例制作

01 新建一个项目文件，导入学习资源"素材文件>CH04>09"文件夹中的素材文件，如图4-217所示。

图4-216

图4-217

02 选中01.mp4素材文件，将其拖曳到"时间轴"面板中生成序列，如图4-218所示。效果如图4-219所示。

03 移动播放指示器，可以观察到画面中会弹出绿屏，如图4-220所示。可以在绿屏部分嵌套需要展示的图片。

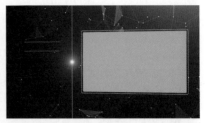

图4-218　　　　　　　　　　　图4-219　　　　　　　　　　　图4-220

04 将01.mp4剪辑移动到V2轨道上，如图4-221所示。

05 移动播放指示器到00:00:01:15的位置，将2.jpg素材文件拖曳到V1轨道上，如图4-222所示。

06 移动播放指示器到00:00:10:20的位置，此时第1个显示框完全消失，如图4-223所示。将2.jpg剪辑的末尾延伸到播放指示器的位置，如图4-224所示。

图4-221　　　　　　　　　　　图4-222

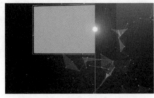
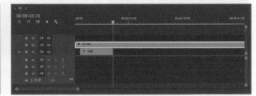

图4-223　　　　　　　　　　　图4-224

07 此时绿屏部分遮住了下方的图片素材。在"效果"面板中选中"超级键"效果并拖曳到01.mp4剪辑上，然后在"效果控件"面板中设置"输出"为"合成"，"主要颜色"为绿色，如图4-225所示。效果如图4-226所示。

08 选中下方的图片剪辑，将其缩放到与图片外框差不多大小，效果如图4-227所示。

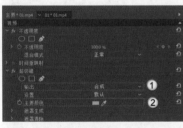

图4-225　　　　　　　　　　　图4-226　　　　　　　　　　　图4-227

> 🔗 知识链接
>
> "超级键"效果常用来抠取画面中的绿幕，在"第8章 抠像"中会讲解具体使用方法。

09 移动播放指示器到2.jpg剪辑的起始部分，添加"位置"关键帧，并沿着外框的位置移动图片，如图4-228所示。效果如图4-229所示。

图4-228　　　　　　　　　　　图4-229

10 移动播放指示器，观察图片与边框的运动，可以发现在中间一些帧的位置上，图片与边框之间会存在间距，如图4-230所示。

11 将播放指示器停留在出现间距的位置，调整"位置"参数，使图片与边框之间的间距消失，如图4-231所示。

12 移动播放指示器到00:00:10:03的位置，此时第2个显示框即将进入画面，如图4-232所示。将01.mp4剪辑移动到V3轨道上，将4.jpg素材拖曳到V2轨道上，如图4-233所示。

13 移动播放指示器到00:00:19:10的位置，此时第2个显示框离开画面，将4.jpg剪辑的末尾延长到播放指示器的位置，如图4-234所示。

图4-230

图4-231

图4-232

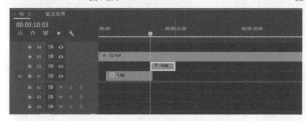
图4-233

图4-234

> **① 技巧提示**
>
> 2.jpg剪辑和4.jpg剪辑存在部分重叠，可在V1轨道上方添加一个新轨道，使这两个剪辑同时存在。

14 按照步骤09~步骤11的方法为第2个图片剪辑制作位置关键帧，如图4-235所示。效果如图4-236所示。

图4-235

图4-236

15 移动播放指示器到00:00:18:24的位置，将7.jpg素材文件放置在V1轨道上，如图4-237所示。

16 移动播放指示器到00:00:28:01的位置，将7.jpg剪辑延长到播放指示器的位置，如图4-238所示。

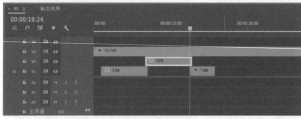
图4-237

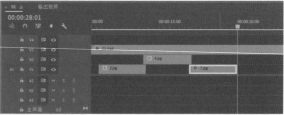
图4-238

17 按照之前的步骤制作7.jpg剪辑的位置关键帧，如图4-239所示。效果如图4-240所示。

图4-239

图4-240

⑱ 移动播放指示器到00:00:27:15的位置，将11.jpg素材文件拖曳到V2轨道上，如图4-241所示。

⑲ 移动播放指示器到00:00:35:00的位置，延长11.jpg剪辑到播放指示器的位置，如图4-242所示。

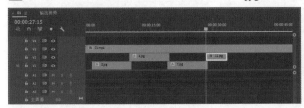

图4-241

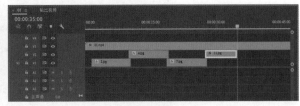

图4-242

⑳ 按照前面3张图片的制作方法添加位置关键帧，如图4-243所示。效果如图4-244所示。

图4-243

图4-244

㉑ 使用"剃刀工具" 裁剪多余的背景视频部分并删除，如图4-245所示。

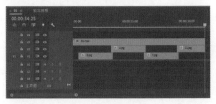

图4-245

> **疑难问答：除了裁剪剪辑还有什么其他方法可改变剪辑的长度？**
>
> 除了裁剪多余的剪辑，还可以在确定的剪辑末尾位置按O键标记出点，如图4-246所示。这样在输出作品时，会按照出点的位置结束，而不会将所有的剪辑全部输出。
>
>
>
> 图4-246

㉒ 单击"导出帧"按钮 ，导出4帧画面，效果如图4-247所示。

图4-247

 重点

实战：制作搜索框MG动画

素材文件	素材文件>CH04>10
实例文件	实例文件>CH04>实战：制作搜索框MG动画.prproj
难易程度	★★★★☆
学习目标	掌握关键帧动画的制作方法

制作MG动画需要用到关键帧，本案例需要制作一个搜索框MG动画。案例效果如图4-248所示。

图4-248

☞ **案例制作**

01 新建一个项目文件，导入学习资源"素材文件>CH04>10"文件夹中的素材文件，如图4-249所示。

02 新建一个AVCHD 1080p25序列，然后新建一个浅灰色的"颜色遮罩"，并重命名为"背景"，如图4-250所示。

03 将"背景"拖曳到V1轨道上，如图4-251所示。效果如图4-252所示。

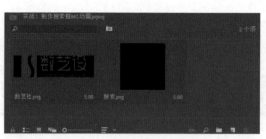

图4-249

图4-250

图4-251

图4-252

04 长按"钢笔工具" ![pen]，在下拉菜单中选择"矩形工具" ![rect]，在"节目"监视器中绘制一个正方形，如图4-253和图4-254所示。

05 在"效果控件"面板中设置"填充"颜色为蓝色，然后缩小正方形，效果如图4-255所示。

图4-253

图4-254

图4-255

! **技巧提示**

按住Shift键运用"矩形工具"，可以绘制出长度和宽度一致的正方形。

---

06 选中搜索.png素材，将其放置到V3轨道上。将其缩小后放在蓝色正方形中间，如图4-256所示。效果如图4-257所示。

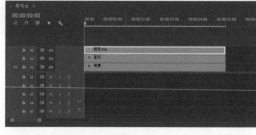

图4-256

图4-257

07 在"效果"面板中选择"颜色替换"选项并添加给"搜索.png"剪辑，然后在"效果控件"面板中将黑色替换为白色，如图4-258所示。效果如图4-259所示。

图4-258

图4-259

08 选中V2和V3轨道的剪辑，将其转换为嵌套序列，并将该序列重命名为"搜索按钮"，如图4-260所示。

09 将播放指示器移动到嵌套序列的起始位置，在"效果控件"面板设置"缩放"为0，并添加关键帧，如图4-261所示。此时画面中只剩下背景。

图4-260

图4-261

> ⓘ **技巧提示**
>
> 　　转换为嵌套序列的优点是可以整体对子层级剪辑的位置、旋转、缩放和不透明度等制作关键帧，极大地提升制作效率；缺点是会在下面步骤的制作中出现多层嵌套，会产生复杂的视觉感受。

10 移动播放指示器到00:00:00:05的位置，设置"缩放"为100，如图4-262所示。此时画面中显示搜索按钮图标，如图4-263所示。

图4-262

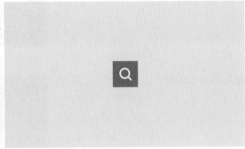

图4-263

11 移动播放指示器到00:00:00:07的位置，设置"缩放"为120，如图4-264所示。此时搜索按钮图标会变大一些，如图4-265所示。

图4-264

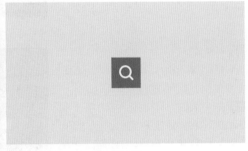

图4-265

12 移动播放指示器到00:00:00:08的位置，设置"缩放"为100，按钮图标会变回原来的大小，如图4-266所示。

13 移动播放指示器到00:00:00:13的位置，单击"位置"前的"切换动画"按钮🕐，添加关键帧，如图4-267所示。

图4-266

图4-267

14 移动播放指示器到00:00:00:18的位置，设置"位置"为（1401,540），如图4-268所示。效果如图4-269所示。

图4-268　　　　　　　　　　　　图4-269

15 移动播放指示器到00:00:00:20的位置，设置"位置"为（1405,540），如图4-270所示。效果如图4-271所示。

图4-270　　　　　　　　　　　　图4-271

16 移动播放指示器到00:00:00:21的位置，设置"位置"为（1401,540），如图4-272所示。效果如图4-273所示。

图4-272　　　　　　　　　　　　图4-273

17 按Space键播放动画，会发现图标平移的位置较大，晃动过于明显。选中位置关键帧，单击鼠标右键，在弹出的菜单中选择"空间插值>线性"选项，如图4-274所示。这样图标的晃动就不会过于明显，会严格按照设置的关键帧位置进行移动。

图4-274　　　　　　　　　　　　图4-275

18 移动播放指示器到00:00:00:23的位置，使用"矩形工具"■在搜索图标的左侧绘制一个矩形，如图4-275所示。

19 在"效果控件"面板中修改矩形的"填充"颜色为白色，"描边"为灰色，"描边宽度"为2，如图4-276所示。效果如图4-277所示。

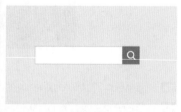

图4-276　　　　　　　　　　　　图4-277

20 在"效果控件"面板中选中"锚点"选项，在"节目"监视器中移动锚点到矩形右侧边缘，如图4-278所示。

21 移动播放指示器到00:00:01:00的位置，取消勾选"等比缩放"选项，设置"缩放宽度"为0，并添加关键帧，如图4-279所示。

图4-278　　　　　　　　　　　　图4-279

22 移动播放指示器到00:00:01:05的位置，设置"缩放宽度"为110，如图4-280所示。效果如图4-281所示。

23 选中V2和V3轨道上的剪辑，将其转换为嵌套序列，并设置序列名称为"搜索框"，如图4-282所示。

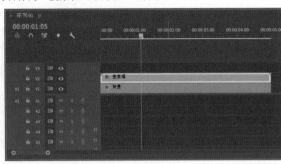

图4-280   图4-281   图4-282

24 移动播放指示器到00:00:01:06的位置，选中"搜索框"嵌套序列，在"效果控件"面板添加"位置"关键帧，如图4-283所示。此时搜索框的位置不动。

25 移动播放指示器到00:00:01:16的位置，设置"位置"为（1153,540），如图4-284所示。效果如图4-285所示。

图4-283   图4-284   图4-285

26 使用"文字工具" **T** 在搜索框内输入"专业的艺术设计图书网站"，然后在"效果控件"面板中设置字体为FZLanTingHei-R-GBK，字体大小为75，"填充"为黑色，如图4-286所示。效果如图4-287所示。

27 在"效果"面板中选择"线性擦除"选项，并将其拖曳到文字剪辑上。在00:00:01:20的位置设置"过渡完成"为100%并添加关键帧，"擦除角度"为-90°，如图4-288所示。此时画面中的文字完全消失。

图4-286   图4-287   图4-288

28 移动播放指示器到00:00:02:20的位置，设置"过渡完成"为0%，如图4-289所示。此时画面中完全显示文字。

29 将V2和V3轨道上的剪辑转换为嵌套序列，并重命名为"搜索内容"，如图4-290所示。

图4-289   图4-290

30 移动播放指示器到00:00:03:00的位置，选中"搜索内容"嵌套序列，在"效果控件"面板中添加"位置"关键帧，如图4-291所示。

31 移动播放指示器到00:00:03:05的位置，将嵌套序列整体向左移出画面。此时画面中只剩下背景，如图4-292所示。

图4-291

图4-292

32 移动播放指示器到00:00:03:10的位置，将"数艺社.png"素材放置到V3轨道上，如图4-293所示。效果如图4-294所示。

图4-293

图4-294

33 移动播放指示器到剪辑的起始位置，设置"缩放"为0，并添加关键帧，如图4-295所示。

34 移动播放指示器到00:00:03:15的位置，设置"缩放"为100，如图4-296所示。

图4-295

图4-296

35 移动播放指示器到00:00:03:17的位置，设置"缩放"为80，如图4-297所示。效果如图4-298所示。

图4-297

图4-298

36 单击"导出帧"按钮 ，导出4帧画面，效果如图4-299所示。

图4-299

第 5 章

① 技巧提示 ＋ ② 疑难问答 ＋ ◎ 技术专题 ＋ ◎ 知识链接

视频过渡

　　视频过渡是Premiere Pro的关键技术点。用户可以通过系统内置的各种过渡效果制作视频过渡，也可以运用各种类型的遮罩蒙版制作出复杂的过渡效果。添加了过渡效果后，两个剪辑间会产生丰富的变化效果，从而整体提升作品的品质。

学习重点 🔍

实战：制作房产图片动态视频

素材文件	素材文件>CH05>01
实例文件	实例文件>CH05>实战：制作房产图片动态视频.prproj
难易程度	★★☆☆☆
学习目标	掌握内滑类过渡效果

内滑类过渡效果，是指使两段剪辑呈现不同的内部移动效果，从而实现剪辑的过渡。本案例需要制作一个房产图片动态视频，要用内滑类过渡作为图片转换的过渡效果。效果如图5-1所示。

图5-1

☞ **案例制作**

01 新建一个项目文件，在"项目"面板中导入学习资源"素材文件>CH05>01"文件夹中的素材文件，如图5-2所示。

02 新建一个AVCHD 1080p25序列，将01.jpg素材文件拖曳到V1轨道上，效果如图5-3所示。

图5-2

图5-3

03 将02.jpg素材拖曳到V1轨道上，放置在01.jpg剪辑的后方，如图5-4所示。效果如图5-5所示。

04 图片在序列中显示过大。选中02.jpg剪辑，将其调整为合适的大小，如图5-6所示。

图5-4

图5-5

图5-6

05 按照相同的方法，继续在V1轨道上添加03.jpg和04.jpg素材，如图5-7所示。效果如图5-8所示。

图5-7

图5-8

06 在"效果"面板中展开"视频过渡"卷展栏，在"内滑"中选中"内滑"选项，如图5-9所示。

07 将选中的"内滑"过渡效果拖曳到01.jpg剪辑和02.jpg剪辑交接的位置，如图5-10所示。松开鼠标后，两个剪辑之间会生成过渡剪辑，如图5-11所示。

图5-9

图5-10

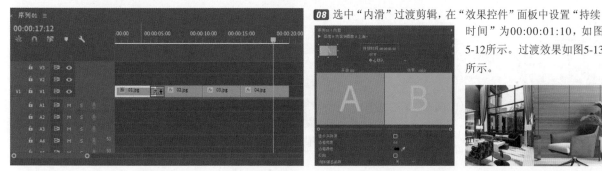

图5-11

08 选中"内滑"过渡剪辑，在"效果控件"面板中设置"持续时间"为00:00:01:10，如图5-12所示。过渡效果如图5-13所示。

图5-12

图5-13

> **⊘ 技巧提示**
>
> 双击过渡剪辑，可在弹出的对话框中修改"持续时间"参数。

09 在"内滑"过渡效果中选中"带状内滑"选项，将其拖曳到02.jpg和03.jpg剪辑交接处，形成过渡剪辑，如图5-14所示。

图5-14

10 选中过渡剪辑，在"效果控件"面板中设置"持续时间"为00:00:01:10，勾选"反向"选项，如图5-15所示。过渡效果如图5-16所示。

图5-15

图5-16

11 选中"推"过渡效果，将其拖曳到03.jpg剪辑和04.jpg剪辑交接处，如图5-17所示。

图5-17

12 选中"推"过渡剪辑，在"效果控件"面板中设置"持续时间"为00:00:01:10，过渡方向为"自北向南"，如图5-18所示。效果如图5-19所示。

图5-18　　　　　　　　　　　　　图5-19

13 单击"导出帧"按钮，导出4帧画面，效果如图5-20所示。

图5-20

👉 **技术回顾**

演示视频：008-内滑类过渡效果

效果：中心拆分/内滑/带状内滑/拆分/推

位置：效果>视频过渡>内滑

01 新建一个项目文件，在"项目"面板中导入学习资源"技术回顾"文件夹中的A.jpg和B.jpg素材文件，如图5-21所示。

图5-21

02 将A.jpg素材文件拖曳到"时间轴"面板中，生成序列，并将B.jpg素材文件拖曳到V1轨道上，如图5-22所示。

03 在"效果"面板中展开"视频过渡"卷展栏，然后展开"内滑"卷展栏，就可以看到子层级的各种内滑类过渡效果，如图5-23所示。

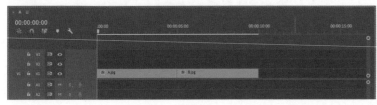

图5-22　　　　　　　　　　　　　图5-23

04 选中第1个"中心拆分"过渡效果，将其拖曳到两个剪辑的交接位置，如图5-24所示。松开鼠标后，就可以将过渡效果添加在两个剪辑之间，如图5-25所示。

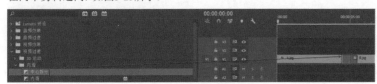

图5-24　　　　　　　　　　　　　图5-25

05 将播放指示器移动到过渡剪辑处，就可以在"节目"监视器中观察到中心拆分效果，如图5-26所示。

06 在"效果控件"面板中设置"持续时间"为00:00:02:00，就可以延长过渡剪辑，如图5-27和图5-28所示。

图5-26　　　　　　　　　　　　　图5-27　　　　　　　　　　　　　图5-28

07 展开"对齐"菜单，可以选择不同的过渡方式，如图5-29所示。效果如图5-30所示。

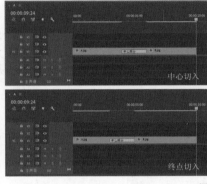

图5-29　　　　　　　　　　　　　图5-30

08 设置"边框宽度"为15，就可以在画面中看到拆分的边缘位置出现黑色的线条，如图5-31和图5-32所示。

09 设置"边框颜色"为白色，就可以将黑色的线条转换为白色，如图5-33和图5-34所示。

图5-31　　　　　　　　图5-32　　　　　　　　图5-33　　　　　　　　图5-34

> ⓘ **技巧提示**
>
> 单击色块旁的"吸管"按钮，就可以在软件的任意位置吸取想要的颜色。

10 勾选"反向"选项，可以将需要过渡的两个剪辑的位置调换，如图5-35和图5-36所示。

11 选中"中心拆分"过渡剪辑，按Delete键就可以将其删除，如图5-37所示。

图5-35　　　　　　　　图5-36

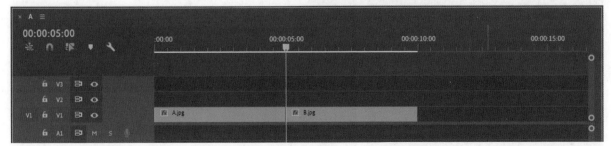

图5-37

12 在两个剪辑交接处添加"内滑"过渡效果，如图5-38所示。效果如图5-39所示。

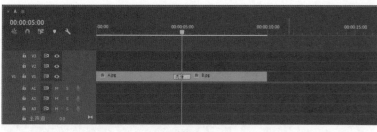

图5-38　　　　　　　　　　　　　　　　　　　　　　　　图5-39

13 可以在"效果控件"面板的左上角修改内滑过渡的方向，如图5-40所示。单击不同方向的三角按钮，可以形成不同的过渡效果，效果如图5-41所示。

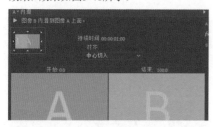

图5-40　　　　　　　　　　　　　　　　　　　　　图5-41

> **① 技巧提示**
>
> 　相同的参数后续不赘述，只介绍不同的参数。

14 不用删除"内滑"过渡剪辑，选中"带状内滑"过渡效果，将其拖曳到"内滑"过渡剪辑上，就可以替换为"带状内滑"剪辑，如图5-42所示。过渡效果如图5-43所示。

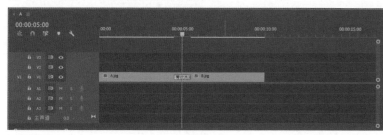

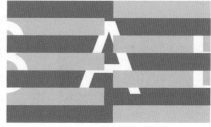

图5-42　　　　　　　　　　　　　　　　　　　　　图5-43

15 与"内滑"过渡剪辑一样，"带状内滑"过渡剪辑也可以在"效果控件"面板中设置过渡方向，如图5-44所示。效果如图5-45所示。

16 单击"自定义"按钮 自定义... ，可以在弹出的对话框中设置"带数量"，图5-46所示是"带数量"分别为5和10时的对比效果。

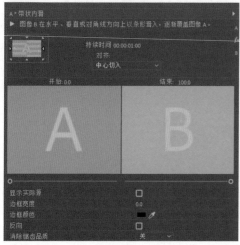

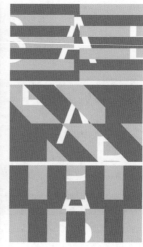

图5-44　　　　　　　　　　　　　　图5-45　　　　　　　　　　　　　图5-46

17 在"效果"面板中选择"拆分"将其效果，将其拖曳到"带状内滑"过渡剪辑上进行替换，如图5-47所示。过渡效果如图5-48所示。

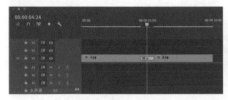

图5-47

18 可以在"效果控件"面板中调整拆分的方向，如图5-49所示。

图5-48   图5-49

19 在"效果"面板中选择"推"过渡效果，将其拖曳到"拆分"过渡剪辑上进行替换，如图5-50所示。过渡效果如图5-51所示。

20 可以在"效果控件"面板中调整推的方向，如图5-52所示。

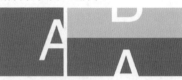

图5-50   图5-51   图5-52

实战： 制作年俗图片动态视频

素材文件	素材文件>CH05>02
实例文件	实例文件>CH05>实战：制作年俗图片动态视频.prproj
难易程度	★★☆☆☆
学习目标	掌握划像类过渡效果

扫码观看视频

划像类过渡效果是指将两段剪辑以特定的形状进行放大或缩小，从而形成过渡效果。本案例需要运用划像类过渡效果制作年俗图片动态视频。效果如图5-53所示。

图5-53

☞ 案例制作

01 新建一个项目文件，在"项目"面板中导入学习资源"素材文件>CH05>02"文件夹中的素材文件，如图5-54所示。

02 新建一个AVCHD 1080p25序列，将01.jpg素材文件拖曳到V1轨道上，并缩放至合适的大小，效果如图5-55所示。

03 将01.jpg剪辑的"持续时间"设置为00:00:02:00，如图5-56所示。

图5-54

图5-55

图5-56

04 将02.jpg、03.jpg、04.jpg和05.jpg素材文件依次放置到V1轨道上，并缩放至合适大小。将剪辑"持续时间"均设置为00:00:02:00，如图5-57所示。效果如图5-58所示。

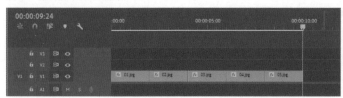

图5-57

图5-58

05 在"效果"面板中展开"视频过渡"卷展栏，然后在"划像"中选中"交叉划像"选项，如图5-59所示。

图5-59

> **技巧提示**
>
> 用户可以在搜索框内直接输入"交叉划像"，从而快速选中该过渡效果，如图5-60所示。
>
>
>
> 图5-60

06 将"交叉划像"过渡效果拖曳到01.jpg和02.jpg剪辑的交接位置，生成过渡剪辑，如图5-61所示。效果如图5-62所示。

07 在"划像"中选中"圆划像"过渡效果，将其拖曳到02.jpg和03.jpg剪辑的交接位置，生成过渡剪辑，如图5-63所示。

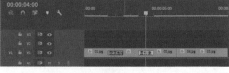

图5-61　　　　　　　　　　图5-62　　　　　　　　　　图5-63

08 在"效果控件"面板中勾选"反向"选项，这样03.jpg剪辑的内容会包裹住02.jpg剪辑的内容，如图5-64所示。效果如图5-65所示。

09 选中"盒形划像"过渡效果，将其拖曳到03.jpg和04.jpg剪辑的交接位置，形成过渡剪辑，如图5-66所示。效果如图5-67所示。

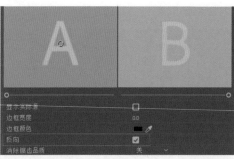

图5-64

图5-65

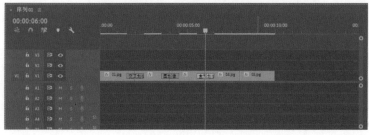

图5-66

图5-67

10 选中"菱形划像"过渡效果，将其拖曳到04.jpg和05.jpg剪辑的交接位置，形成过渡剪辑，如图5-68所示。

11 在"效果控件"面板中勾选"反向"选项，如图5-69所示。反向后效果如图5-70所示。

图5-68　　　　　　　　　　　　　　　　　图5-69　　　　　　　　　　　　　　　　　图5-70

12 单击"导出帧"按钮 🔳，导出4帧画面，效果如图5-71所示。

图5-71

技术回顾

演示视频：009-划像
类过渡效果

效果： 交叉划像/圆
划像/盒形划像/菱形划像

位置： 效果>视频过渡>划像

01 新建一个项目文件，在"项目"面板
中导入学习资源"技术回顾"文件夹中的
A.jpg和B.jpg素材文件，如图5-72所示。

图5-72

02 将A.jpg素材文件拖曳到"时间轴"面板中，生成序列，并将B.jpg素材文件拖曳到V1轨道上，如图5-73所示。

03 在"效果"面板
中展开"视频过渡"
卷展栏，然后展开
"划像"卷展栏，就可
以看到子层级的各种
划像类过渡效果，如
图5-74所示。

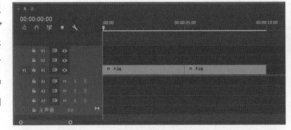

图5-73　　　　　　　　　　　　　　　　　图5-74

04 选中"交叉划像"
过渡效果，将其拖曳
到两个剪辑的交接位
置，生成过渡剪辑，
如图5-75所示。效果
如图5-76所示。

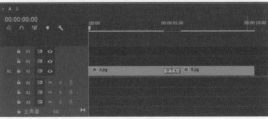

图5-75　　　　　　　　　　　　　　　　　图5-76

❓ 疑难问答： "中心拆分"和"交叉划像"过渡效果比较类似，应该怎样区分？

　　"中心拆分"过渡效果是将A剪辑由中心拆开后向4个角移动，而"交叉划像"过渡效果则是A剪辑由中心向4个角逐渐消失。效果分别
如图5-77和图5-78所示。

Premiere Pro 2021实战从入门到精通

图5-77   图5-78

05 在"效果"面板中选中"圆划像"过渡效果，将其拖曳到"交叉划像"过渡剪辑上进行替换，如图5-79所示。效果如图5-80所示。

图5-79   图5-80

06 在"效果"面板中选中"盒形划像"过渡效果，将其拖曳到"圆划像"过渡剪辑上进行替换，如图5-81所示。效果如图5-82所示。

图5-81   图5-82

07 在"效果"面板中选中"菱形划像"过渡效果，将其拖曳到"盒形划像"过渡剪辑上进行替换，如图5-83所示。效果如图5-84所示。

图5-83   图5-84

实战：制作动态毕业相册

素材文件	素材文件>CH05>03
实例文件	实例文件>CH05>实战：制作动态毕业相册.prproj
难易程度	★★☆☆☆
学习目标	掌握擦除类过渡效果

擦除类过渡效果较多，可以实现丰富的过渡效果。本案例要制作动态毕业相册。案例效果如图5-85所示。

图5-85

👉 **案例制作**

01 新建一个项目文件，在"项目"面板中导入学习资源"素材文件>CH05>03"文件夹中的素材文件，如图5-86所示。

02 新建一个AVCHD 1080p25序列，将01.jpg素材文件拖曳到V1轨道上，并缩放至合适大小。效果如图5-87所示。

03 选中01.jpg剪辑，设置"持续时间"为00:00:01:00，如图5-88所示。

128

| 图5-86 | 图5-87 | 图5-88 |

04 将02.jpg、03.jpg、04.jpg和05.jpg素材文件依次放置在V1轨道上,并调整大小。设置"持续时间"均为00:00:01:00,如图5-89所示。效果如图5-90所示。

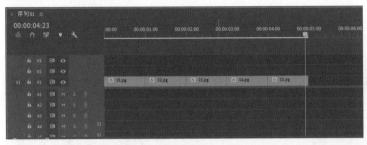

| 图5-89 | 图5-90 |

> **❓ 疑难问答:能否添加过渡效果后再修改剪辑持续时间?**
>
> 添加过渡效果后再修改剪辑的持续时间,会导致已添加的过渡效果剪辑消失,需要重新添加过渡效果,且调整其参数。

05 在"效果"面板中展开"擦除"下拉菜单,选中"划出"过渡效果并将其拖曳到01.jpg剪辑和02.jpg剪辑交接处,如图5-91所示。效果如图5-92所示。

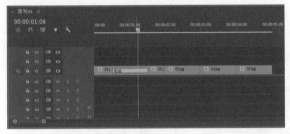

| 图5-91 | 图5-92 |

> **⚠ 技巧提示**
>
> 可以在"效果控件"面板中调整划出的方向,如图5-93所示。不同的划出方向效果如图5-94所示。
>
> 图5-93

图5-94

06 按Space键预览过渡效果，会发现过渡剪辑时间过长，画面节奏偏慢。在"效果控件"面板中设置"持续时间"为00:00:00:10，如图5-95所示。

07 在"效果"面板中选中"插入"过渡效果，将其拖曳到02.jpg和03.jpg剪辑交接处，如图5-96所示。

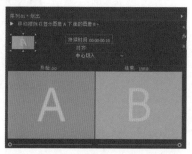

图5-95 图5-96

08 在"效果控件"面板中设置过渡方向为"自东南向西北"，"持续时间"为00:00:00:10，如图5-97所示。效果如图5-98所示。

图5-97 图5-98

> **❓ 疑难问答：如何确定过渡的方向？**
>
> 在上一步的制作中，将过渡方向设置为"自东南向西北"，即新的剪辑画面从右下角进入往左上角运动，直至占据整个画面。
>
> 这样设置有什么依据吗？这样设置过渡方向，与之前一个过渡剪辑的运动方向有关。在之前的一个过渡剪辑中，运动方向是从左到右，剪辑画面在右侧结束，那么下一个新剪辑画面进入时，从右侧进入就比较合适，会显得画面运动更加流畅，如图5-99和图5-100所示。
>
>
>
> 图5-99 图5-100

09 在"效果"面板选中"径向擦除"过渡效果，将其拖曳到03.jpg和04.jpg剪辑交接处，如图5-101所示。

10 在"效果控件"面板中设置"持续时间"为00:00:00:10，然后勾选"反向"选项，如图5-102所示。效果如图5-103所示。

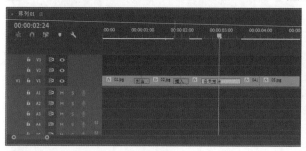  

图5-101 图5-102 图5-103

11 在"效果"面板中选择"带状擦除"过渡效果，将其拖曳到04.jpg和05.jpg剪辑交接处，如图5-104所示。

12 在"效果控件"面板中设置过渡方向为"自北向南"，然后设置"持续时间"为00:00:00:10，如图5-105所示。

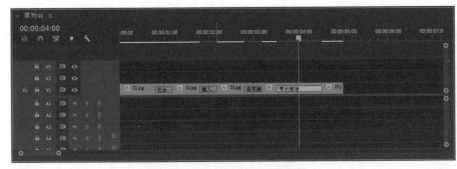

图5-104   图5-105

13 继续在"效果控件"面板中单击"自定义"按钮 自定义... ，在弹出的"带状擦除设置"对话框中设置"带数量"为10，如图5-106所示。效果如图5-107所示。

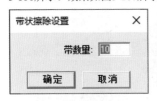

图5-106

图5-107

! 技巧提示

默认情况下，"带数量"为7，读者可按照实际情况设置数值。

14 单击"导出帧"按钮 ，导出4帧画面，效果如图5-108所示。

图5-108

👉 技术回顾

演示视频:010-擦除类过渡效果

效果: 划出/双侧平推门/带状擦除/径向擦除/插入/时钟式擦除/棋盘/棋盘擦除/楔形擦除/水波块/油漆飞溅/渐变擦除/百叶窗/螺旋框/随机块/随机擦除/风车

位置: 效果>视频过渡>擦除

扫码观看视频

01 新建一个项目文件，在"项目"面板中导入学习资源"技术回顾"文件夹中的A.jpg和B.jpg素材文件，如图5-109所示。

图5-109

02 将A.jpg素材文件拖曳到"时间轴"面板中，生成序列，并将B.jpg素材文件拖曳到V1轨道上，如图5-110所示。

03 在"效果"面板中展开"视频过渡"卷展栏，然后展开"擦除"卷展栏，就可以看到子层级的各种擦除类过渡效果，如图5-111所示。

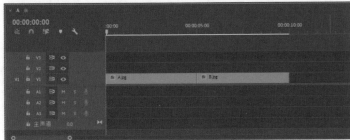

图5-110

图5-111

04 选中"划出"过渡效果，将其拖曳到两个剪辑的交接位置，生成"划出"过渡剪辑，如图5-112所示。效果如图5-113所示。

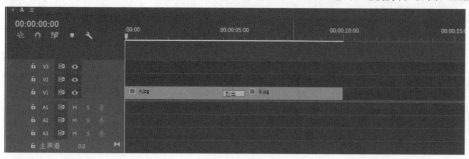
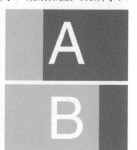

图5-112　　　　　　　　　　　　　　　　　　　　图5-113

05 可以在"效果控件"面板中修改"划出"过渡效果的方向，如图5-114所示。效果如图5-115所示。

图5-114　　　　　　　　　　　　　　　图5-115

06 选中"双侧平推门"过渡效果，将其拖曳到两个剪辑的交接位置，替换"划出"过渡剪辑，如图5-116所示。效果如图5-117所示。

07 可以在"效果控件"面板中设置"双侧平推门"过渡效果的方向，效果如图5-118所示。

图5-116　　　　　　　　　图5-117　　　　　　　　　图5-118

08 选中"带状擦除"过渡效果，将其拖曳到两个剪辑的交接位置，替换"双侧平推门"过渡剪辑，如图5-119所示。效果如图5-120所示。

图5-119　　　　　　　　　　　　　　　　　　　图5-120

> **技巧提示**
>
> "带状擦除"与"内滑"过渡效果较为相似，都是通过条状进行过渡，不同的是"内滑"过渡效果会使剪辑内容产生移动，而"带状擦除"过渡效果则不会移动。

09 可以在"效果控件"面板中设置"带状擦除"的擦除方向，效果如图5-121所示。

图5-121

10 单击"效果控件"面板中的"自定义"按钮 自定义... ，可以设置不同的"带数量"。不同"带数量"的对比效果如图5-122所示。

11 选中"径向擦除"过渡效果，将其拖曳到两个剪辑的交接位置，替换"带状擦除"过渡剪辑，如图5-123所示。效果如图5-124所示。

12 可以在"效果控件"面板中设置擦除的旋转点位置，效果如图5-125所示。

带数量：5　　带数量：10

图5-122

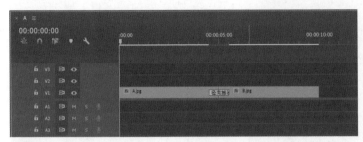

图5-123

图5-124

图5-125

13 选中"插入"过渡效果，将其拖曳到两个剪辑的交接位置，替换"径向擦除"过渡剪辑，如图5-126所示。效果如图5-127所示。

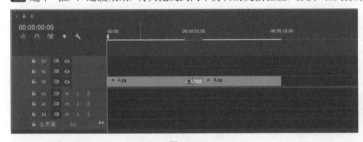

图5-126

图5-127

14 可以在"效果控件"面板中设置"插入"过渡效果的起始位置，效果如图5-128所示。

图5-128

15 选中"时钟式擦除"过渡效果，将其拖曳到两个剪辑的交接位置，替换"插入"过渡剪辑，如图5-129所示。效果如图5-130所示。

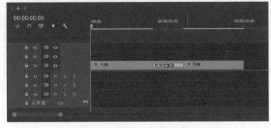

图5-129

图5-130

16 可以在"效果控件"面板中设置"时钟式擦除"旋转位置的起点,效果如图5-131所示。

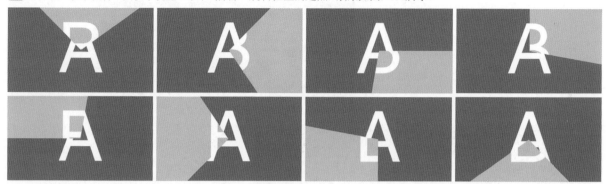

图5-131

17 选中"棋盘"过渡效果,将其拖曳到两个剪辑的交接位置,替换"时钟式擦除"过渡剪辑,如图5-132所示。效果如图5-133所示。

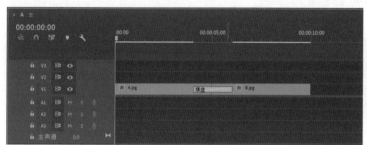

图5-132　　　　　　　　　　　　　　　　　　　图5-133

18 在"效果控件"面板中单击"自定义"按钮(自定义_），可以在弹出的对话框中设置"水平切片"和"垂直切片"数值,从而控制画面中棋盘格的数量。不同棋盘格数量的对比效果如图5-134所示。

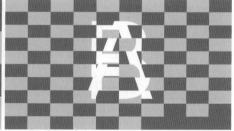

图5-134

19 选中"棋盘擦除"过渡效果,将其拖曳到两个剪辑的交接位置,替换"棋盘"过渡剪辑,如图5-135所示。效果如图5-136所示。

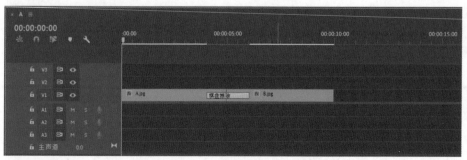

图5-135　　　　　　　　　　　　　　　　　　　图5-136

！ 技巧提示
　　与"棋盘"类似,"棋盘擦除"是按照方块的形式进行过渡。两者在过渡的动画方式方面有所区别。

20 可以在"效果控件"面板中设置"棋盘擦除"的方向，效果如图5-137所示。

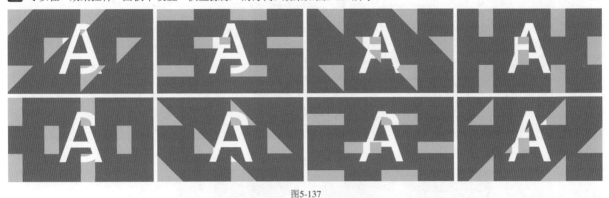

图5-137

21 与"棋盘"过渡效果一样，单击"自定义"按钮 **[自定义...]**，可以设置方块的数量。不同方块数量的对比效果如图5-138所示。

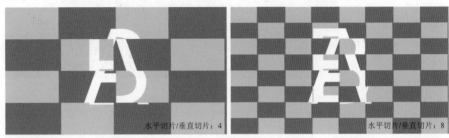

水平切片/垂直切片：4 水平切片/垂直切片：8

图5-138

22 选中"楔形擦除"过渡效果，将其拖曳到两个剪辑的交接位置，替换"棋盘擦除"过渡剪辑，如图5-139所示。效果如图5-140所示。

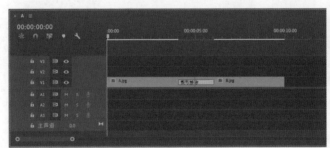

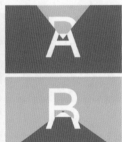

图5-139 图5-140

23 可以在"效果控件"面板中设置"楔形擦除"的旋转起始方向，效果如图5-141所示。

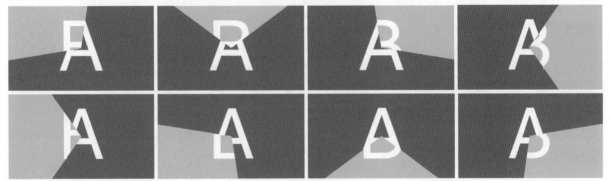

图5-141

24 选中"水波块"过渡效果，将其拖曳到两个剪辑的交接位置，替换"楔形擦除"过渡剪辑，如图5-142所示。效果如图5-143所示。

25 在"效果控件"面板中单击"自定义"按钮 **[自定义...]**，可以设置"水平"和"垂直"数值，控制方块的大小，图5-144所示为不同方块大小的对比效果。

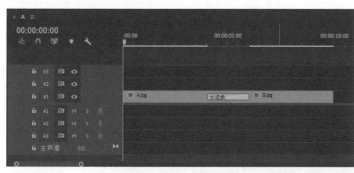

图5-142

图5-143

图5-144

26 选中"油漆飞溅"过渡效果，将其拖曳到两个剪辑的交接位置，替换"水波块"过渡剪辑，如图5-145所示。效果如图5-146所示。

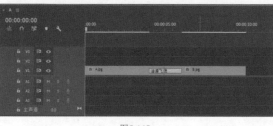

图5-145

图5-146

27 仔细观察过渡画面的边缘，会发现有锯齿状的纹路，画面过渡不是很平滑。在"效果控件"面板中调整"消除锯齿品质"的等级，可以在一定程度上模糊锯齿状的纹路，但模糊的程度不强，如图5-147所示。

图5-147

28 选中"渐变擦除"过渡效果，将其拖曳到两个剪辑的交接位置，替换"油漆飞溅"过渡剪辑。此时会弹出"渐变擦除设置"对话框，如图5-148所示。在对话框中可以链接其他存储位置的黑白图片作为渐变效果，单击"确定"按钮 确定 后，就可以加载"渐变擦除"过渡剪辑，效果如图5-149所示。

图5-148

图5-149

> **①　技巧提示**
>
> 加载的渐变擦除图片按照"黑透白不透"的原理，黑色部分会显示后方的B.jpg剪辑内容，白色部分则显示前方的A.jpg剪辑内容。

29 如果觉得渐变图片的柔和度不够，可以在"效果控件"面板中单击"自定义"按钮 自定义... ，重新打开"渐变擦除设置"对话框，调整"柔和度"数值，图5-150所示是不同"柔和度"数值的对比效果。

图5-150

30 选中"百叶窗"过渡效果,将其拖曳到两个剪辑的交接位置,替换"渐变擦除"过渡剪辑,如图5-151所示。效果如图5-152所示。

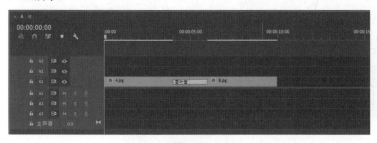
图5-151

图5-152

31 可以在"效果控件"面板中设置"百叶窗"的过渡方向,效果如图5-153所示。

图5-153

32 在"效果控件"面板中单击"自定义"按钮,可以在弹出的对话框中设置"带数量"数值,以控制画面中百叶窗的数量。图5-154所示为不同带数量的对比效果。

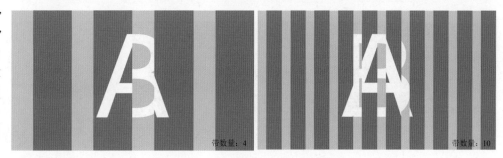
图5-154

33 选中"螺旋框"过渡效果,将其拖曳到两个剪辑的交接位置,替换"百叶窗"过渡剪辑,如图5-155所示。效果如图5-156所示。

图5-155

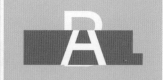
图5-156

34 在"效果控件"面板中单击"自定义"按钮,可以在弹出的对话框中设置"水平"和"垂直"数值,控制画面中方块的大小。图5-157所示为不同方块大小的对比效果。

图5-157

35 选中"随机块"过渡效果,将其拖曳到两个剪辑的交接位置,替换"螺旋框"过渡剪辑,如图5-158所示。效果如图5-159所示。

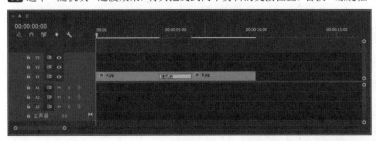

图5-158

图5-159

36 在"效果控件"面板中单击"自定义"按钮 自定义,在弹出的对话框中设置"宽"和"高"数值,可以控制画面中方块的数量。图5-160所示为不同宽/高的对比效果。

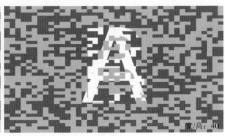

图5-160

37 选中"随机擦除"过渡效果,将其拖曳到两个剪辑的交接位置,替换"随机块"过渡剪辑,如图5-161所示。效果如图5-162所示。

图5-161

图5-162

38 可以在"效果控件"面板中设置"随机擦除"的方向,如图5-163所示。

图5-163

39 选中"风车"过渡效果,将其拖曳到两个剪辑的交接位置,替换"随机擦除"过渡剪辑,如图5-164所示。效果如图5-165所示。

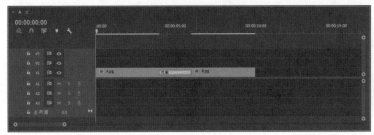

图5-164

图5-165

40 在"效果控件"面板中单击"自定义"按钮 **自定义**，在弹出的对话框中设置"楔形数量"数值，可以控制画面中风车叶片的数量。图5-166所示为不同风车叶片数量的对比效果。

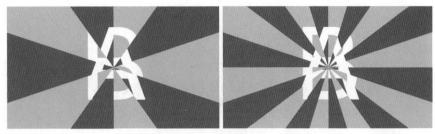

图5-166

实战：制作四季交替视频

素材文件	素材文件>CH05>04
实例文件	实例文件>CH05>实战：制作四季交替视频.prproj
难易程度	★★☆☆☆
学习目标	掌握擦除类过渡效果

本案例用擦除类过渡效果制作四季交替视频，效果如图5-167所示。在制作转场之前，需要对素材视频进行剪辑，选取合适的部分，这相对于静帧图片素材要更加复杂一些。

图5-167

👉 案例制作

01 新建一个项目文件，将学习资源"素材文件>CH05>04"文件夹中的素材文件导入"项目"面板，如图5-168所示。

02 新建一个AVCHD 1080p25序列，双击春.mp4素材，在"源"监视器中查看素材，如图5-169所示。

03 移动播放指示器到00:00:02:20的位置，按I键标记入点，如图5-170所示。

图5-168

图5-169

图5-170

04 移动播放指示器到00:00:07:25的位置，按O键标记出点，如图5-171所示。

05 按,键将入点和出点间的素材插入序列的V1轨道上，如图5-172所示。

图5-171

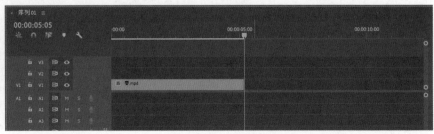

图5-172

06 双击夏.mp4素材文件,在"源"监视器中进行查看,如图5-173所示。

07 移动播放指示器,在素材起始位置和00:00:10:20的位置分别添加入点和出点,如图5-174所示。

08 按,键在序列中插入上一步标记的入点和出点间的素材,如图5-175所示。

图5-173   图5-174   图5-175

09 双击秋.mp4素材文件,在"源"监视器中进行查看,如图5-176所示。

10 移动播放指示器,在00:00:03:00和00:00:06:00的位置分别添加入点和出点,如图5-177所示。

11 按,键将上一步入点和出点间的素材插入序列中,如图5-178所示。

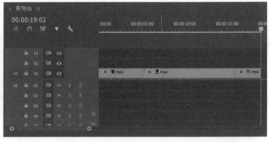

图5-176   图5-177   图5-178

12 双击冬.mp4素材文件,在"源"监视器中进行查看,如图5-179所示。

13 移动播放指示器,在00:00:02:15和00:00:07:00的位置分别添加入点和出点,如图5-180所示。

图5-179   图5-180

14 按,键将上一步入点和出点间的素材插入序列中,如图5-181所示。

15 序列中每个剪辑的长度不同。选中所有剪辑,均将"持续时间"调整为00:00:03:00,如图5-182所示。

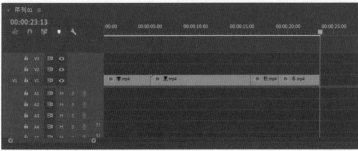

图5-181   图5-182

16 在 "效果" 面板中选择 "随机块" 过渡效果，将其拖曳到春.mp4和夏.mp4剪辑的交接位置，如图5-183所示。效果如图5-184所示。

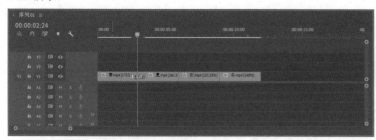

图5-183

图5-184

❓ 疑难问答：过渡效果不能自动加载到两个剪辑的交接处怎么办？

有时候拖曳过渡效果到两个剪辑交接的位置时，发现过渡效果会出现在后方剪辑的起始位置，没有出现在交接位置，如图5-185所示。

虽然过渡效果出现在后方剪辑的起始位置或是前方剪辑的末尾位置，都可以呈现过渡效果，但想让过渡效果出现在两个剪辑的交接处，就需要在 "效果控件" 面板中调整 "对齐" 为 "中心切入"，如图5-186所示。

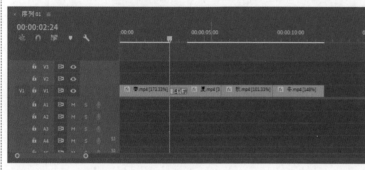

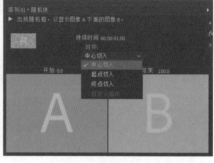

图5-185

图5-186

---

17 在 "效果" 面板中选中 "油漆飞溅" 过渡效果，将其拖曳到夏.mp4和秋.mp4剪辑交接处，如图5-187所示。效果如图5-188所示。

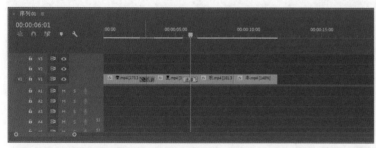

图5-187

图5-188

18 在 "效果" 面板中选中 "百叶窗" 过渡效果，将其拖曳到秋.mp4和冬.mp4剪辑交接处，如图5-189所示。效果如图5-190所示。

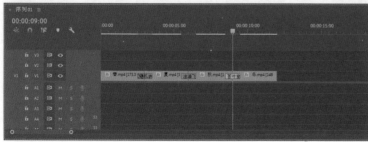

图5-189

图5-190

19 选中"百叶窗"过渡剪辑，在"效果控件"面板中设置过渡方向为"自东向西"，如图5-191所示。效果如图5-192所示。

20 单击"自定义"按钮 自定义... ，在弹出的对话框中设置"带数量"为12，如图5-193所示。效果如图5-194所示。

图5-191

图5-192

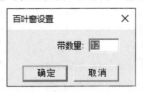
图5-193

图5-194

21 单击"导出帧"按钮 📷，导出4帧画面，效果如图5-195所示。

图5-195

实战： 制作城市航拍视频

素材文件	素材文件>CH05>05
实例文件	实例文件>CH05>实战：制作城市航拍视频.prproj
难易程度	★★★☆☆
学习目标	掌握溶解类过渡效果

扫码观看视频

溶解类过渡效果在日常制作中比较常见，会使两段剪辑以较为自然、柔和的方式进行过渡。本案例需要用"黑场过渡"和"交叉溶解"两种过渡效果连接素材，生成一段城市航拍视频。效果如图5-196所示。

图5-196

☞ **案例制作** --

01 新建一个项目文件，导入学习资源"素材文件>CH05>05"文件夹中的素材文件，如图5-197所示。

02 新建一个AVCHD 1080p25序列，双击01.mp4素材，在"源"监视器中查看素材，如图5-198所示。

图5-197

图5-198

03 在剪辑起始位置和00:00:02:00的位置分别添加入点和出点，然后按,键将素材片段插入序列面板的V1轨道上，如图5-199和图5-200所示。

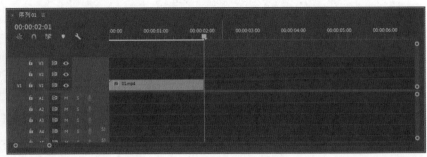

图5-199 图5-200

04 双击02.mp4素材，在"源"监视器中查看素材，如图5-201所示。

05 移动播放指示器到00:00:04:20和00:00:10:00的位置，分别添加入点和出点，然后按,键将素材片段插入序列面板的V1轨道上，如图5-202和图5-203所示。

图5-201 图5-202 图5-203

06 双击03.mp4素材，在"源"监视器中查看素材，如图5-204所示。

07 移动播放指示器到剪辑起始位置和00:00:08:10的位置，然后按,键将素材片段插入序列面板的V1轨道上，如图5-205和图5-206所示。

图5-204 图5-205 图5-206

08 将后面两个剪辑的"持续时间"都修改为00:00:03:00，如图5-207所示。这样画面的运动速度会基本相同。

09 在"效果"面板中选择"黑场过渡"效果，将其拖曳到01.mp4剪辑的起始位置，如图5-208所示。

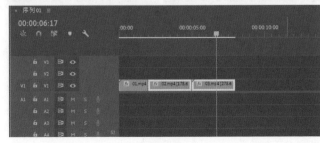

图5-207 图5-208

10 在"效果控件"面板中设置"持续时间"为00:00:00:15，如图5-209所示。效果如图5-210所示。

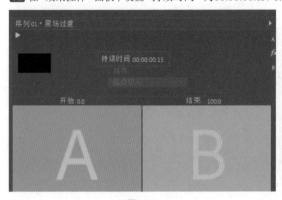

图5-209　　　　　　　　　　　　　　　　　　　　图5-210

11 在03.mp4剪辑的末尾添加"黑场过渡"效果，同样设置"持续时间"为00:00:00:15，如图5-211所示。效果如图5-212所示。

图5-211　　　　　　　　　　　　　　　　　　　　图5-212

12 在"效果"面板中选中"交叉溶解"过渡效果，将其拖曳到01.mp4和02.mp4剪辑交接处，如图5-213所示。效果如图5-214所示。

图5-213　　　　　　　　　　　　　　　　　　　　图5-214

13 按Space键预览画面，发现过渡的时间过长。选中"交叉溶解"过渡剪辑，在"效果控件"面板中设置"持续时间"为00:00:00:10，如图5-215所示。

14 在02.mp4剪辑和03.mp4剪辑交接处同样加载"交叉溶解"过渡效果，设置"持续时间"为00:00:00:10，如图5-216所示。效果如图5-217所示。

图5-215　　　　　　　　图5-216　　　　　　　　图5-217

15 单击"导出帧"按钮 ，导出4帧画面，效果如图5-218所示。

图5-218

☞ 技术回顾

演示视频:011-溶解类过渡效果

效果:MorphCut/交叉溶解/叠加溶解/白场过渡/胶片溶解/非叠加溶解/黑场过渡

位置:效果>视频过渡>溶解

01 新建一个项目文件,在"项目"面板中导入学习资源"技术回顾"文件夹中的A.jpg和B.jpg素材文件,如图5-219所示。

图5-219

02 将A.jpg素材文件拖曳到"时间轴"面板中,生成序列,并将B.jpg素材文件拖曳到V1轨道上,如图5-220所示。

03 在"效果"面板中展开"视频过渡"卷展栏,然后展开"溶解"卷展栏,就可以看到子层级的各种溶解类过渡效果,如图5-221所示。

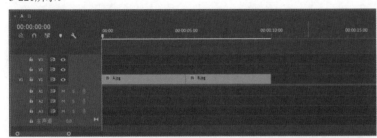

图5-220

图5-221

04 选中MorphCut过渡效果,将其拖曳到两个剪辑的交接位置,生成过渡剪辑,如图5-222所示。效果如图5-223所示。

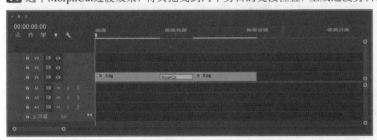

图5-222

图5-223

⚊⚊⚊⚊

① 技巧提示

添加MorphCut过渡效果后,画面中会显示"在后台进行分析"的效果,如图5-224所示。需要等一段时间,让系统进行计算后,才能生成过渡画面。

图5-224

05 选中"交叉溶解"过渡效果,将其拖曳到两个剪辑的交接位置,替换MorphCut过渡剪辑,如图5-225所示。效果如图5-226所示。

图5-225

图5-226

① 技巧提示

"交叉溶解"效果是默认的过渡效果,按快捷键Shift+D就可以在选中的两个剪辑交接处添加该过渡效果。

06 选中"叠加溶解"过渡效果,将其拖曳到两个剪辑的交接位置,替换"交叉溶解"过渡剪辑,如图5-227所示。效果如图5-228所示。与"交叉溶解"不同的是,"叠加溶解"会出现亮度上的变化。

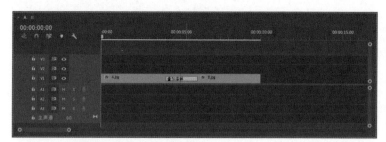

图5-227　　　　　　　　　　　　　　　　　　图5-228

07 选中"白场过渡"过渡效果，将其拖曳到两个剪辑的交接位置，替换"叠加溶解"过渡剪辑，如图5-229所示。效果如图5-230所示。

图5-229　　　　　　　　　　　　　　　　　图5-230

08 选中"胶片溶解"过渡效果，将其拖曳到两个剪辑的交接位置，替换"白场过渡"过渡剪辑，如图5-231所示。效果如图5-232所示。"胶片溶解"是使A剪辑按线性模式渐隐于B剪辑。

图5-231　　　　　　　　　　　　　　　　　图5-232

09 选中"非叠加溶解"过渡效果，将其拖曳到两个剪辑的交接位置，替换"胶片溶解"过渡剪辑，如图5-233所示。效果如图5-234所示。"非叠加溶解"是将A剪辑的明亮度映射到B剪辑。

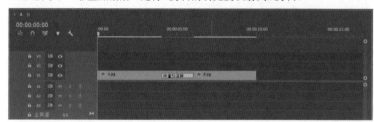

图5-233　　　　　　　　　　　　　　　　　图5-234

10 选中"黑场过渡"过渡效果，将其拖曳到两个剪辑的交接位置，替换"非叠加溶解"过渡剪辑，如图5-235所示。效果如图5-236所示。

图5-235

图5-236

146

实战: 制作风景动态视频

素材文件	素材文件>CH05>06
实例文件	实例文件>CH05>实战：制作风景动态视频.prproj
难易程度	★★★☆☆
学习目标	掌握溶解类过渡效果

本案例使用溶解类过渡效果中的"白场过渡"和"叠加过渡"将两段素材进行拼接。案例效果如图5-237所示。

图5-237

👉 案例制作--

01 新建一个项目文件，将学习资源"素材文件>CH05>06"文件夹中的素材文件导入"项目"面板，如图5-238所示。

02 新建一个AVCHD 1080p25序列，双击01.mp4素材，在"源"监视器中查看素材，如图5-239所示。

03 移动播放指示器，在00:00:02:05和00:00:04:00的位置分别添加入点和出点，如图5-240所示。

图5-238

图5-239

图5-240

04 按,键将入点和出点间的素材插入序列的V1轨道上，如图5-241所示。

05 双击02.mp4素材，在"源"监视器中查看素材，如图5-242所示。

06 移动播放指示器，在00:00:37:15和00:00:40:00的位置分别添加入点和出点，如图5-243所示。

图5-241

图5-242

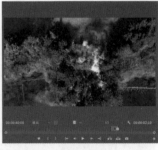

图5-243

07 按,键将入点和出点间的素材插入V1轨道上，如图5-244所示。

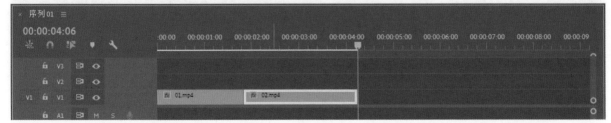

图5-244

08 在02.mp4素材的起始位置和00:00:04:00的位置分别添加入点和出点，并按，键将入点和出点间的素材插入V1轨道，如图5-245和图5-246所示。

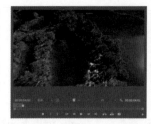

图5-245

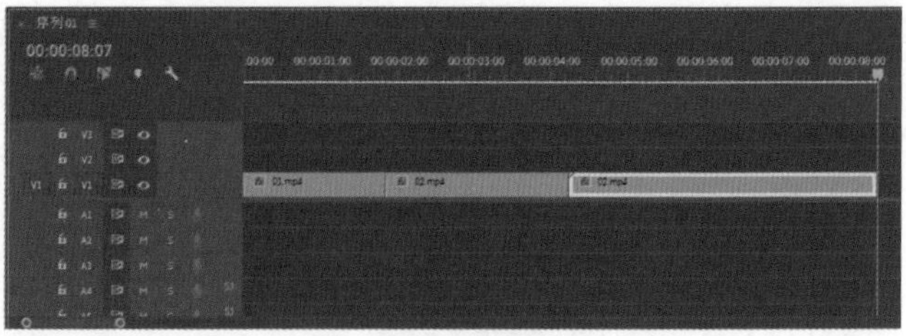

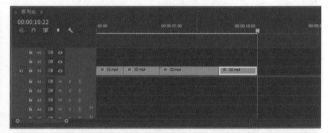

图5-246

> **技巧提示**
>
> “源”监视器中已经存在入点（或出点）时，按I键（或O键）则可以在播放指示器所在位置添加新的入点（或出点），原有的入点（或出点）会自动取消。

09 移动播放指示器，在00:00:44:10和00:00:47:00的位置分别添加入点和出点，并按，键将入点和出点间的素材插入V1轨道，如图5-247和图5-248所示。

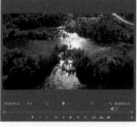

图5-247

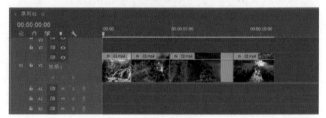

图5-248

10 双击V1轨道，展开剪辑，可以观察到剪辑的缩略图，如图5-249所示。

11 选中第3段剪辑，单击鼠标右键，在弹出的菜单中选择“显示剪辑关键帧>时间重映射>速度”选项，如图5-250所示。此时剪辑会显示速度直线，如图5-251所示。

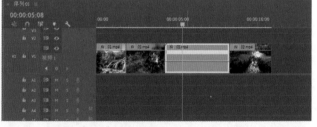

图5-249

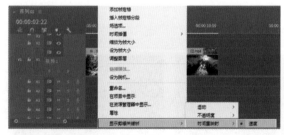

图5-250

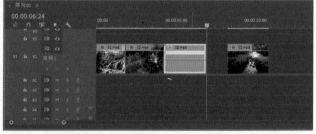

图5-251

12 使用“选择工具”向上移动线段到150%，就可以加快剪辑的播放速度，如图5-252和图5-253所示。

图5-252

图5-253

> **技巧提示**
>
> 改变剪辑的播放速度可以通过调整“持续时间”数值实现。

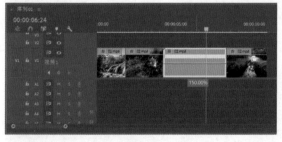

13 选中第2段剪辑，在"剪辑速度/持续时间"面板中勾选"倒放速度"选项，如图5-254所示。

14 在"效果"面板中选择"白场过渡"过渡效果，将其拖曳到第1段剪辑的起始位置，如图5-255所示。

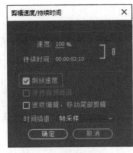
图5-254

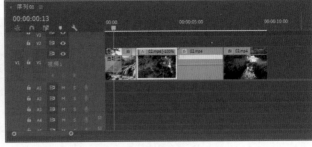
图5-255

ℹ️ 技巧提示

　　倒放剪辑后，镜头由近到远进行拉伸，但是水流方向却是反的。这一步的操作主要是为了起到使近景和远景衔接的作用，水流的问题可以暂时忽略。

15 在"效果控件"面板中设置"持续时间"为00:00:00:10，如图5-256所示。效果如图5-257所示。

16 在第1段剪辑和第2段剪辑交接处添加"白场过渡"过渡效果，如图5-258所示。

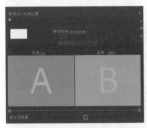
图5-256

图5-257

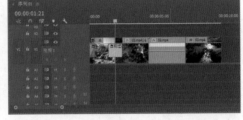
图5-258

17 在"效果控件"面板中设置"持续时间"为00:00:00:20，如图5-259所示。效果如图5-260所示。

18 在"效果"面板中选择"叠加溶解"过渡效果，将其拖曳到第2段和第3段剪辑交接处，如图5-261所示。

图5-259

图5-260

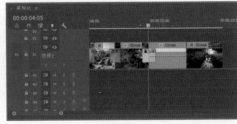
图5-261

ℹ️ 技巧提示

　　后面3段剪辑都是从远处展现风景，用"叠加溶解"过渡效果会较为自然。

19 在"效果控件"面板中设置"持续时间"为00:00:00:15，如图5-262所示。效果如图5-263所示。

20 在第3段和第4段剪辑交接处添加"叠加溶解"过渡效果，如图5-264所示。

图5-262

图5-263

图5-264

21 在"效果控件"面板中设置"持续时间"为00:00:00:15，如图5-265所示。效果如图5-266所示。

22 在第4段剪辑的末尾添加"白场过渡"效果，设置"持续时间"为00:00:00:15，如图5-267所示。效果如图5-268所示。

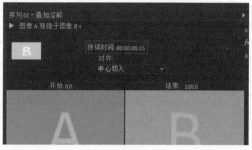

图5-265

图5-266

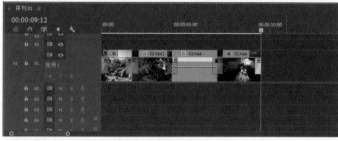

图5-267

图5-268

23 单击"导出帧"按钮 ，导出4帧画面，效果如图5-269所示。

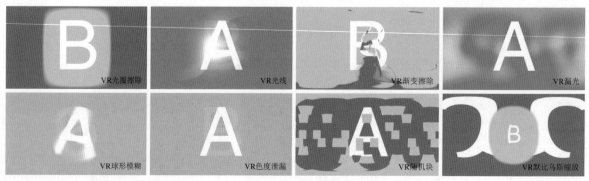

图5-269

◎ **技术专题：其他类型的过渡效果**

除了上面案例中提到的过渡效果外，系统还提供了"3D运动""沉浸式视频""缩放"和"页面剥落"这4种过渡效果。

"3D运动"包含"立方体旋转"和"翻转"两种过渡效果，可以实现3D运动类过渡效果，如图5-270和图5-271所示。

图5-270

图5-271

"沉浸式视频"包含"VR光圈擦除""VR光线"和"VR渐变擦除"等8种过渡效果，是运用在VR设备中的过渡效果，如图5-272所示。

图5-272

"缩放"只有"交叉缩放"一种过渡效果，可以实现将前段剪辑放大，然后将后段剪辑缩小的过渡效果，如图5-273所示。

"页面剥落"包含"翻页"和"页面剥落"两种类似于翻书的过渡效果，如图5-274所示。

图5-273   翻页   页面剥落
                                           图5-274

实战: 制作企业片头光效转场视频

素材文件	素材文件>CH05>07
实例文件	实例文件>CH05> 实战：制作企业片头光效转场视频 .prproj
难易程度	★★★★☆
学习目标	掌握素材文件叠加过渡效果

扫码观看视频

除了用软件中自带的过渡效果进行视频过渡外，还可以叠加一些素材文件进行视频过渡。常见的过渡素材有光效、粒子爆炸、平面动画和一些运动素材。本案例通过"混合模式"将多种素材进行叠加，制作一个企业片头光效转场视频，如图5-275所示。

图5-275

👉 **案例制作**

01 新建一个项目文件，将学习资源"素材文件>CH05>07"文件夹中的素材文件导入"项目"面板，如图5-276所示。

02 新建一个AVCHD 1080p25序列，将粒子星云.mp4素材文件放置到V1轨道上，如图5-277所示。效果如图5-278所示。

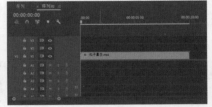

图5-276   图5-277   图5-278

> ❗ **技巧提示**
>
> 当将粒子星云.mp4素材拖曳到V1轨道上时，系统会弹出对话框，如图5-279所示。这时候选择"保持现有设置"选项 保持现有设置 ，即不改变原有序列的设置。

图5-279

03 使用"文字工具" **T** 在"节目"监视器上输入"航骋文化"，然后设置字体为zihun105hao-jianyahei，字体大小为140，"填充"颜色为黄色，如图5-280所示。效果如图5-281所示。

图5-280   图5-281

04 移动播放指示器到00:00:00:21的位置，将文字剪辑的起始位置设置在播放指示器处，并将剪辑延伸到与V1轨道剪辑相同的长度，如图5-282所示。

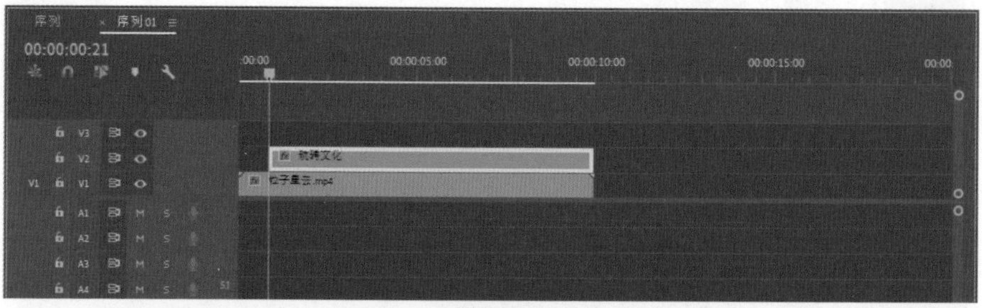

图5-282

> **① 技巧提示**
>
> 　这里剪辑的起始位置是大致确定的，还需要根据后面的光效素材进行调整。读者也可以不对剪辑的起始位置进行调整。

05 在文字剪辑的起始位置添加"缩放"关键帧，然后将播放指示器移动到剪辑末尾，设置"缩放"为140，效果如图5-283所示。

图5-283

06 选中explosion2.mov素材文件，将其放置到V3轨道上，且设置起始位置与文字剪辑相同，如图5-284所示。效果如图5-285所示。

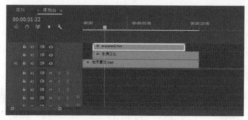

图5-284

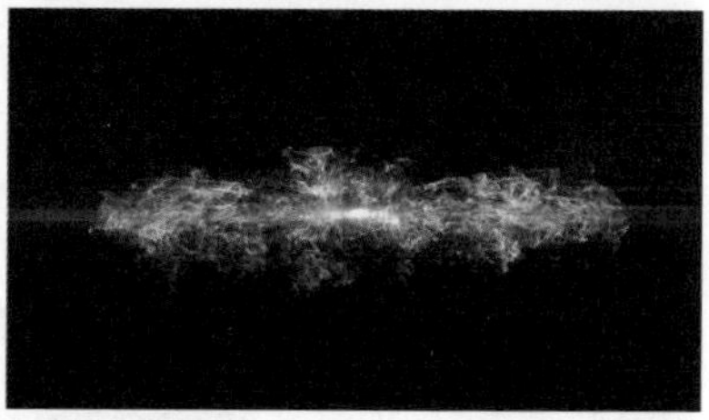

图5-285

07 此时上方的素材遮挡了下方的文字。选中explosion2.mov剪辑，在"效果控件"面板中设置"混合模式"为"线性减淡（添加）"，如图5-286所示。效果如图5-287所示。

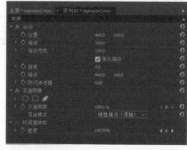

图5-286

图5-287

08 选中flow.mov素材文件，将其放置到V4轨道上，如图5-288所示。效果如图5-289所示。

图5-288

图5-289

09 选中flow.mov剪辑，在"效果控件"面板中设置"混合模式"为"线性减淡（添加）"，如图5-290所示。效果如图5-291所示。

10 移动播放指示器，观察素材间的转换效果。当播放指示器移动到00:00:01:05的位置时，flow.mov剪辑的光效逐渐减弱，这个时候出现文字内容就比较合适，如图5-292所示。

图5-290

图5-291

图5-292

11 选中文字剪辑和explosion2.mov剪辑，将起始位置都移动到00:00:01:05的位置，如图5-293所示。这样就可以通过flow.mov剪辑的光效实现背景与文字的转场效果。

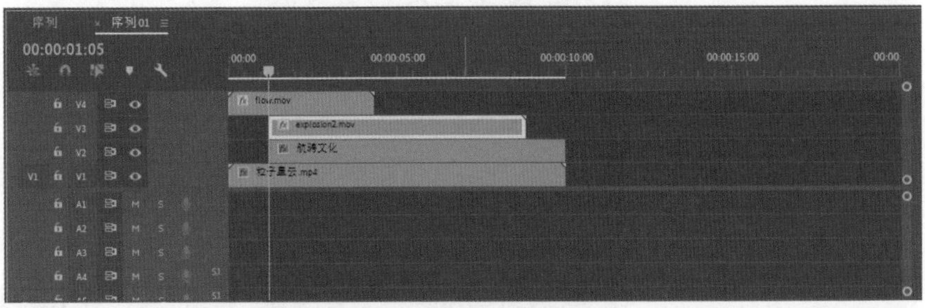

图5-293

12 选中波浪1.mp4素材文件，将其放到V5轨道上，如图5-294所示。效果如图5-295所示。

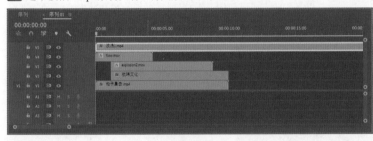

图5-294

图5-295

13 选中波浪1.mp4剪辑，在"效果控件"面板中设置"混合模式"为"线性减淡（添加）"，如图5-296所示。效果如图5-297所示。

14 选中粒子星云.mp4剪辑，按住Alt键向右复制一份，如图5-298所示。

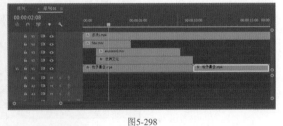

图5-296

图5-297

图5-298

15 选中01.jpg素材文件，将其放到V2轨道上，与上一步复制的剪辑在相同位置，如图5-299所示。效果如图5-300所示。

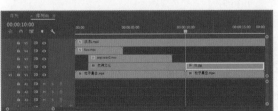

图5-299

图5-300

16 选中"合成_1.mp4"素材文件,将其放置到V3轨道上,如图5-301所示。效果如图5-302所示。

图5-301

图5-302

17 选中"合成_1.mp4"剪辑,在"效果控件"面板中设置"混合模式"为"线性减淡(添加)",如图5-303所示。效果如图5-304所示。

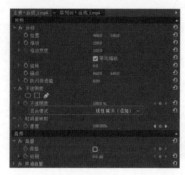

图5-303

图5-304

18 选中"光线光晕光斑转场13 通道.mov"素材文件,将其放到V6轨道上,如图5-305所示。效果如图5-306所示。这个光效素材可以将片头文字部分与图片部分进行有效且自然的衔接。

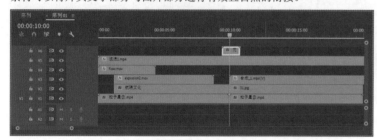

图5-305

图5-306

19 在"效果控件"面板中设置"混合模式"为"线性减淡(添加)",如图5-307所示。效果如图5-308所示。

图5-307

图5-308

20 单击"导出帧"按钮 ，导出4帧画面,效果如图5-309所示。

图5-309

实战：制作婚礼主题粒子转场视频

素材文件	素材文件>CH05>08
实例文件	实例文件>CH05>实战：制作婚礼主题粒子转场视频.prproj
难易程度	★★★★☆
学习目标	掌握素材文件叠加过渡效果

扫码观看视频

本案例将粒子素材视频与婚礼图片进行叠加，从而生成转场效果。效果如图5-310所示。

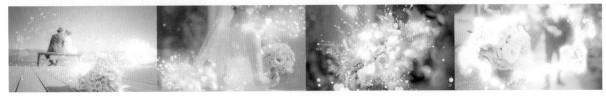

图5-310

案例制作

01 新建一个项目文件，将学习资源"素材文件>CH05>08"文件夹中的素材导入"项目"面板中，如图5-311所示。

02 新建一个AVCHD 1080p25序列，将图片素材依次排列在V1轨道上，并将每个素材的时长调整为3秒，如图5-312所示。

图5-311

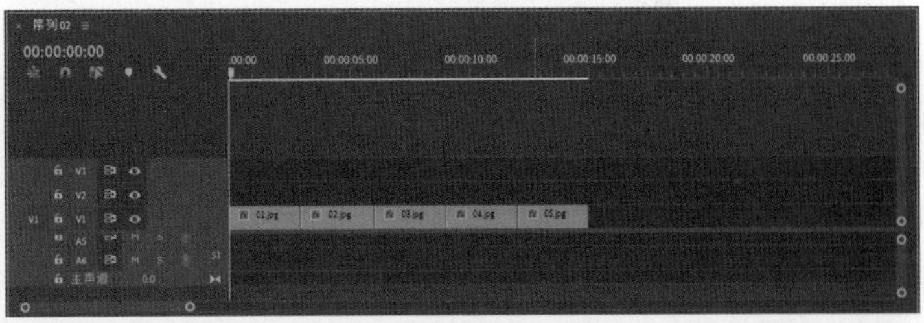

图5-312

03 在"效果"面板中选择"白场过渡"效果，将其拖曳到01.jpg剪辑的起始位置，如图5-313所示。

图5-313

04 选中"白场过渡"效果，在"效果控件"面板中设置"持续时间"为00:00:00:15，如图5-314所示。效果如图5-315所示。

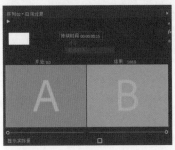

图5-314

图5-315

05 移动播放指示器到00:00:02:00的位置，选中Transition 01.mp4素材，将其拖曳到V2轨道上，如图5-316所示。

图5-316

06 选中Transition 01.mp4剪辑，设置"持续时间"为00:00:02:00，如图5-317所示。这样可以让过渡的粒子效果处于两张图片素材交接的位置。

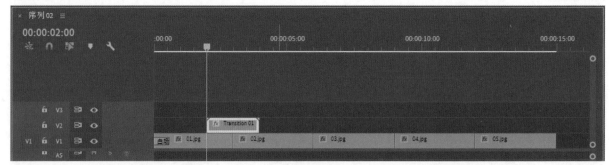

图5-317

07 在"效果控件"面板中设置"混合模式"为"滤色"，如图5-318所示。效果如图5-319所示。

图5-318

图5-319

08 在"效果"面板中搜索"四色渐变"效果，将其拖曳到Transition 01.mp4剪辑上，效果如图5-320所示。

> 🔗 **知识链接**
> "四色渐变"效果的具体使用方法请翻阅第6章的相关案例。

09 在"效果控件"面板中设置4个颜色为不同饱和度的红色，然后设置"混合模式"为"叠加"，如图5-321所示。效果如图5-322所示。原本白色的粒子变成了不同饱和度的红色的粒子。

图5-320

图5-321

图5-322

> ❗ **技巧提示**
> 四色渐变的颜色可以按照喜好任意设置，这里不作具体要求。

10 移动播放指示器到00:00:05:00的位置，将Transition 02.mp4素材拖曳到V2轨道上，并设置"持续时间"为2秒，如图5-323所示。

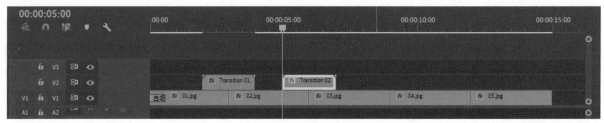

图5-323

11 在"效果控件"面板中设置"混合模式"为"滤色"，如图5-324所示。效果如图5-325所示。

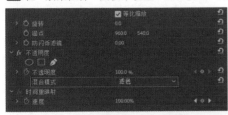

图5-324

图5-325

12 在Transition 02.mp4剪辑上添加"四色渐变"效果，然后设置4个颜色为不同饱和度的橙色，"混合模式"为"叠加"，如图5-326所示。效果如图5-327所示。

图5-326

图5-327

13 移动播放指示器到00:00:08:00的位置，然后将Transition 03.mp4素材文件拖曳到V2轨道上，并设置"持续时间"为2秒，如图5-328所示。

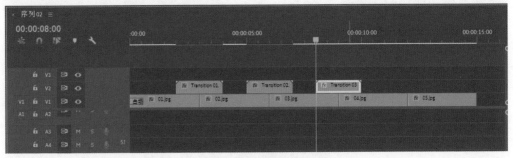

图5-328

14 在"效果控件"面板中设置"混合模式"为"滤色"，如图5-329所示。效果如图5-330所示。

图5-329

图5-330

15 在Transition 03.mp4剪辑上添加"四色渐变"效果，然后设置4个颜色为不同饱和度的黄色，"混合模式"为"叠加"，如图5-331所示。效果如图5-332所示。

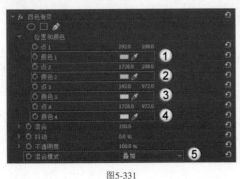

图5-331

图5-332

16 移动播放指示器到00:00:11:00的位置，将Transition 04.mp4素材文件拖曳到V2轨道上，并设置"持续时间"为2秒，如图5-333所示。

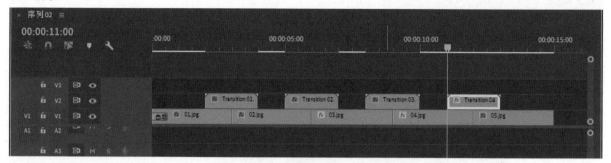

图5-333

17 在"效果控件"面板中设置"混合模式"为"滤色"，如图5-334所示。效果如图5-335所示。

图5-334

图5-335

18 在Transition 04.mp4剪辑上添加"四色渐变"效果，然后设置4个颜色为不同饱和度的蓝色，"混合模式"为"叠加"，如图5-336所示。效果如图5-337所示。

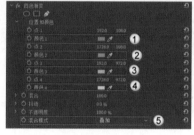

图5-336

图5-337

19 在"效果"面板中选择"白场过渡"效果，将其添加在05.jpg剪辑的末尾位置，并设置"持续时间"为00:00:00:15，如图5-338所示。效果如图5-339所示。

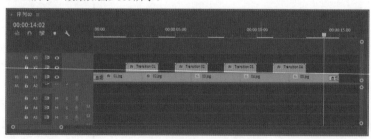

图5-338

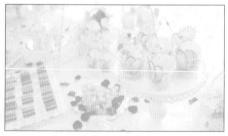

图5-339

20 单击"导出帧"按钮 🖸 ，导出4帧画面，效果如图5-340所示。

图5-340

实战: 制作风景水墨转场视频

素材文件	素材文件>CH05>09
实例文件	实例文件>CH05>实战：制作风景水墨转场视频.prproj
难易程度	★★★★☆
学习目标	掌握素材文件叠加过渡效果

本案例将水墨过渡素材和风景视频进行叠加，从而生成转场效果。效果如图5-341所示。

图5-341

案例制作

01 新建一个项目文件，在"项目"面板中导入学习资源"素材文件>CH05>09"文件夹中的素材文件，如图5-342所示。

02 新建一个AVCHD 1080p25序列，将风景视频按顺序排列在V1轨道上，并将其"持续时间"都调整为00:00:05:00，如图5-343所示。

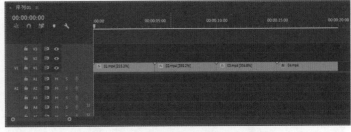

图5-342

图5-343

> **！技巧提示**
>
> 有的视频素材时长较长，缩短"持续时间"会导致素材播放速度过快。这里可以选取素材中的5秒内容，将其插入序列中。

03 选中过渡1.mov素材文件，将其拖曳到V2轨道上，然后将剪辑的长度调整至与第1段风景剪辑的长度相等，如图5-344所示。效果如图5-345所示。

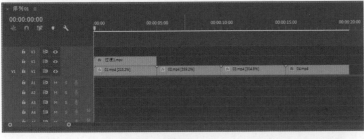

图5-344

图5-345

04 在"效果控件"面板中设置"混合模式"为"滤色"，将黑色部分显示为下方的风景素材，如图5-346所示。效果如图5-347所示。

图5-346

图5-347

05 选中过渡2.mov素材文件,将其拖曳到V2轨道上,并设置"持续时间"为5秒,如图5-348所示。效果如图5-349所示。

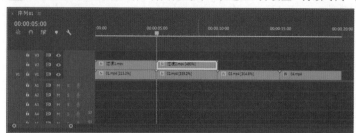

图5-348

图5-349

06 在"效果控件"面板中设置"混合模式"为"滤色",如图5-350所示。效果如图5-351所示。

图5-350

图5-351

07 选中过渡3.mov素材文件,将其拖曳到V2轨道上,并设置"持续时间"为5秒,如图5-352所示。效果如图5-353所示。

图5-352

图5-353

08 在"效果控件"面板中设置"混合模式"为"滤色",如图5-354所示。效果如图5-355所示。

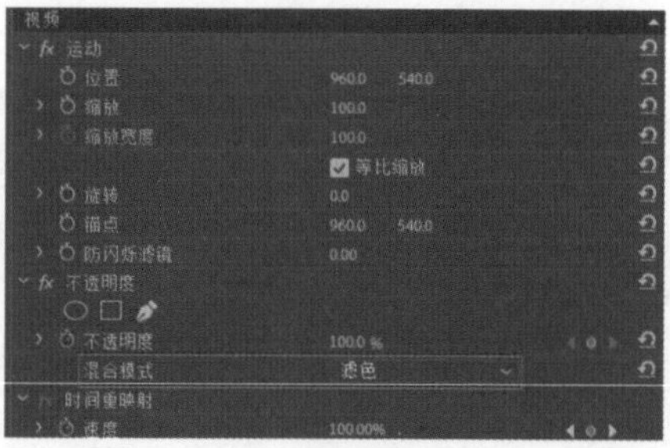

图5-354

图5-355

09 选中过渡4.mov素材文件,将其拖曳到V2轨道上,并设置"持续时间"为5秒,如图5-356所示。效果如图5-357所示。

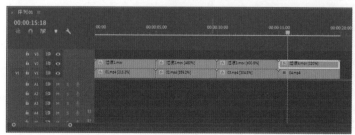

图5-356

图5-357

10 在"效果控件"面板中设置"混合模式"为"滤色",如图5-358所示。效果如图5-359所示。

图5-358　　　　　　图5-359

11 单击"导出帧"按钮 📷,导出4帧画面,效果如图5-360所示。

图5-360

实战：制作时尚图片切割转场视频

素材文件	素材文件>CH05>10
实例文件	实例文件>CH05>实战：制作时尚图片切割转场视频.prproj
难易程度	★★★★☆
学习目标	掌握通道过渡效果

本案例需要通过带通道的转场素材制作转场效果,使两个图片素材在通道的作用下切割交错显示。案例效果如图5-361所示。

图5-361

👉 **案例制作**

01 新建一个项目文件,在"项目"面板中导入学习资源"素材文件>CH05>10"文件夹中的素材文件,如图5-362所示。

02 新建一个AVCHD 1080p25序列,将01.jpg素材文件拖曳到V1轨道上,并调整到合适的画面大小。效果如图5-363所示。

03 选中02.jpg素材文件并将其拖曳到V2轨道上,并调整到合适的大小,如图5-364所示。效果如图5-365所示。

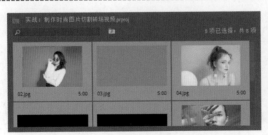

图5-362

图5-363

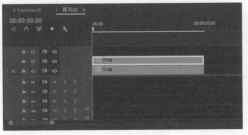

图5-364

图5-365

04 选中Brush 02.mov素材文件，将其拖曳到V3轨道上，如图5-366所示。效果如图5-367所示。

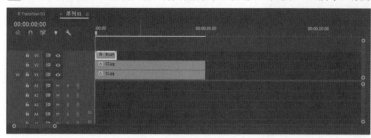

图5-366　　　　　　　　　　　　　　　　　　　　图5-367

05 在"效果控件"面板中设置"位置"为（476,58），"旋转"为-90°，如图5-368所示。效果如图5-369所示。

06 将V1和V2轨道上的剪辑调整至与V3轨道上的剪辑长度相等，如图5-370所示。

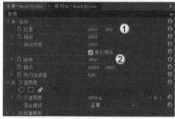

图5-368　　　　　　　　　　　图5-369　　　　　　　　　　　图5-370

07 选中V2轨道上的剪辑，在"效果"面板中搜索"轨道遮罩键"效果并拖曳到剪辑上，接着在"效果控件"面板中设置"遮罩"为"视频3"，如图5-371所示。效果如图5-372所示。可以观察到V2轨道上的素材出现在遮罩素材的黑色位置，其余部分则显示V1轨道上的素材。

图5-371　　　　　　　　　　　　　　　图5-372

08 移动播放指示器到00:00:00:05的位置，在V4轨道上添加02.jpg素材文件，然后将剪辑的末尾调整到与下方剪辑一致，如图5-373所示。

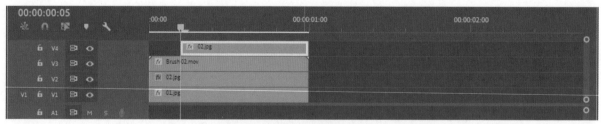

图5-373

09 在V5轨道上添加Brush 04.mov素材文件，并将剪辑的末尾调整至与下方剪辑一致，如图5-374所示。效果如图5-375所示。

图5-374　　　　　　　　　　　　　　　　　　　　图5-375

10 在"效果控件"面板中设置"位置"为（1704，662），"旋转"为80°，如图5-376所示。效果如图5-377所示。

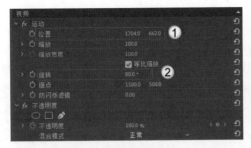

图5-376

图5-377

11 为V4轨道上的剪辑添加"轨道遮罩键"效果，然后设置"遮罩"为"视频5"，如图5-378所示。效果如图5-379所示。

⚠ 技巧提示

添加了"轨道遮罩键"效果后，再调整遮罩的角度和位置，会更加直观。

图5-378

图5-379

12 移动播放指示器到00:00:00:15的位置，在V6轨道上添加02.jpg素材文件，如图5-380所示。效果如图5-381所示。

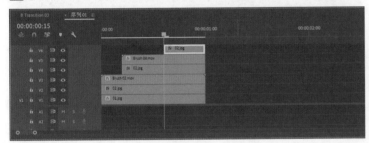

图5-380

图5-381

13 在V7轨道上添加Brush 04.mov素材文件，如图5-382所示。效果如图5-383所示。

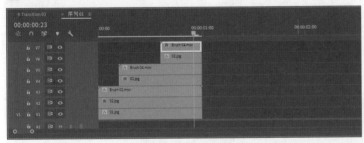

图5-382

图5-383

14 在"效果控件"面板中设置"位置"为（1011，627），"旋转"为-90°，如图5-384所示。效果如图5-385所示。

图5-384

图5-385

15 为V6轨道上的剪辑添加"轨道遮罩键"效果，然后设置"遮罩"为"视频7"，如图5-386所示。效果如图5-387所示。第1个转场制作完成。

16 选中所有的剪辑，将其转换为嵌套序列，如图5-388所示。

图5-386 　　　　　　　　　　　图5-387 　　　　　　　　　　　图5-388

17 在"项目"面板中复制"嵌套序列01"并粘贴，将粘贴的序列重命名为"嵌套序列02"，如图5-389所示。

18 选中"嵌套序列02"并将其拖曳到V1轨道上，放置在"嵌套序列01"的后方，如图5-390所示。

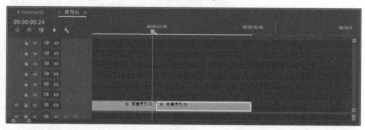

图5-389 　　　　　　　　　　　　　　　　图5-390

19 双击"嵌套序列02"进入序列中，选中01.jpg剪辑并选中"项目"面板中的02.jpg素材文件。在01.jpg剪辑上单击鼠标右键，在弹出的菜单中选择"使用剪辑替换>从素材箱"选项，就可以把01.jpg剪辑替换为02.jpg剪辑，如图5-391所示。效果如图5-392所示。

图5-391 　　　　　　　　　　　　　　　　图5-392

20 按照上面的方法，将除V1轨道外其余轨道上的02.jpg剪辑替换为03.jpg素材文件，如图5-393所示。

21 将Brush 02.mov剪辑替换为Brush 01.mov素材文件，将Brush 04.mov剪辑替换为Brush 03.mov素材文件，如图5-394所示。

图5-393 　　　　　　　　　　　　　　　　图5-394

22 选中Brush 01.mov剪辑，在"效果控件"面板中设置"位置"为（638,108），"旋转"为-50°，如图5-395所示。效果如图5-396所示。

图5-395 　　　　　　　　　　　　　　　　图5-396

23 选中 V5 轨道上的 Brush 03.mov 剪辑，在"效果控件"面板中设置"位置"为（1659,1468），"缩放"为140，"旋转"为119°，如图5-397所示。效果如图5-398所示。

图5-397　　　　　　　　　　　　　图5-398

24 选中 V7 轨道上的 Brush 03.mov 剪辑，在"效果控件"面板中设置"位置"为（890,395），"缩放"为327，"旋转"为-61°，如图5-399所示。效果如图5-400所示。

图5-399　　　　　　　　　　　　　图5-400

25 按照复制"嵌套序列02"的方法，将"嵌套序列02"复制为"嵌套序列03"，并将其拖曳到V1轨道上，如图5-401所示。

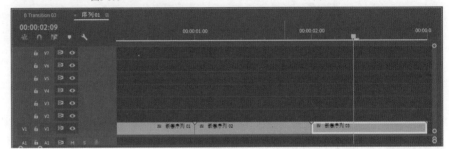

图5-401

26 在"嵌套序列03"中将02.jpg剪辑替换为03.jpg素材文件，并将除V1轨道外其余轨道上的03.jpg剪辑替换为04.jpg素材文件，如图5-402所示。

27 将Brush 01.mov剪辑替换为Brush 04.mov素材文件，Brush 03.mov剪辑替换为Brush 02.mov素材文件，如图5-403所示。

图5-402　　　　　　　　　　　　　图5-403

> ⓘ **技巧提示**
> 替换过渡素材时，按照喜好替换即可，不必严格按照上面的参数操作。

28 选中 Brush 04.mov 剪辑，在"效果控件"面板中设置"位置"为（1735,32），"缩放宽度"为160，"旋转"为-5°，如图5-404所示。效果如图5-405所示。

图5-404　　　　　　　　　　　　　图5-405

29 选中V5轨道上的Brush 02.mov剪辑，在"效果控件"面板中设置"位置"为（879,426），"缩放宽度"为110，"旋转"为-170°，如图5-406所示。效果如图5-407所示。

图5-406

图5-407

30 选中V7轨道上的Brush 02.mov剪辑，在"效果控件"面板中设置"位置"为（1366,836），"缩放宽度"为130，"旋转"为10°，如图5-408所示。效果如图5-409所示。

图5-408

图5-409

31 单击"导出帧"按钮 ，导出4帧画面，效果如图5-410所示。

图5-410

实战：制作MG动画转场视频

素材文件	素材文件>CH05>11
实例文件	实例文件>CH05>实战：制作MG动画转场视频.prproj
难易程度	★★★★☆
学习目标	掌握通道过渡效果

本案例需要通过3个MG动画作为过渡素材，制作转场视频。案例效果如图5-411所示。

图5-411

👉 **案例制作**

01 新建一个项目文件，在"项目"面板中导入学习资源"素材文件>CH05>11"文件夹中的素材文件，如图5-412所示。

02 新建一个AVCHD 1080p25序列，将04.jpg素材文件拖曳到V1轨道上，并调整到合适的大小，如图5-413和图5-414所示。

图5-412

图5-413

图5-414

03 将04.jpg剪辑的时长缩短至3秒。移动播放指示器到00:00:02:07的位置，在V2轨道上添加01.mov素材文件，如图5-415所示。

04 移动播放指示器，可以观察到01.mov素材本身没有Alpha通道，无法在黑色部分显示下方的图片内容，如图5-416所示。

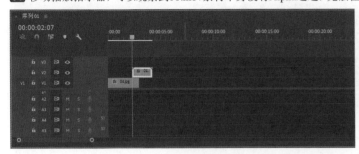
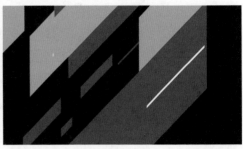

图5-415 图5-416

05 在"效果"面板中搜索"颜色键"效果，并将其添加到01.mov剪辑上。在"效果控件"面板中设置"主要颜色"为黑色，"边缘细化"为1，如图5-417所示。素材黑色部分被抠掉，显示出下方图片的内容。效果如图5-418所示。

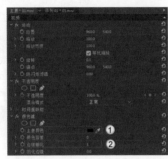

图5-417 图5-418

> 🔗 **知识链接**
> "颜色键"效果的具体使用方法请翻阅第8章的相关案例。

06 移动播放指示器到00:00:03:10的位置，在V1轨道上添加05.jpg素材文件，并设置剪辑长度为3秒，如图5-419所示。移动播放指示器就可以观察到剪辑的内容，效果如图5-420所示。

07 移动播放指示器到00:00:04:18的位置，在V2轨道上添加02.mov素材文件，如图5-421所示。

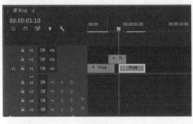

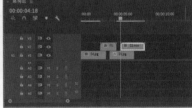

图5-419 图5-420 图5-421

08 移动播放指示器可以观察到02.mov剪辑本身带Alpha通道，不需要添加"颜色键"效果就可以显示下方图片的内容，如图5-422所示。

09 移动播放指示器到00:00:06:10的位置，在V1轨道上添加06.jpg素材文件，并调整剪辑长度为3秒，如图5-423所示。

> ❓ **疑难问答：如何分辨带通道的素材文件？**
>
> 一般情况下，MOV格式的素材文件都会带Alpha通道，不需要额外处理可以直接使用且素材文件较大，但也有像案例中01.mov剪辑没有带Alpha通道的情况出现。常见的MP4格式素材是不带Alpha通道的，素材文件整体较小。

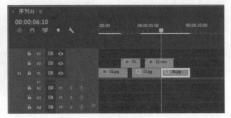

图5-422 图5-423

10 移动播放指示器到00:00:08:13的位置，在V2轨道上添加03.mov素材文件，如图5-424所示。移动播放指示器可以观察到下方图片的内容，如图5-425所示。

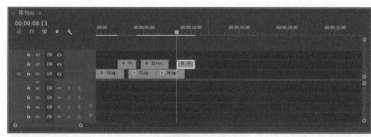

图5-424

图5-425

11 移动播放指示器到00:00:09:11的位置，在V1轨道上添加07.jpg素材文件，并调整剪辑长度为3秒，如图5-426所示。移动播放指示器，可以观察到下方图片的内容，如图5-427所示。

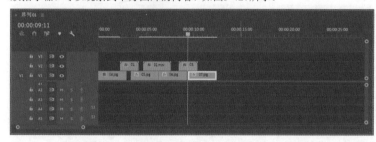

图5-426

图5-427

12 双击03.mov素材文件，在"源"监视器中移动播放指示器到00:00:00:23的位置并添加入点，然后在00:00:01:19的位置添加出点，如图5-428所示。

13 选中V2轨道，按.键将入点和出点间的剪辑部分放置到V2轨道的起始位置，如图5-429所示。

图5-428

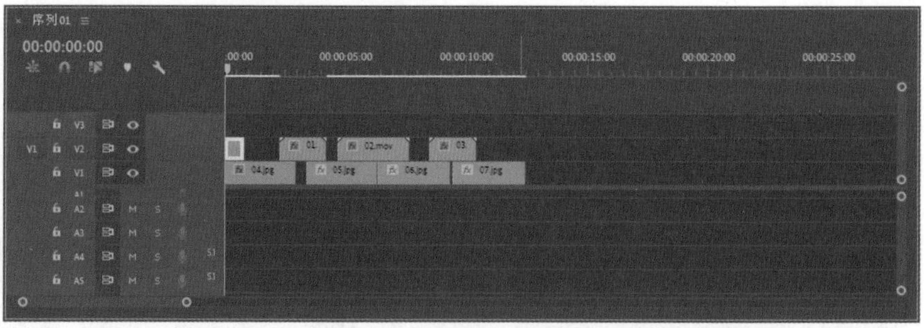

图5-429

> ⚠ **技巧提示**
>
> 在添加剪辑之前，一定要先在V2轨道上单击"对插入和覆盖进行源修补"按钮 V1，否则添加的剪辑会默认出现在V1轨道上，如图5-430所示。
>
>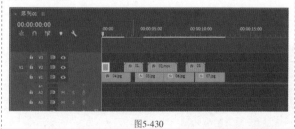
>
> 图5-430

14 按Space键整体播放序列，会观察到画面的节奏过慢。将V2轨道上的剪辑拼合在一起，然后调整V1轨道上剪辑的位置和长度，如图5-431所示。

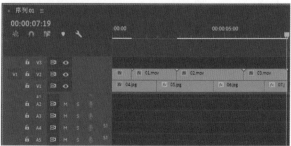

图5-431

15 单击"导出帧"按钮 ⬛ ，导出4帧画面，效果如图5-432所示。

图5-432

👑 重点

实战： 制作宠物照片通道转场视频

素材文件	素材文件>CH05>12
实例文件	实例文件>CH05>实战：制作宠物照片通道转场视频.prproj
难易程度	★★★★☆
学习目标	掌握通道过渡效果

本案例需要通过带Alpha通道的过渡视频制作照片的转场效果，案例步骤相对复杂，效果如图5-433所示。

图5-433

👉 **案例制作**

01 新建一个项目文件，在"项目"面板中导入学习资源"素材文件>CH05>12"文件夹中的素材文件，如图5-434所示。

02 新建一个AVCHD 1080p25序列，将01.jpg素材文件拖曳到V1轨道上，效果如图5-435所示。此时照片的大小与帧大小不一致，暂时不用调整。

图5-434

图5-435

03 选中Transition_1.mov过渡素材文件，将其拖曳到V2轨道上，如图5-436所示。效果如图5-437所示。

图5-436

图5-437

04 在"效果"面板中搜索"轨道遮罩键"效果，并将其添加到01.jpg剪辑上。在"效果控件"面板中设置"遮罩"为"视频2"，如图5-438所示。此时图片会替换遮罩上的白色部分，如图5-439所示。

图5-438

图5-439

05 选中01.jpg剪辑，在剪辑起始位置添加"缩放"关键帧。然后移动播放指示器到剪辑末尾，设置"缩放"为50，如图5-440所示。效果如图5-441所示。

图5-440　　　　　　　　　　　　　　　　　　图5-441

06 在"效果"面板中搜索"色彩"效果，并将其添加到01.jpg剪辑上。在"效果控件"面板中设置"将白色映射到"为浅黄色，如图5-442所示。效果如图5-443所示。

ⓘ 技巧提示

"将白色映射到"的色彩可随意设置，笔者是按照照片的色调进行设置的。

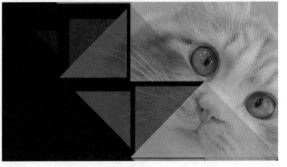

图5-442　　　　　　　　　　　　　　　　　　图5-443

07 在"效果控件"面板中选中"色彩"效果后按快捷键Ctrl+C复制，然后选中Transition_1.mov剪辑，在"效果控件"面板中按快捷键Ctrl+V粘贴，这样就能将相同参数的效果粘贴到其他剪辑的"效果控件"面板，如图5-444所示。效果如图5-445所示。

08 移动播放指示器到00:00:00:08的位置，选中V1和V2轨道上的剪辑，按住Alt键向上移动至V3和V4轨道，如图5-446所示。

图5-444　　　　　　　　　　图5-445　　　　　　　　　　　　图5-446

09 在两个剪辑的"效果控件"面板中都删除"色彩"效果，画面效果如图5-447所示。

10 选中序列面板中的所有剪辑，将其转换为嵌套序列，如图5-448所示。

11 移动播放指示器，观察画面，会发现剪辑开始部分显示黑色。单击"新建项"按钮，在弹出的菜单中选择"颜色遮罩"选项。此时会弹出"新建颜色遮罩"对话框，单击"确定"按钮　确定　即可，如图5-449所示。

图5-447　　　　　　　　　　图5-448　　　　　　　　　　　　图5-449

12 系统会弹出"拾色器"对话框，设置颜色为白色，并单击"确定"按钮　确定　，就会在"项目"面板中生成白色的"颜色遮罩"，如图5-450所示。

13 将"颜色遮罩"拖曳到V1轨道的起始位置，并设置剪辑长度为1秒20帧。将"嵌套序列01"拖曳到V2轨道的起始位置，如图5-451所示。在1秒20帧的位置，"嵌套序列01"中的黑色完全消失，白色的"颜色遮罩"替换了黑色部分，效果如图5-452所示。

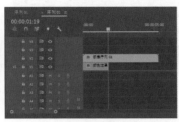
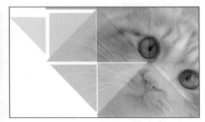

图5-450　　　　　　　　　图5-451　　　　　　　　　图5-452

14 在"项目"面板中复制"嵌套序列01"并粘贴，重命名为"嵌套序列02"，如图5-453所示。

15 移动播放指示器到00:00:02:06的位置，将"嵌套序列02"拖曳到V3轨道上，如图5-454所示。

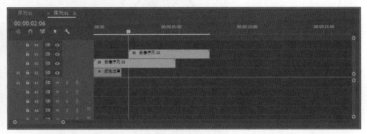

图5-453　　　　　　　　　　　　　　图5-454

16 双击进入"嵌套序列02"，替换01.jpg剪辑为02.jpg素材文件，Transition_1.mov剪辑为Transition_2.mov素材文件，如图5-455所示。效果如图5-456所示。

图5-455　　　　　　　　　　　　　　图5-456

17 选中"嵌套序列02"中V1和V2轨道上的剪辑，在"效果控件"面板中修改"色彩"效果中的"将白色映射到"为绿色，如图5-457所示。修改后的效果如图5-458所示。

18 复制粘贴"嵌套序列02"并重命名为"嵌套序列03"。移动播放指示器到00:00:04:12的位置，将"嵌套序列03"拖曳到V4轨道上，如图5-459所示。

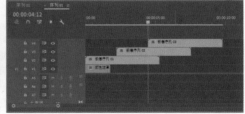

图5-457　　　　　　　图5-458　　　　　　　图5-459

19 双击"嵌套序列03"，进入子层级序列面板。替换02.jpg剪辑为03.jpg素材文件，Transition_2.mov剪辑为Transition_3.mov素材文件，如图5-460所示。效果如图5-461所示。

图5-460

图5-461

20 03.jpg的画面整体远远超过帧大小。在"效果控件"面板中设置"缩放"的第1个关键帧为48，如图5-462所示。缩放后效果如图5-463所示。

图5-462

图5-463

21 在"效果控件"面板中修改"色彩"效果中的"将白色映射到"为灰色，如图5-464所示。修改后的效果如图5-465所示。

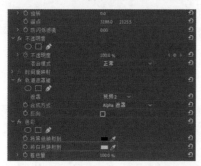

图5-464

图5-465

22 在"项目"面板中复制粘贴"嵌套序列03"并重命名为"嵌套序列04"。移动播放指示器到00:00:06:20的位置，将"嵌套序列04"拖曳到V5轨道上，如图5-466所示。

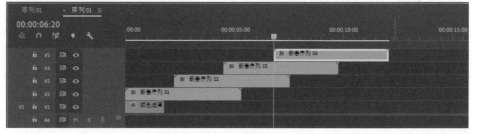

图5-466

23 在"嵌套序列04"中替换03.jpg剪辑为04.jpg素材文件，Transition_3.mov剪辑为Transition_4.mov素材文件，如图5-467所示。效果如图5-468所示。

图5-467

图5-468

24 在"效果控件"面板中设置03.jpg剪辑的"缩放"起始关键帧大小为40，如图5-469所示。修改后的效果如图5-470所示。

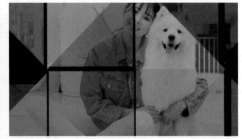

图5-469　　　　　　　　　　　　　　　　　　图5-470

25 在"效果控件"面板中修改"色彩"效果中的"将白色映射到"为灰蓝色，如图5-471所示。修改后的效果如图5-472所示。

图5-471　　　　　　　　　　　　　　　　　　图5-472

26 在"嵌套序列04"的结束位置添加"白场过渡"效果，设置过渡的"持续时间"为00:00:02:00，如图5-473所示。效果如图5-474所示。

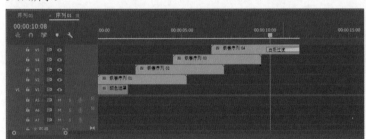

图5-473　　　　　　　　　　　　　　　　　　图5-474

27 移动播放指示器到剪辑末尾，会发现画面会显示为黑色，这是因为过渡效果后方没有其他剪辑填补，只能显示黑色。将V1轨道上的白色"颜色遮罩"剪辑末尾调整到与"嵌套序列04"剪辑的末尾对齐，这样就能填补黑色的部分，如图5-475所示。

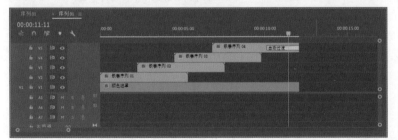

图5-475

> **！ 技巧提示**
>
> 　整个序列由白色画面开始，又由白色画面结束，首尾呼应。

28 单击"导出帧"按钮 ，导出4帧画面，效果如图5-476所示。

图5-476

👑 重点

实战：制作假日休闲J-cut转场视频

素材文件	素材文件>CH05>13
实例文件	实例文件>CH05>实战：制作假日休闲J-cut转场视频.prproj
难易程度	★★★★☆
学习目标	掌握J-cut转场方式

本案例通过J-cut转场方式制作了一段假日休闲转场视频，需要用到音频文件。案例效果如图5-477所示。

图5-477

👉 案例制作--

01 新建一个项目文件，在"项目"面板中导入学习资源"素材文件>CH05>13"文件夹中的素材文件，如图5-478所示。

02 新建一个AVCHD
1080p25序列，双击
01.mp4素材文件，在"源"
监视器中查看内容，如图
5-479所示。

图5-478   图5-479

03 在"源"监视器中移动播放指示器到10秒和14秒的位置，分别添加入点和出点。然后按,键将入点和出点间的素材插入V1轨道上，如图5-480所示。效果如图5-481所示。

04 双击02.mp4素材文件，在"源"监视器中设置入点为00:00:02:00的位置，出点为00:00:03:00的位置，如图5-482所示。

图5-480   图5-481   图5-482

05 按,键将入点到出点间的素材插入V1轨道上，如图5-483所示。效果如图5-484所示。

图5-483   图5-484

06 双击03.mp4素材文件,在"源"监视器中设置入点为00:00:07:00的位置,出点为00:00:10:00的位置,如图5-485所示。

07 按,键将入点到出点间的素材插入V1轨道上,如图5-486所示。效果如图5-487所示。

图5-485　　　　　　　　　　　　　图5-486

08 双击04.mp4素材文件,在"源"监视器中设置入点为00:00:07:00的位置,出点为00:00:11:00的位置,如图5-488所示。

图5-487　　　　　　　　　　　　　图5-488

09 按,键将入点到出点间的素材插入V1轨道上,如图5-489所示。效果如图5-490所示。

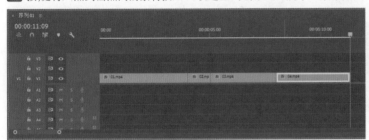

图5-489　　　　　　　　　　　　　图5-490

10 在首尾分别添加一个"黑场过渡"效果剪辑,然后设置"持续时间"为00:00:02:00,如图5-491所示。效果如图5-492所示。

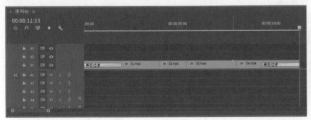

图5-491　　　　　　　　　　　　　图5-492

11 在01.mp4和02.mp4剪辑交接处添加"交叉溶解"过渡效果,如图5-493所示。效果如图5-494所示。

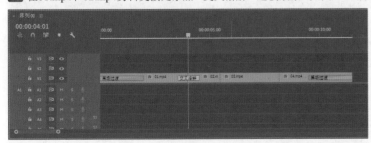

图5-493　　　　　　　　　　　　　图5-494

12 移动播放指示器到00:00:04:23的位置，在A1轨道上添加翻书.wav素材文件，如图5-495所示。

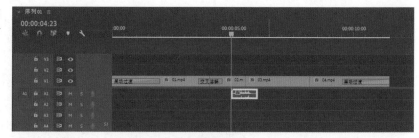

图5-495

◎ **技术专题：J-cut转场**

在视频剪辑中，将两个稳定的中镜头放在一起时会有突然跳跃的感觉，将镜头的音频与视频错位就能解决这个问题。

J-cut转场是将音频往左拖出一部分，让观众在看到画面之前可以先听到声音，如图5-496所示。这样就能自然地将两个画面镜头进行过渡。在电影、电视和Vlog中会大量使用J-cut转场。

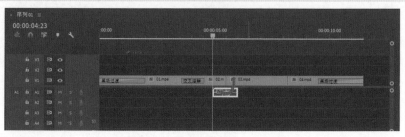

图5-496

13 移动播放指示器到00:00:07:20的位置，在A1轨道上添加拍照声.wav素材文件，如图5-497所示。

14 在A2轨道上添加鸟叫声.wav素材文件，并延长剪辑，使其末尾与视频剪辑的末尾对齐，如图5-498所示。

图5-497

图5-498

15 按Space键预览视频，发现鸟叫声和过渡的音频剪辑声音太大。选中两个音频过渡剪辑，在"效果控件"面板中设置"级别"为-5dB，如图5-499所示。

16 选中鸟叫声.wav剪辑，在"效果控件"面板中设置"级别"为-10dB，如图5-500所示。

图5-499

图5-500

17 选中背景音乐.wav素材文件，将其拖曳到A3轨道上。用"剃刀工具" ◆ 裁剪多余的音频并删除，如图5-501所示。

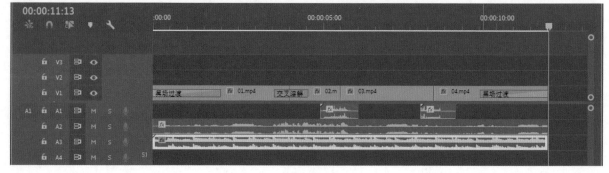

图5-501

18 在背景音乐.wav剪辑的起始和结束位置设置"级别"为-281.1dB，如图5-502所示。此时剪辑的声音最小。

19 移动播放指示器到00:00:01:00和00:00:10:14的位置，设置"级别"为0dB，如图5-503所示。此时剪辑的声音大小正常。

| 图5-502 | 图5-503 |

> **! 技巧提示**
>
> 默认情况下，设置"级别"的参数会自动记录关键帧。

20 单击"导出帧"按钮 ，导出4帧画面，效果如图5-504所示。

图5-504

👑重点
实战: 制作雨夜咖啡馆L-cut转场视频

素材文件	素材文件>CH05>14
实例文件	实例文件>CH05>实战：制作雨夜咖啡馆L-cut转场视频.prproj
难易程度	★★★★☆
学习目标	掌握L-cut转场方式

本案例通过L-cut转场方式制作了一段雨夜咖啡馆的转场视频，需要用到音频文件。案例效果如图5-505所示。

图5-505

👉 案例制作

01 新建一个项目文件，在"项目"面板中导入学习资源"素材文件>CH05>14"文件夹中的素材文件，如图5-506所示。

02 新建一个AVCHD 1080p25序列，将01.mp4素材文件拖曳到V1轨道上，如图5-507所示。效果如图5-508所示。

图5-506

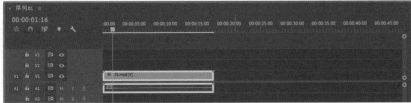

图5-507

图5-508

03 删除剪辑的音频，并设置"速度"为300％，如图5-509所示。

04 双击02.mp4素材文件，在"源"监视器中设置入点位置为00:00:06:21，出点位置为00:00:12:00，如图5-510所示。

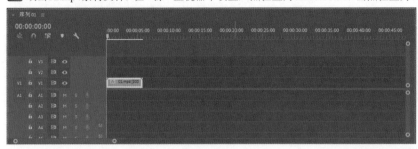

图5-509　　　　　　　　　　　　　　　　　　　　图5-510

05 按,键将入点和出点间的素材插入V1轨道上，如图5-511所示。效果如图5-512所示。

06 双击03.mp4剪辑，在"源"监视器中设置入点位置为00:00:02:17，出点位置为00:00:06:00，如图5-513所示。

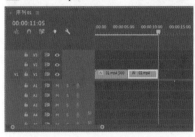

图5-511　　　　　　　　　图5-512　　　　　　　　　图5-513

07 按,键将入点和出点间的素材插入V1轨道上，如图5-514所示。效果如图5-515所示。

08 双击04.mp4剪辑，在"源"监视器中设置入点位置为00:00:06:00，出点位置为00:00:10:00，如图5-516所示。

图5-514　　　　　　　　　图5-515　　　　　　　　　图5-516

09 按,键将入点和出点间的素材插入V1轨道上，如图5-517所示。效果如图5-518所示。

10 选中雨声.wav素材文件，将其拖曳到A1轨道上。移动播放指示器到00:00:12:06的位置，用"剃刀工具"裁剪后方的音频并删除，如图5-519所示。

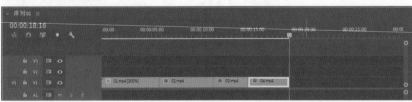

图5-517　　　　　　　　　　　　　　　　　　　　图5-518

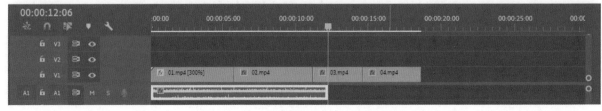

图5-519

11 选中室外汽车走路.wav素材文件，将其拖曳到A2轨道上。移动播放指示器到00:00:06:20的位置，用"剃刀工具"◈裁剪后方的音频并删除，如图5-520所示。

12 移动播放指示器到00:00:05:20到位置，选中室内音乐.wav素材文件，将其拖曳到A3轨道上，接着用"剃刀工具"◈裁剪后方的音频并删除，如图5-521所示。

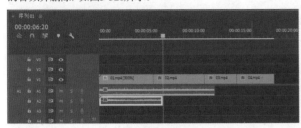

图5-520	图5-521

13 移动播放控制器到00:00:11:04的位置，选中室内人声.wav素材文件，将其拖曳到A2轨道上，接着用"剃刀工具"◈裁剪多余的音频并删除，如图5-522所示。

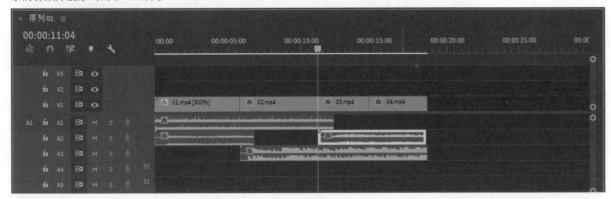

图5-522

14 选中雨声.wav音频剪辑，移动播放指示器到00:00:05:20的位置，在"效果控件"面板中添加"级别"的关键帧，如图5-523所示。

15 移动到剪辑的末尾，设置"级别"为-281.1dB，如图5-524所示。

16 选中室外汽车走路.wav剪辑，移动播放指示器到00:00:05:21的位置，在"效果控件"面板中添加"级别"的关键帧，如图5-525所示。

图5-523	图5-524	图5-525

17 移动播放指示器到剪辑末尾，设置"级别"为-281.1dB，如图5-526所示。

18 选中室内音乐.wav剪辑，在剪辑起始和结束位置设置"级别"为-281.1dB，如图5-527所示。

19 移动播放指示器到00:00:11:04和00:00:17:02的位置，设置"级别"为-5dB，如图5-528所示。

图5-526	图5-527	图5-528

20 选中室内人声.wav剪辑，移动播放指示器到00:00:17:02的位置，在"效果控件"面板中设置"级别"为-5dB，如图5-529所示。

21 移动播放指示器到剪辑末尾，设置"级别"为-281.1dB，如图5-530所示。

图5-529 图5-530

22 单击"导出帧"按钮 ◎，导出4帧画面，效果如图5-531所示。

图5-531

◎ **技术专题：L-cut转场**

L-cut转场与J-cut转场相反，是在前一个镜头声音还没有结束时就剪切画面。观众看到下一个镜头时，仍然能听见前一个镜头的声音，如图5-532所示。

图5-532

👑重点

实战：制作宣传文字卡点转场视频

素材文件	素材文件>CH05>15
实例文件	实例文件>CH05>实战：制作宣传文字卡点转场视频.prproj
难易程度	★★★★☆
学习目标	掌握卡点转场方式

卡点剪辑常用在一些介绍类和展示类视频中，通过音乐的节奏点表现转场效果。在选择音乐时，一定要选择带有明显节奏感的音乐，这才符合卡点转场的要求。本案例需要通过一段快节奏的音乐进行转场。案例效果如图5-533所示。

图5-533

👉 **案例制作**---

01 新建一个项目文件，在"项目"面板中导入学习资源"素材文件>CH05>15"文件夹中的素材文件，如图5-534所示。

02 新建一个AVCHD 1080p25序列，将背景音乐.mp3素材文件拖曳到A1轨道上，如图5-535所示。

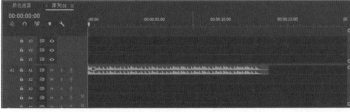

图5-534 图5-535

03 在"项目"面板中新建一个绿色的"颜色遮罩"，将其拖曳到V1轨道上，如图5-536所示。效果如图5-537所示。

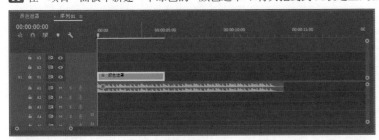

图5-536

图5-537

> ⓘ 技巧提示
>
> 遮罩的颜色不作具体规定，读者可按照想法自行设置。

04 按Space键聆听音频，在00:00:00:11的位置第一个重音结束，如图5-538所示。

> ⓘ 技巧提示
>
> 音频的波形高代表声音强，波形低代表声音弱。可以根据音频的波形分辨节奏点。

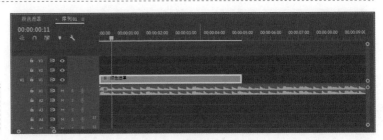

图5-538

05 将"颜色遮罩"剪辑缩短到播放指示器的位置，如图5-539所示。

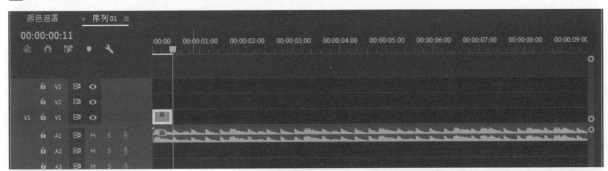

图5-539

06 使用"文字工具" T 在"节目"监视器中输入3。在"效果控件"面板中设置字体为 FZLanTingHei-M-GBK，字体大小为800，"填充"颜色为白色，如图5-540所示。效果如图5-541所示。

07 移动播放指示器到剪辑起始位置，在"效果控件"面板中设置"缩放"为0，并添加关键帧，然后移动播放指示器到剪辑末尾，设置"缩放"为100，接着设置"不透明度"为50%，效果如图5-542所示。

图5-540

图5-541

图5-542

08 移动播放指示器到00:00:00:21的位置，也是第2个重音结束的位置。按住Alt键，将文字剪辑向右复制一份，如图5-543所示。效果如图5-544所示。

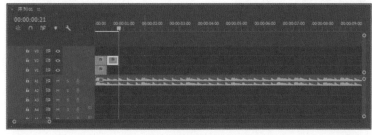

图5-543　　　　　　　　　　　　　　　　　　　图5-544

09 修改文字剪辑的内容为2，并将"颜色遮罩"剪辑延长，直至末尾与文字剪辑末尾对齐，如图5-545所示。效果如图5-546所示。

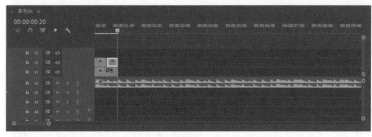

图5-545　　　　　　　　　　　　　　　　　　　图5-546

10 移动播放指示器到00:00:01:03的位置，向右复制文字剪辑，并修改文字内容为1。效果如图5-547所示。

11 延长"颜色遮罩"剪辑使其末尾与文字剪辑末尾对齐，如图5-548所示。效果如图5-549所示。

图5-547　　　　　　　　　　　图5-548　　　　　　　　　　　图5-549

12 按Space键预览3个文字动画，发现文字颜色偏浅。在"效果控件"面板中修改"不透明度"为80%，效果如图5-550所示。

图5-550

13 移动播放指示器到00:00:03:00的位置，新建一个浅灰色的"颜色遮罩"，并将其拖曳到V1轨道上，如图5-551所示。效果如图5-552所示。

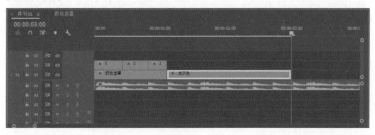

图5-551　　　　　　　　　　　　　　　　　　　图5-552

> ⓘ **技巧提示**
>
> 为了与之前创建的绿色"颜色遮罩"作区分，这一步创建的"颜色遮罩"重命名为"浅灰色"。

14 在"项目"面板中将绿色的"颜色遮罩"拖曳到V2轨道上,调整其长度,使其末尾与下方的"浅灰色"剪辑末尾对齐,如图5-553所示。

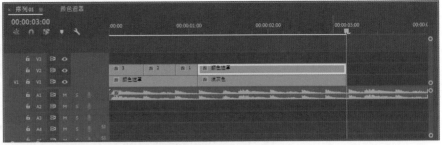

图5-553

15 移动播放指示器到00:00:01:15的位置,在"缩放高度"参数上添加关键帧,然后移动播放指示器到00:00:02:11的位置,设置"缩放高度"为30,如图5-554所示。效果如图5-555所示。

图5-554

图5-555

16 使用"文字工具" T 在"节目"监视器上输入"航骋文化",设置字体为FZLanTingHei-M-GBK,字体大小为150,"填充"颜色为白色,如图5-556所示。效果如图5-557所示。

图5-556

图5-557

---

① 技巧提示

这一步需要注意,要将文字分成4个单独的剪辑,如图5-558所示。

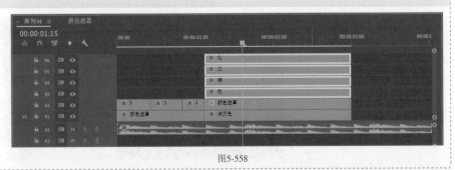

图5-558

---

17 选中4个文字剪辑,将其转换为嵌套序列,如图5-559所示。

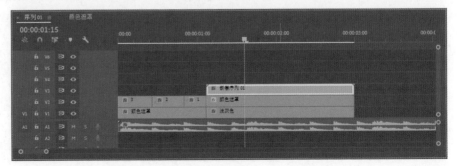

图5-559

18 进入"嵌套序列01",移动文字剪辑的位置并调整其长度,使其产生均匀的过渡,如图5-560所示。这一步采用每个文字间隔10帧出现,读者也可以按照自己的喜好设置时间间隔。

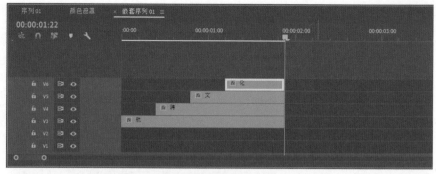

图5-560

19 移动播放指示器到00:00:04:16的位置,将"项目"面板中的"颜色遮罩"拖曳到V1轨道上,并裁剪多余的部分,如图5-561所示。

图5-561

20 在"效果控件"面板中设置"位置"为(285,540)"缩放宽度"为26,如图5-562所示。效果如图5-563所示。

图5-562

图5-563

21 用"文字工具" **T** 在绿色部分上输入"产",然后设置字体为FZLanTingHei-M-GBK,字体大小为350,"填充"颜色为白色,如图5-564所示。效果如图5-565所示。

图5-564

图5-565

22 将"颜色遮罩"和"产"的文字剪辑转换为嵌套序列,如图5-566所示。

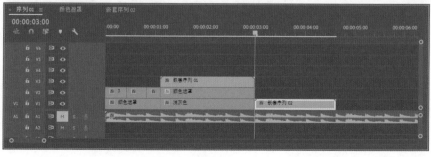

图5-566

23 选中"嵌套序列02"剪辑，在起始位置将其移动到画面下方并添加关键帧，接着在00:00:03:10的位置将其移动到画面原本的位置，这样就能制作出由下到上的动画效果。效果如图5-567所示。

图5-567

24 移动播放指示器到00:00:03:06的位置，在V2轨道上添加"浅灰色"颜色遮罩，并裁剪多余的部分，如图5-568所示。

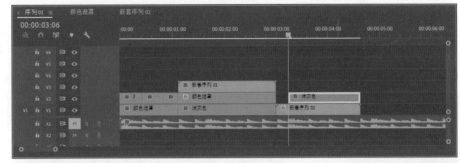

图5-568

25 在"效果控件"面板中设置"位置"为（722，540），"缩放宽度"为25，如图5-569所示。效果如图5-570所示。

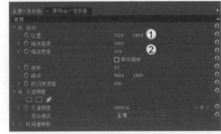

图5-569

图5-570

26 用"文字工具" **T** 在"浅灰色"颜色遮罩上输入"品"，然后设置字体为FZLanTingHei-M-GBK，字体大小为350，"填充"颜色为绿色，如图5-571所示。效果如图5-572所示。

图5-571

图5-572

27 将"浅灰色"颜色遮罩和文字剪辑转换为嵌套序列，如图5-573所示。

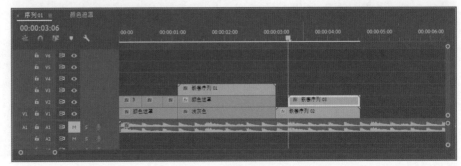

图5-573

28 选中"嵌套序列03",在剪辑起始位置将其移动到画面上方并添加关键帧,在00:00:03:16的位置将其移动到画面原本的位置,这样就能制作出由上到下的动画效果,如图5-574所示。

29 按照步骤19~步骤28的方法制作出剩余两个文字部分。效果如图5-575所示。

图5-574

图5-575

30 移动播放指示器到00:00:05:05的位置,在V1轨道上添加"颜色遮罩",如图5-576所示。

31 用"文字工具" 在遮罩上输入"拥有",然后设置字体大小为200,"填充"颜色为白色,如图5-577所示。

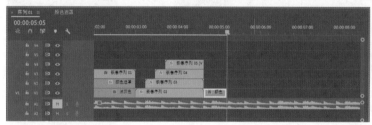

图5-576

图5-577

32 移动播放指示器到00:00:05:15的位置,在V1轨道上添加"浅灰色"颜色遮罩,如图5-578所示。

33 用"文字工具" 在画面上输入"这些类型",然后设置字体大小为250,"填充"颜色为绿色,如图5-579所示。

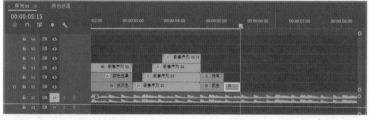

图5-578

图5-579

34 移动播放指示器到00:00:06:05的位置,在V1轨道上添加"颜色遮罩",如图5-580所示。

35 在V2轨道上添加相同长度的"浅灰色"颜色遮罩,如图5-581所示。

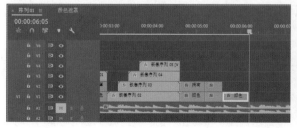

图5-580

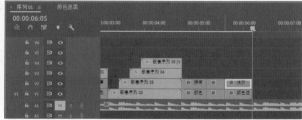

图5-581

36 选中"浅灰色"颜色遮罩,在剪辑的起始位置添加"缩放高度"和"缩放宽度"关键帧,在00:00:05:19的位置设置"缩放高度"为35,"缩放宽度"为70,如图5-582所示。效果如图5-583所示。

图5-582   图5-583

37 保持播放指示器的位置不变,用"文字工具" **T** 在画面上输入"艺",然后设置字体大小为220,"填充"颜色为绿色,如图5-584所示。效果如图5-585所示。

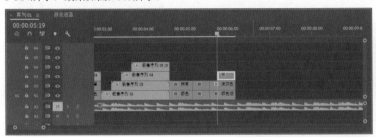

图5-584   图5-585

38 移动播放指示器到00:00:05:21的位置,输入"术",如图5-586所示。

39 移动播放指示器到00:00:05:23的位置,输入"设",如图5-587所示。

图5-586   图5-587

40 移动播放指示器到00:00:06:00的位置,输入"计",如图5-588所示。文字剪辑之间呈递减的效果,如图5-589所示。

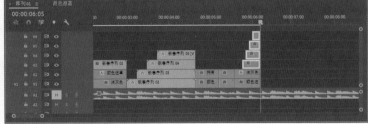

图5-588   图5-589

ⓘ **技巧提示**

上述4个文字剪辑可以整合为一个嵌套序列,这样更方便管理。

---

41 移动播放指示器到00:00:07:13的位置,在V1轨道上添加"浅灰色"颜色遮罩,如图5-590所示。

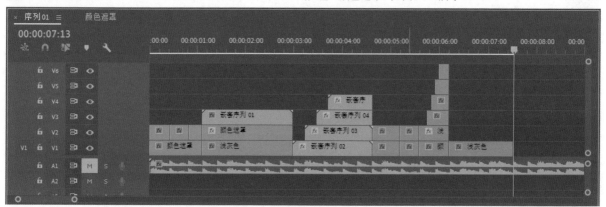

图5-590

42 用"文字工具" **T** 在画面上输入"平面设计",然后设置字体大小为250,"填充"颜色为绿色,如图5-591所示。效果如图5-592所示。

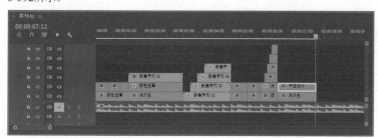

图5-591

图5-592

43 将文字剪辑转换为嵌套序列。然后进入"嵌套序列04",继续添加其他文字剪辑,如图5-593所示。效果如图5-594所示。

图5-593

图5-594

> ⓘ **技巧提示**
>
> 复制的文字剪辑只需要更改文字内容和字体大小即可。

44 调整文字剪辑出现的时间,使文字依次出现,如图5-595所示。

45 移动播放指示器到00:00:08:10的位置,将V1轨道上的"浅灰色"颜色遮罩延长至播放指示器的位置,如图5-596所示。

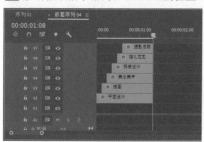

图5-595

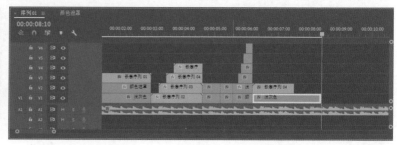

图5-596

46 在V2轨道上添加"颜色遮罩",其末尾应与下方"浅灰色"颜色遮罩末尾对齐,如图5-597所示。

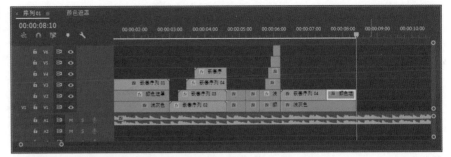

图5-597

47 在剪辑的起始位置添加"位置"关键帧,然后移动播放指示器到00:00:07:20,设置"位置"为(960,42),如图5-598所示。效果如图5-599所示。

图5-598

图5-599

48 用"文字工具"**T**在画面上分别输入"计算机"和"图形艺术",将字体大小都设置为210,如图5-600所示。效果如图5-601所示。

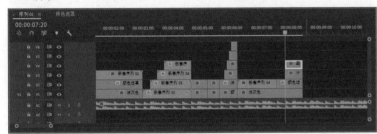

图5-600

图5-601

49 移动播放指示器到00:00:08:00的位置,为两个文字剪辑添加"位置"关键帧,然后在剪辑的起始位置将文字移至画面两侧。效果如图5-602所示。

图5-602

50 移动播放指示器到00:00:08:05的位置,在V5轨道上添加"颜色遮罩",如图5-603所示。

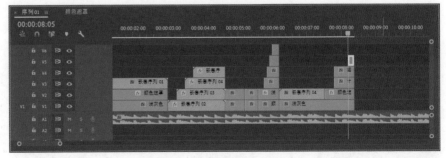

图5-603

51 在剪辑的起始位置设置"缩放"为0，并添加关键帧，然后在剪辑末尾设置"缩放"为100，效果如图5-604所示。

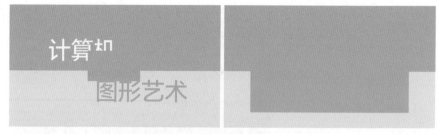

图5-604

52 将播放指示器移动到00:00:10:05的位置，在V1轨道上添加"颜色遮罩"，如图5-605所示。

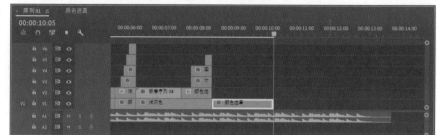

图5-605

53 在"项目"面板中复制粘贴"嵌套序列04"，并重命名为"嵌套序列05"，然后将其拖曳到V2轨道上，如图5-606所示。

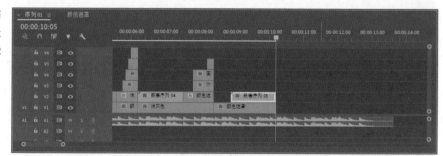

图5-606

> **❓ 疑难问答：为何"嵌套序列05"无法延长？**
>
> "嵌套序列05"的剪辑长度比下方的"颜色遮罩"要短一些，且剪辑无法延长，会提示"达到修剪媒体限制"，如图5-607所示。
>
> 遇到这种情况是因为"嵌套序列05"中子层级剪辑的长度不够。将子层级剪辑延长后"嵌套序列05"就可以延长。
>
>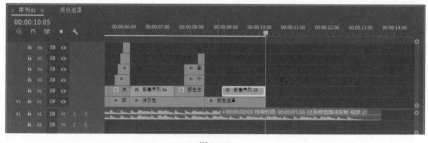
>
> 图5-607

54 双击进入"嵌套序列05"，修改文字内容，并调整"填充"颜色为白色，接着延长文字剪辑，如图5-608所示。

55 返回"序列01"，延长"嵌套序列05"，如图5-609所示。效果如图5-610所示。

图5-608

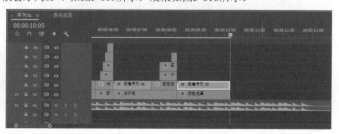

图5-609

图5-610

56 移动播放指示器到00:00:11:20的位置，在V1轨道上添加"浅灰色"颜色遮罩，如图5-611所示。

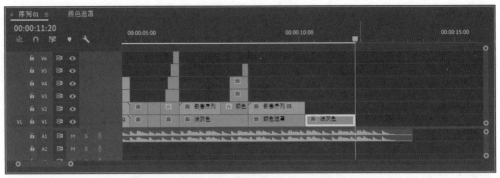

图5-611

57 移动播放指示器到00:00:10:10的位置，用"文字工具" T 在画面中输入"有"，设置字体大小为300，"填充"颜色为黑色，如图5-612所示。效果如图5-613所示。

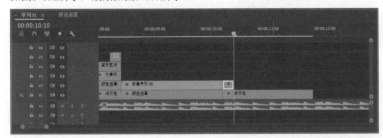

图5-612

图5-613

58 移动播放指示器到00:00:10:18的位置，按住Alt键，将上一步创建的文字剪辑向右复制，并修改文字内容为"你"，如图5-614所示。效果如图5-615所示。

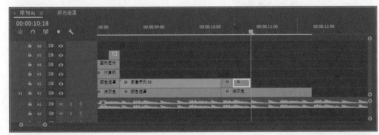

图5-614

图5-615

59 移动播放指示器到00:00:11:00的位置，按住Alt键，向右复制文字剪辑，并修改内容为"感兴趣"，如图5-616所示。效果如图5-617所示。

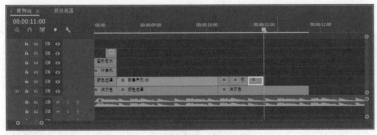

图5-616

图5-617

60 移动播放指示器到00:00:11:05的位置，按住Alt键，向右复制文字剪辑，并修改内容为"的"，如图5-618所示。效果如图5-619所示。

61 移动播放指示器到00:00:11:10的位置，按住Alt键，向右复制文字剪辑，并修改内容为"吗"，如图5-620所示。效果如图5-621所示。

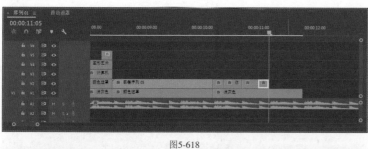

图5-618　　　　　　　　　　　　　　　　　　　　图5-619

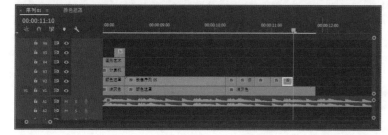

图5-620　　　　　　　　　　　　　　　　　　　　图5-621

62 移动播放指示器到00:00:11:13的位置，按住Alt键，向右复制文字剪辑，并修改内容为问号，如图5-622所示。效果如图5-623所示。

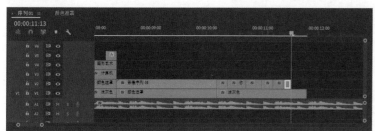
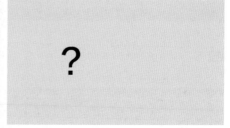

图5-622　　　　　　　　　　　　　　　　　　　　图5-623

63 将上一步复制的剪辑再复制两份，然后分别移动问号的位置，如图5-624所示。效果如图5-625所示。

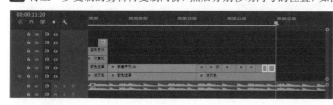
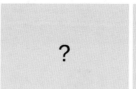
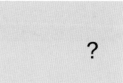

图5-624　　　　　　　　　　　　　　　　　　　　图5-625

64 将"浅灰色"颜色遮罩延长，使其与音频剪辑的末尾对齐，如图5-626所示。

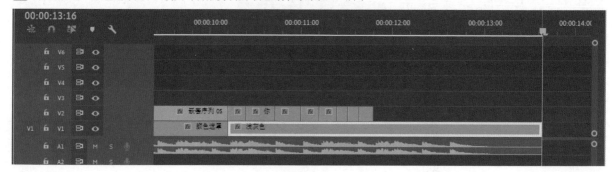

图5-626

65 在V2轨道上添加"颜色遮罩",延长,使其末尾与音频剪辑的末尾对齐,如图5-627所示。

66 移动播放指示器到剪辑的起始位置,在"效果控件"面板中设置"位置"为(960,-584),并添加关键帧,如图5-628所示。此时绿色遮罩向上完全移出画面。

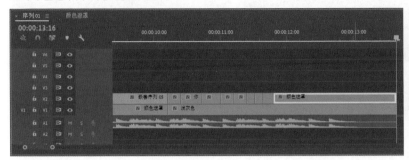 

图5-627 图5-628

67 移动播放指示器到00:00:12:01的位置,设置"位置"为(960,28),如图5-629所示。此时绿色遮罩移动到画面上半部分,如图5-630所示。

68 用"文字工具"T在画面中输入"敬请期待",然后设置字号为260,"填充"颜色为白色,效果如图5-631所示。

图5-629 图5-630 图5-631

69 选中上一步创建的文字剪辑,在剪辑的起始位置将文字向左移出画面。并添加关键帧。然后移动播放指示器到00:00:12:08的位置,设置"位置"为(458.4,469.5),如图5-632所示。动画效果如图5-633所示。

 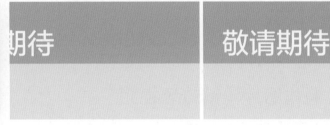

图5-632 图5-633

70 用"文字工具"T在画面中输入"更",然后设置字号为130,"填充"颜色为绿色,如图5-634所示。效果如图5-635所示。

图5-634 图5-635

71 移动播放指示器到00:00:12:11的位置，将上一步创建的文字剪辑复制一份，修改文字内容为"多"，如图5-636所示。效果如图5-637所示。

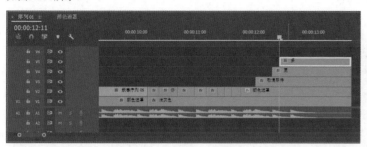

图5-636

图5-637

72 按照步骤70和步骤71的方法，继续制作后续的文字，效果如图5-638所示。

图5-638

> **技巧提示**
>
> 为了方便管理，可以将文字剪辑转换为嵌套序列，如图5-639所示。
>
>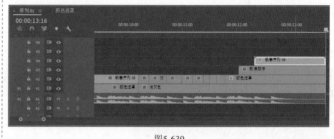
>
> 图5-639

73 单击"导出帧"按钮 📷，导出4帧画面，效果如图5-640所示。

图5-640

实战：制作图片拉镜转场视频

素材文件	素材文件>CH05>16
实例文件	实例文件>CH05>实战：制作图片拉镜转场视频.prproj
难易程度	★★★★☆
学习目标	掌握拉镜转场方式

拉镜转场效果常出现在一些电子相册或是推荐类的视频中，因其转场过程非常顺畅，很受剪辑人员的喜爱。在制作拉镜转场时，需要用到"变换"和"镜像"效果，制作过程相对复杂一些。本案例就通过一系列图片演示拉镜转场的制作方法。效果如图5-641所示。

图5-641

☞ 案例制作

01 新建一个项目文件，在"项目"面板中导入学习资源"素材文件>CH05>16"文件夹中的素材文件，如图5-642所示。

02 选中01.jpg素材文件并将其拖曳到"时间轴"面板中，生成序列，效果如图5-643所示。

03 在"效果"面板选中"变换"效果，将其添加到剪辑上，如图5-644所示。

图5-642 　　　　　　　　　　图5-643 　　　　　　　　　　图5-644

> ❗ 技巧提示
>
> 为了方便统一制作，笔者已经将素材图全部处理为1920像素×1080像素的大小。

04 在"变换"中设置"缩放"为50，如图5-645所示。效果如图5-646所示。

05 在"效果"面板选中"镜像"效果，依次添加4次到剪辑上，如图5-647所示。

图5-645 　　　　　　　　　　图5-646 　　　　　　　　　　图5-647

06 在第1个"镜像"效果中调整"反射中心"数值，使镜像的图像出现在画面右侧，与原图相接且不留缝隙，效果如图5-648所示。

07 在第2个"镜像"效果中调整"反射中心"数值，然后设置"反射角度"为180°，使镜像的图像出现在画面左侧，与原图相接且不留缝隙，效果如图5-649所示。

图5-648 　　　　　　　　　　图5-649

08 在第3个"镜像"效果中调整"反射中心"数值，然后设置"反射角度"为90°，使镜像的图像出现在画面下方，与原图相接且不留缝隙，效果如图5-650所示。

09 在第4个"镜像"效果中调整"反射中心"数值，然后设置"反射角度"为-90°，使镜像的图像出现在画面上方，与原图相接且不留缝隙，效果如图5-651所示。

图5-650 　　　　　　　　　　图5-651

10 再次选中"变换"效果，将其添加到剪辑上，使其处于"效果控件"面板最下方，如图5-652所示。

11 在"运动"卷展栏中设置"缩放"为200，就可以让图片恢复到原始大小，如图5-653所示。

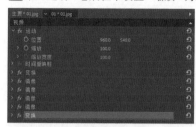

图5-652

图5-653

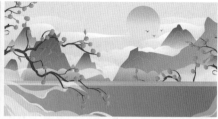

◎ **技术专题：保存效果预设**

通过上面步骤的设置，读者可以发现"拉镜"效果的参数非常多，且比较复杂。每次添加"拉镜"效果都要设置一次参数会非常麻烦，会大大降低剪辑效率。下面讲解一下如何保存效果预设。

第1步：按住Ctrl键，从上到下依次选中下方的两个"变换"及4个"镜像"效果，如图5-654所示。读者需要注意，这里必须按照顺序从上到下选择，如果更改了顺序或是间隔选择，后期调用"拉镜"效果时会出问题。

第2步：单击鼠标右键，在弹出的菜单中选择"保存预设"选项，如图5-655所示。

第3步：在弹出的"保存预设"对话框中设置"名称"为"拉镜"效果，如图5-656所示。单击"确定"按钮 确定 即可保存预设。

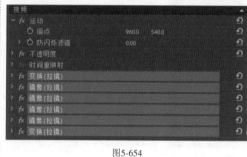

图5-654

图5-655

图5-656

---

12 将01.jpg剪辑缩短到2秒，如图5-657所示。

13 在剪辑的起始位置展开最下方的"变换"效果，然后给"位置"和"缩放"添加关键帧，如图5-658所示。

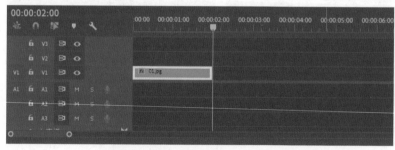

图5-657

图5-658

14 移动播放指示器到剪辑的末尾位置，然后向右移动画面，并放大一些，如图5-659所示。效果如图5-660所示。

图5-659

图5-660

15 选中"位置"和"缩放"的所有关键帧,然后单击鼠标右键,在弹出的菜单中选择"临时插值>缓入"和"临时插值>缓出"选项,如图5-661所示。

16 展开"位置"和"缩放"选项的速度曲线,将其调整为图5-662所示的效果,这样就能形成加速的效果。

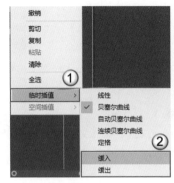

图5-661

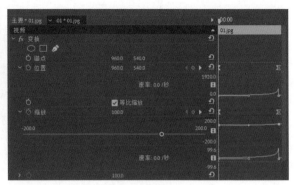

图5-662

17 选中02.jpg素材文件,将其拖曳到01.jpg剪辑的末尾,并将整体长度缩放至2秒,如图5-663所示。

18 在"效果"面板搜索"拉镜",就可以在下方查看到之前保存的"拉镜"效果,如图5-664所示。

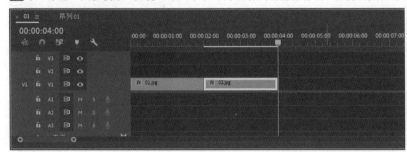

图5-663

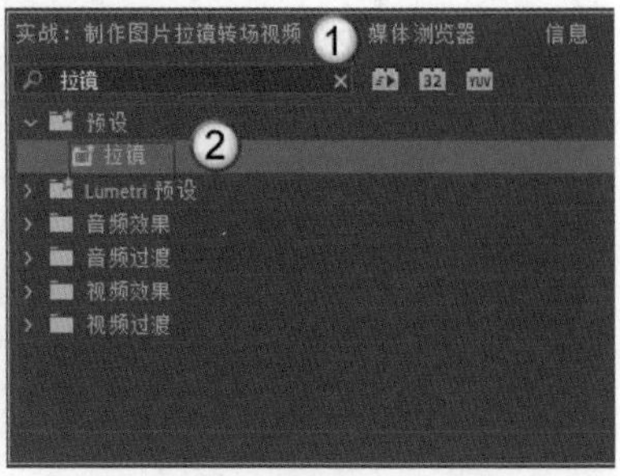

图5-664

19 将"拉镜"效果添加到02.jpg剪辑上,然后设置"缩放"为200,就可以显示原始的图片效果,如图5-665所示。

20 在02.jpg剪辑的中间位置添加最下方"变换"效果的"位置"和"缩放"关键帧,使其保持原位不变,如图5-666所示。

21 在剪辑的起始位置,将图片向右移动并放大,这样就能与上一个剪辑的末尾衔接。效果如图5-667所示。

图5-665

图5-666

图5-667

22 在剪辑的末尾位置,将图片向左上方移动并放大,效果如图5-668所示。

23 调整"位置"和"缩放"的速度曲线,效果如图5-669所示。这样就能形成剪辑两端速度快、中间速度慢的效果。

24 在V1轨道上添加03.jpg素材文件,然后添加"拉镜"效果,效果如图5-670所示。

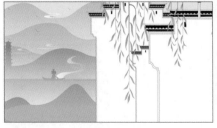

图5-668

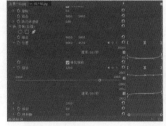

图5-669

图5-670

25 在剪辑的中间位置添加"位置""缩放"和"旋转"关键帧,使其保持原位,如图5-671所示。

26 在剪辑的起始位置将图片向左上角移动并放大,这样就能与前一个剪辑相衔接,效果如图5-672所示。

27 在剪辑末尾设置"旋转"为15°，并向下移动一段距离，使画面看起来向右侧旋转，如图5-673所示。

图5-671

图5-672

图5-673

28 展开3个添加关键帧的选项，调整速度曲线如图5-674所示。

29 在V1轨道上添加04.jpg素材文件，然后添加"拉镜"效果，效果如图5-675所示。

30 在剪辑末尾添加"位置"和"旋转"关键帧，使其保持原位，如图5-676所示。

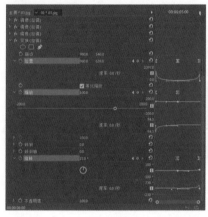
图5-674

图5-675

图5-676

31 在剪辑起始位置，设置"旋转"为-15°，然后将图片向下稍微移动一些，如图5-677所示。

32 调整"位置"和"旋转"的速度曲线，如图5-678所示。

图5-677

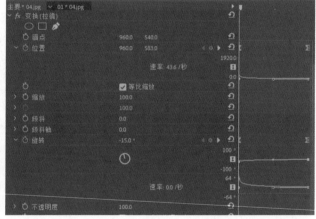
图5-678

33 单击"导出帧"按钮，导出4帧画面，效果如图5-679所示。

图5-679

第6章

① 技巧提示 ＋ ② 疑难问答 ＋ ◎ 技术专题 ＋ ✎ 知识链接

视频效果

在视频中添加效果，不仅可以为视频营造氛围，烘托剪辑，还可以将最终呈现的视频进一步升华。将多种效果叠加使用后，就可以形成不同风格的视频。

学习重点 🔍

实战: 制作画面切割效果风景视频

素材文件	素材文件>CH06>01
实例文件	实例文件>CH06>实战: 制作画面切割效果风景视频.prproj
难易程度	★★★☆☆
学习目标	掌握裁剪效果

扫码观看视频

本案例通过"裁剪"效果制作画面的切割效果。效果如图6-1所示。

图6-1

案例制作

01 新建一个项目文件,在"项目"面板中导入学习资源"素材文件>CH06>01"文件夹中的素材文件,如图6-2所示。

02 新建一个AVCHD 1080p25序列,将01.mp4素材文件拖曳到V1轨道上,效果如图6-3所示。

03 在"效果"面板中选中"色彩"效果,将其添加到01.mp4剪辑上。此时画面变成黑白效果,如图6-4所示。

图6-2   图6-3   图6-4

04 在"效果"面板中选中"裁剪"效果,将其添加到01.mp4剪辑上,如图6-5所示。

图6-5

05 在剪辑的起始位置设置"左侧"和"右侧"都为50%,添加关键帧,如图6-6所示。此时画面中只有黑色的背景。

06 移动播放指示器到00:00:00:20的位置,设置"左侧"和"右侧"都为0%,如图6-7所示。此时画面完全显示,动画效果如图6-8所示。

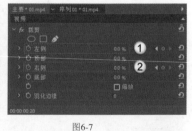

图6-6   图6-7

图6-8

07 从"项目"面板中将01.mp4拖曳到V2轨道上,然后添加"裁剪"效果,如图6-9所示。

08 在00:00:00:20的位置,设置"左侧"和"右侧"都为50%,如图6-10所示。此时画面中剩下灰色的V1轨道效果。

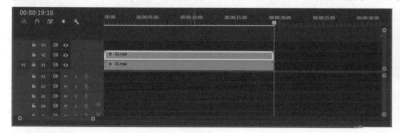

图6-9　　　　　　　　　　　　　　图6-10

09 移动播放指示器到00:00:01:17的位置,设置"左侧"和"右侧"都为0%,如图6-11所示。此时画面中显示彩色的效果,动画效果如图6-12所示。

图6-11　　　　　　　　　　　图6-12

10 用"文字工具" T 在"节目"监视器中输入"假日出游新去处",然后在"效果控件"面板中设置字体为FZLanTingHei-DB-GBK,字体大小为100,"填充"颜色为白色,如图6-13所示。效果如图6-14所示。

11 为文字剪辑添加"裁剪"效果,然后在00:00:00:22的位置设置"顶部"为60%,如图6-15所示。此时画面中不显示文字。

图6-13　　　　　　　　　　　图6-14　　　　　　　　　　　图6-15

12 移动播放指示器到00:00:02:02的位置,设置"顶部"为40%,如图6-16所示。画面中文字会从下往上逐渐显示,动画效果如图6-17所示。

图6-16

图6-17

13 单击"导出帧"按钮，导出4帧画面，效果如图6-18所示。

图6-18

技术回顾

演示视频:012-变换类效果

效果: 垂直翻转/水平翻转/羽化边缘/裁剪

位置: 效果>视频效果>变换

01 新建一个项目文件，在"项目"面板中导入学习资源"技术回顾"文件夹中的01.jpg素材文件，如图6-19所示。

02 将01.jpg素材文件拖曳到"时间轴"面板中，生成序列，效果如图6-20所示。

03 在"效果"面板中展开"视频效果"卷展栏，再展开"变换"卷展栏，就可以看到子层级的各种变换类效果，如图6-21所示。

图6-19

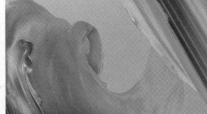

图6-20

图6-21

04 选中"垂直翻转"效果，将其拖曳到01.jpg剪辑上，如图6-22所示，就可以观察到画面变成垂直镜像效果。效果如图6-23所示。

图6-22

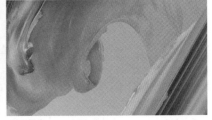

图6-23

05 可以在"效果控件"面板中设置蒙版的区域，从而控制效果的影响范围，如图6-24所示。

06 单击"创建椭圆形蒙版"按钮，画面中会出现一个椭圆形的蒙版区域，如图6-25所示。蒙版中的区域显示为翻转效果，而蒙版以外的区域显示原有的效果。

07 拖曳蒙版的锚点，可以调整蒙版区域的大小，如图6-26所示。

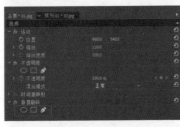

图6-24

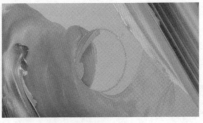

图6-25

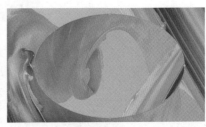

图6-26

08 单击"创建4点多边形蒙版"按钮，画面中会出现一个矩形蒙版，如图6-27所示。

09 矩形蒙版可以调整为任意形状的四边形，也可以添加锚点，将其调整为多边形，如图6-28和图6-29所示。

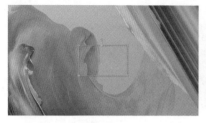

图6-27 　　　　　　　　　　　图6-28 　　　　　　　　　　　图6-29

> **❶ 技巧提示**
> 在蒙版的边缘单击就可以添加新的锚点。

10 单击"自由绘制贝塞尔曲线"按钮 🖋，可以在画面中绘制任意形状的蒙版，如图6-30所示。其绘制方法与Photoshop中的"钢笔工具"相似。

11 调整"蒙版羽化"数值，可以让蒙版的边缘出现羽化效果，如图6-31所示。

12 调整"蒙版不透明度"数值，则可以让蒙版中画面的不透明度降低，如图6-32所示。

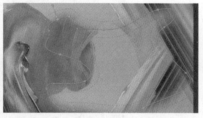

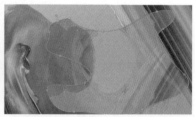

图6-30 　　　　　　　　　　　图6-31 　　　　　　　　　　　图6-32

13 调整"蒙版扩展"数值，则可以让蒙版按照路径向外或向内移动，如图6-33所示。

14 勾选"已反转"选项，则可以让蒙版以外的区域翻转，如图6-34所示。

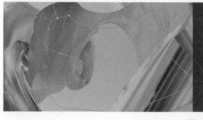

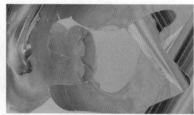

图6-33 　　　　　　　　　　　图6-34

15 在"效果"面板中选择"水平翻转"效果，并将其添加到剪辑上，效果如图6-35所示。

16 在"效果"面板中选择"羽化边缘"效果，并将其添加到剪辑上，调整"数量"数值会让剪辑边缘出现羽化效果，如图6-36所示。

17 在"效果"面板中选择"裁剪"效果，并将其添加到剪辑上，在"效果控件"面板中可以设置画面裁剪的区域，如图6-37所示。

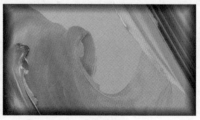

图6-35 　　　　　　　　　　　图6-36 　　　　　　　　　　　图6-37

18 调整"左侧""顶部""右侧"和"底部"数值，会在画面中裁剪相应的部分，如图6-38所示。

19 勾选"缩放"选项，会将裁剪后的剩余部分放大，使其充满整个画面，如图6-39所示。

20 调整"羽化边缘"数值，可以让裁剪的画面边缘出现羽化效果，如图6-40所示。

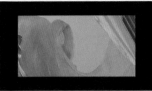

图6-38　　　　　　　　　　　图6-39　　　　　　　　　　　图6-40

◎ 技术专题：视频效果的管理方法

　　每个剪辑上可以添加多个视频效果，所有的效果会叠加呈现在"节目"监视器中。每添加一个效果，在"效果控件"面板中就会出现该效果的相关参数，如图6-41所示。

　　单击效果名称前的"切换效果开关"按钮 ，就可以控制这个效果是否在"节目"监视器中显示。图6-42所示是不显示效果时按钮图标的效果。

图6-41　　　　　　　　　　　图6-42

　　如果需要删除某个效果，选中这个效果的名称，按Delete键即可，如图6-43和图6-44所示。

　　如果需要复制效果中的参数，可以选中该效果的名称，按快捷键Ctrl+C进行复制，然后按快捷键Ctrl+V粘贴即可。复制粘贴效果不仅适用于粘贴到同一个剪辑，也适用于粘贴到其他剪辑。

图6-43　　　　　　　　　　　图6-44

实战： 制作画面扭曲变换效果视频

素材文件	素材文件>CH06>02
实例文件	实例文件>CH06>实战：制作画面扭曲变换效果视频.prproj
难易程度	★★★☆☆
学习目标	掌握扭曲类效果

　　本案例使用扭曲类效果制作画面的变换效果。效果如图6-45所示。

图6-45

☞案例制作------------------------------

01 新建一个项目文件，在"项目"面板中导入学习资源"素材文件>CH06>02"文件夹中的素材文件，如图6-46所示。

图6-46

02 新建一个AVCHD 1080p25序列，将01.mp4素材文件拖曳到V1轨道上，效果如图6-47所示。

03 在"效果"面板中选中"高斯模糊"效果，将其添加到剪辑上，设置"缩放"为110，"模糊度"为30，如图6-48所示。效果如图6-49所示。

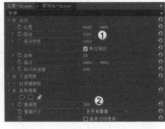

图6-47　　　　　　　　　　　　图6-48　　　　　　　　　　　　图6-49

04 在V2轨道上添加01.mp4素材文件，然后设置"缩放"为70，效果如图6-50所示。

05 在"效果"面板中选中"偏移"效果，将其添加到V2轨道的剪辑上，然后在00:00:02:00的位置添加"将中心移位至"关键帧，如图6-51所示。

> **① 技巧提示**
> 这一步不需要设置其他参数，只需要添加关键帧即可。

图6-50　　　　　　　　　　　　图6-51

06 移动播放指示器到00:00:02:15的位置，然后设置"将中心移位至"为（1921,360），如图6-52所示。动画效果如图6-53所示。

图6-52　　　　　　　　　　　　图6-53

07 移动播放指示器到00:00:02:20的位置，然后用"剃刀工具" ◢ 将两个轨道上的剪辑进行裁剪，并将多余的剪辑删除，如图6-54所示。

08 在"项目"面板中选中02.mp4素材文件，将其拖曳到V1轨道上，在00:00:05:00的位置裁剪并删除多余的剪辑和音频剪辑，如图6-55所示。效果如图6-56所示。

图6-54　　　　　　　　　　　　图6-55　　　　　　　　　　　　图6-56

09 选中02.mp4剪辑，按住Alt键，将其向上复制到V2轨道上，如图6-57所示。

10 在"效果"面板中选中"旋转扭曲"效果,将其添加到V2轨道上的02.mp4剪辑上。在"效果控件"面板中设置"旋转扭曲半径"为50,如图6-58所示。

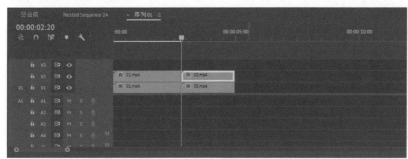

图6-57

图6-58

11 移动播放指示器到02.mp4剪辑的起始位置,设置"角度"为1×100°,并添加关键帧,如图6-59所示。移动播放指示器到00:00:04:00的位置,设置"角度"为0°。动画效果如图6-60所示。

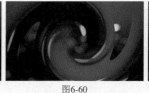

图6-59

图6-60

12 在"项目"面板中选中03.mp4素材文件,将其拖曳到V1轨道上。然后在00:00:08:00的位置裁剪并删除多余的剪辑,如图6-61所示。效果如图6-62所示。

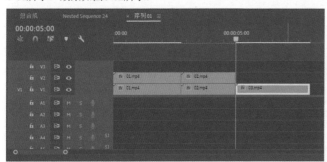

图6-61

图6-62

13 在"效果"面板中选中"湍流置换"效果,将其添加到03.mp4剪辑上。在剪辑的起始位置设置"数量"为177,"大小"为20,并添加关键帧,如图6-63所示。效果如图6-64所示。

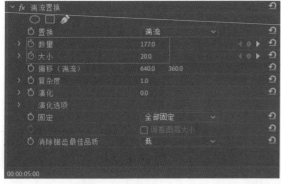

图6-63

图6-64

14 移动播放指示器到00:00:05:22的位置,设置"数量"为0,"大小"为100,如图6-65所示。动画效果如图6-66所示。

图6-65

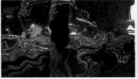
图6-66

15 按Space键预览序列效果,发现画面停顿的时间过长。调整剪辑的位置并添加入点和出点,如图6-67所示。

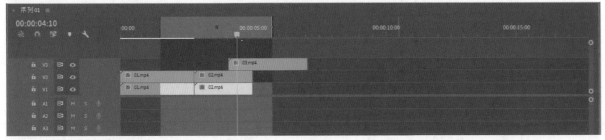
图6-67

> ⓘ 技巧提示
>
> 读者可以不进行这一步操作,保持原有的序列效果。

16 单击"导出帧"按钮 📷 ,导出4帧画面,效果如图6-68所示。

图6-68

☞ 技术回顾----------------------------

　　演示视频:013-扭曲类效果

　　效果: 偏移/放大/旋转扭曲/湍流置换

　　位置: 效果>视频效果>扭曲

01 新建一个项目文件,在"项目"面板中导入学习资源"技术回顾"文件夹中的01.jpg素材文件,如图6-69所示。

02 将01.jpg素材文件拖曳到"时间轴"面板中,生成序列。效果如图6-70所示。

03 在"效果"面板中展开"视频效果"卷展栏,然后展开"扭曲"卷展栏,就可以看到子层级的各种扭曲类效果,如图6-71所示。

图6-69

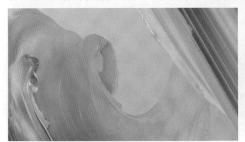
图6-70

图6-71

04 选中"偏移"效果，并将其添加到剪辑上，在"效果控件"面板中调整"将中心移位至"数值，就可以将画面进行平移，如图6-72所示。

05 在"效果"面板中选择"放大"效果，并将其添加到剪辑上，就可以呈现局部放大的效果，如图6-73所示。

图6-72　　　　　　　　　　　　　　　　　　　　　　　　图6-73

06 局部放大的"形状"默认为"圆形"，也可以调整为"正方形"，如图6-74所示。

07 调整"中央"数值就能改变放大区域的位置，如图6-75所示。

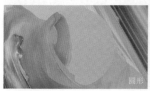

图6-74　　　　　　　　　　　图6-75

08 调整"放大率"数值，可以设置放大区域的放大效果，图6-76所示为放大率不同时画面的对比效果。

09 调整"大小"数值则可以设置放大区域的边界大小，图6-77所示为边界大小不同时画面的对比效果。

图6-76　　　　　　　　　　　图6-77

10 设置"羽化"为85，可以让放大区域的边缘出现羽化效果，如图6-78所示。

11 在"效果"面板中选中"旋转扭曲"效果，并将其添加到剪辑上。在"效果控件"面板中设置"角度"为1×47°，就可以观察到画面中心出现旋转扭曲效果，如图6-79所示。

图6-78　　　　　　　　　　　图6-79

12 调整"旋转扭曲半径"数值，就能让旋转范围产生变化。图6-80所示为旋转扭曲半径不同时画面的对比效果。

13 调整"旋转扭曲中心"数值，就能移动扭曲的位置，如图6-81所示。

14 在"效果"面板中选中"湍流置换"效果，并将其添加到剪辑上，画面就会出现波纹状的效果，如图6-82所示。

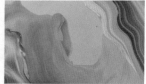

图6-80　　　　　　　　图6-81　　　　　　　　图6-82

15 在"效果控件"面板中展开"置换"卷展栏，可以选择不同的置换方式，如图6-83所示。效果如图6-84所示。

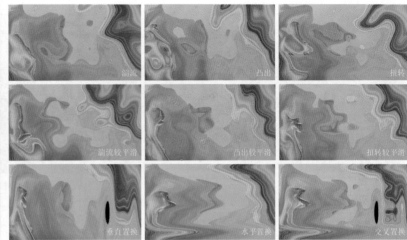

图6-83

图6-84

16 调整"数量"数值，可以改变置换波纹的大小。图6-85所示为数量不同时画面的对比效果。

17 调整"大小"数值，可以更改置换波纹的强度。图6-86所示为大小不同时画面的对比效果。

18 调整"复杂度"数值，会改变波纹的边缘。图6-87所示为复杂度不同时画面的对比效果。

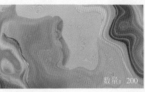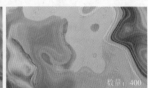

图6-85

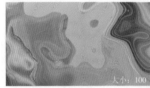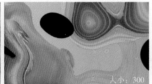

图6-86

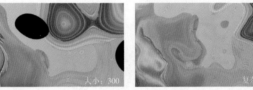

图6-87

19 调整"演化"数值，能形成不同的置换波纹效果。添加关键帧后，就能形成动画效果，如图6-88所示。

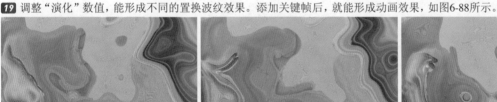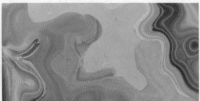

图6-88

实战：制作大头人物效果视频

素材文件	素材文件>CH06>03
实例文件	实例文件>CH06>实战：制作大头人物效果视频.prproj
难易程度	★★★☆☆
学习目标	掌握"放大"效果

本案例通过"放大"效果制作大头人物效果视频。这种效果常用在搞笑类视频中。案例效果如图6-89所示。

图6-89

☞**案例制作**

01 新建一个项目文件,在"项目"面板中导入学习资源"素材文件>CH06>03"文件夹中的素材文件,如图6-90所示。

02 选中01.mp4素材文件并将其拖曳到"时间轴"面板中,生成一个序列,如图6-91所示。

图6-90　　　　　　　　　　　　　　　　　图6-91

03 在"效果"面板中选中"放大",将其拖曳到剪辑上,如图6-92所示。此时画面中会生成一个圆形区域,如图6-93所示。

04 移动播放指示器到00:00:03:18的位置,此时画面中的人物出现惊讶的表情,如图6-94所示。

图6-92　　　　　　　　　图6-93　　　　　　　　　图6-94

05 在"效果控件"面板中设置"中央"为(1227,350),"放大率"为125,并添加关键帧,然后设置"羽化"为20,如图6-95所示。此时人物的头部出现放大的效果,如图6-96所示。

06 移动播放指示器到00:00:05:22的位置,添加相同的"中央"和"放大率"关键帧,使人物保持大头效果,如图6-97所示。

图6-95　　　　　　　　　图6-96　　　　　　　　　图6-97

07 在00:00:03:15和00:00:06:00的位置,设置"放大率"为100,这样人物就不会出现大头效果,如图6-98所示。

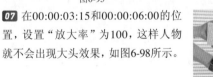

图6-98

08 按Space键播放,发现视频剪辑的速度较慢。设置视频剪辑的"速度"为300%,如图6-99所示。

图6-99

ⓘ **技巧提示**

读者可以在大头效果出现的时候添加一个搞笑类音频,以增强视频的趣味性。

09 单击"导出帧"按钮 📷，导出4帧画面，效果如图6-100所示。

图6-100

实战： 制作动作残影效果视频

素材文件	素材文件>CH06>04
实例文件	实例文件>CH06>实战：制作动作残影效果视频.prproj
难易程度	★★☆☆☆
学习目标	掌握"残影"效果

本案例通过"残影"效果制作人物动作的残影。案例效果如图6-101所示。

图6-101

☞案例制作--

01 新建一个项目文件，在"项目"面板中导入学习资源"素材文件>CH06>04"文件夹中的素材文件，如图6-102所示。

02 选中01.mov素材文件，并将其拖曳到"时间轴"面板中，自动生成一个序列，如图6-103所示。

图6-102

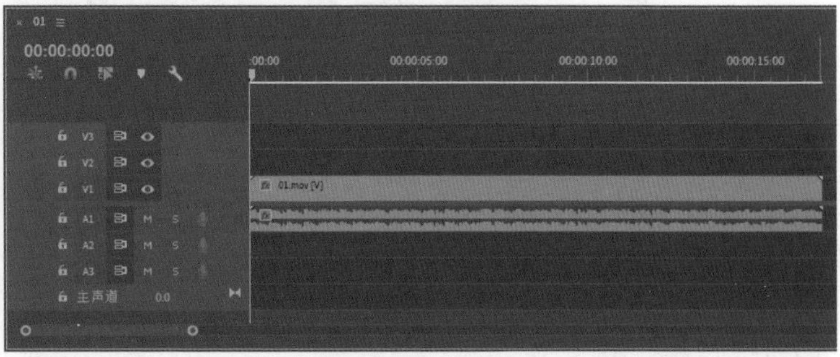

图6-103

03 解除视频和音频的链接，然后将视频剪辑向上复制到V2轨道上，如图6-104所示。

04 在"效果"面板中选中"残影"效果，并将其添加到V2轨道的剪辑上，如图6-105所示。

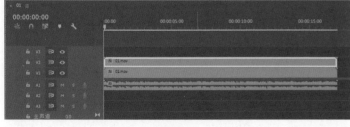

图6-104

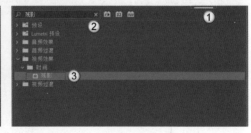

图6-105

05 在"效果"面板中设置"不透明度"为30%，"残影时间（秒）"为-0.05，"残影数量"为3，"残影运算符"为从后至前组合，如图6-106所示。

06 移动播放指示器，就可以在画面中观察到残影效果，如图6-107所示。

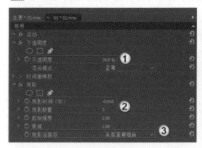

图6-106　　　　　　　　　　　　　图6-107

> **① 技巧提示**
>
> 当"残影时间（秒）"是负值时，重复之前的动作；当"残影时间（秒）"是正值时，重复之后的动作。

07 单击"导出帧"按钮 📷，导出4帧画面，效果如图6-108所示。

图6-108

> **❓ 疑难问答：不用"残影"效果能否制作动作残影？**
>
> 除案例中的方法外，还可以使用另一种方法制作动作残影。
>
> **第1步：** 将视频剪辑向上复制两层，如图6-109所示。
>
>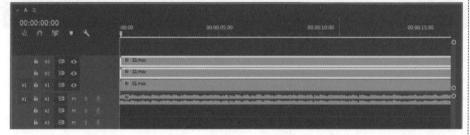
>
> 图6-109
>
> **第2步：** 将V2轨道上的剪辑向后移动3帧，将V3轨道上的剪辑向后移动6帧，如图6-110所示。如果想残影拖延的时间变长，就将帧的间隔拉大。
>
> **第3步：** 将V2轨道上剪辑的"不透明度"设置为40%，将V3轨道上剪辑的"不透明度"设置为30%，"混合模式"为"柔光"，如图6-111所示。
>
> 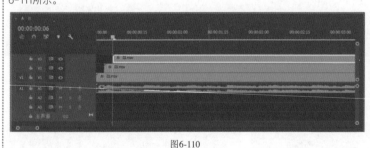　　　　　
>
> 图6-110　　　　　　　　　　　　图6-111

👉技术回顾

演示视频： 014-时间类效果

效果： 残影/色调分离时间

位置： 效果>视频效果>时间

01 新建一个项目文件，在"项目"面板中导入学习资源"技术回顾"文件夹中的素材文件，如图6-112所示。

02 将02.mp4素材文件拖曳到"时间轴"面板中，生成序列，效果如图6-113所示。

03 在"效果"面板中展开"视频效果"卷展栏，然后展开"时间"卷展栏，就可以看到子层级的两种时间类效果，如图6-114所示。

图6-112　　　　　　　　　　图6-113　　　　　　　　　　图6-114

04 选中"残影"效果，并将其添加到剪辑上。在"效果控件"面板中设置"残影时间（秒）"为0.1，就可以在画面中观察到残影，如图6-115所示。

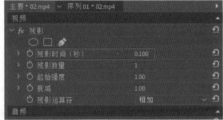

图6-115

05 当设置"残影时间（秒）"为-0.1时，也会在画面上观察到残影，如图6-116所示。

图6-116

06 设置"残影数量"为2时，会观察到画面中的残影数量增加，如图6-117所示。观察画面会发现残影会让画面变得特别亮。

07 展开"残影运算符"的下拉列表，可以选择不同的残影叠加效果，如图6-118所示。效果如图6-119所示。

图6-117　　　　　　　　　　　　　　　　　　图6-118

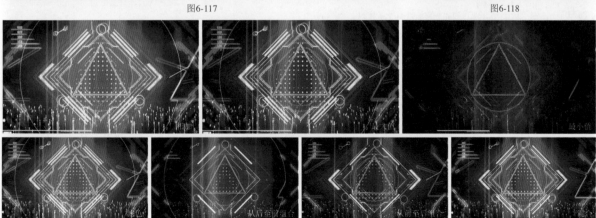

图6-119

08 在"效果"面板中选中"色调分离时间"效果,将其添加到剪辑上。在"效果控件"面板中只有"帧速率"一个参数,如图6-120所示。

> **ℹ 技巧提示**
>
> "色调分离时间"效果在旧版本中叫作"抽帧时间",可以使画面在播放时产生抽帧现象。在"效果控件"面板中设置"帧速率"可以控制每秒显示的静态格数。

图6-120

实战:制作朦胧画面效果视频

素材文件	素材文件>CH06>05
实例文件	实例文件>CH06>实战:制作朦胧画面效果视频.prproj
难易程度	★★★☆☆
学习目标	掌握"高斯模糊"效果

本案例通过"高斯模糊"效果配合蒙版制作朦胧画面效果视频。效果如图6-121所示。

图6-121

✍ 案例制作--

01 双击"项目"面板,在弹出的"导入"对话框中选择学习资源"素材文件>CH06>05"文件夹中的素材文件,单击"打开"按钮,如图6-122所示。

02 将01.mo4素材文件拖曳到"时间轴"面板中,生成一个序列,如图6-123所示。

03 选中01.mo4剪辑,设置"速度"为500%,如图6-124所示。

图6-122 图6-123 图6-124

04 按住Alt键,将01.mo4剪辑向上复制到V2轨道上,如图6-125所示。

05 在"效果"面板中选中"高斯模糊",将其拖曳到V2轨道的剪辑上,如图6-126所示。

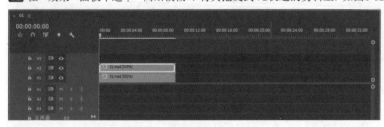

图6-125 图6-126

06 在"效果控件"面板中设置"混合模式"为"滤色","模糊度"为30,勾选"重复边缘像素",如图6-127所示。效果如图6-128所示。

07 单击"高斯模糊"中的"创建4点多边形蒙版"按钮█,画面中会生成一个矩形蒙版,如图6-129所示。蒙版中的部分显示模糊后的效果,蒙版外的部分显示原有的视频效果。

图6-127

图6-128

图6-129

08 调整蒙版中锚点的位置，使其铺满画面的左边一半，如图6-130所示。

09 移动播放指示器到00:00:02:00的位置，将蒙版向左移出画面，并添加"蒙版路径"关键帧，如图6-131所示。效果如图6-132所示。

图6-130

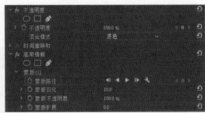

图6-131

10 移动播放指示器到00:00:06:00的位置，将蒙版整个覆盖在画面上，并添加关键帧，效果如图6-133所示。

图6-132

图6-133

11 单击"导出帧"按钮 ，导出4帧画面，效果如图6-134所示。

图6-134

技术回顾

演示视频：015-模糊与锐化类效果

效果：方向模糊/相机模糊/通道模糊/高斯模糊

位置：效果>视频效果>模糊与锐化

01 新建一个项目文件，在"项目"面板中导入学习资源"技术回顾"文件夹中的素材文件，如图6-135所示。

02 将02.mp4素材文件选中并拖曳到"时间轴"面板中，生成序列，效果如图6-136所示。

03 在"效果"面板中展开"视频效果"卷展栏，然后展开"模糊与锐化"卷展栏，就可以看到子层级的各种模糊与锐化类效果，如图6-137所示。

图6-135

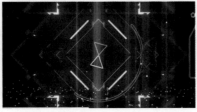

图6-136

图6-137

04 选中"方向模糊"效果，并将其添加到剪辑上，此时"效果控件"面板中会出现相应的参数，如图6-138所示。

05 调整"模糊长度"数值，画面上就会出现模糊效果。不同模糊长度的画面对比效果如图6-139所示。

 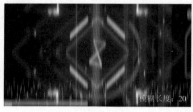 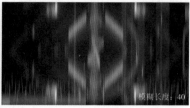

图6-138 图6-139

06 调整"方向"数值，就会在画面上观察到模糊的方向产生了相应的变化。不同方向的画面对比效果如图6-140所示。

07 选中"相机模糊"效果，并将其添加到剪辑上，画面会立刻变得模糊，如图6-141所示。

图6-140 图6-141

08 "效果控件"面板中"相机模糊"只有"百分比模糊"一个参数，如图6-142所示。该数值越小，画面会越清晰。不同百分比模糊的画面对比效果如图6-143所示。

 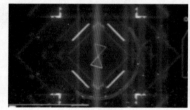 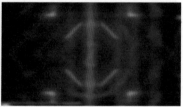

图6-142 图6-143

◎ **技术专题：快速模糊入点**

"相机模糊"可以用来制作对焦的模糊动态效果。"预设"中还提供了一种建立了关键帧的模糊效果"快速模糊入点"，如图6-144所示。该效果可以模拟对焦模糊的动态效果。

添加该效果后，画面会由模糊转变为清晰，类似对焦的动画效果，如图6-145所示。该效果不仅可以模拟对焦画效果，还可以作为转场效果使用。

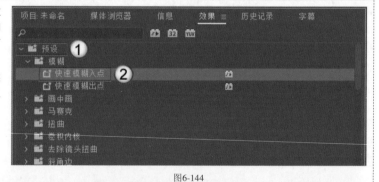

图6-144

图6-145

---

09 选中"通道模糊"效果，并将其添加到剪辑上，"效果控件"面板中会显示需要模糊的颜色通道等相关参数，如图6-146所示。

10 调整"红色模糊度"数值，会观察到画面中红色的部分出现模糊效果，而其他颜色则保持原有清晰度，如图6-147所示。

图6-146 图6-147

11 调整"绿色模糊度"数值，会观察到画面中绿色的部分出现模糊效果，而其他颜色则保持原有清晰度，如图6-148所示。

12 调整"蓝色模糊度"数值，会观察到画面中蓝色的部分出现模糊效果，而其他颜色则保持原有清晰度，如图6-149所示。

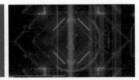

图6-148 图6-149

13 选中"高斯模糊"效果，并将其添加到剪辑上，"效果控件"面板中会显示其相关参数，如图6-150所示。

14 调整"模糊度"数值，就可以让画面产生模糊效果，如图6-151所示。

15 "模糊度"数值增大后，画面边缘会出现黑边。勾选"重复边缘像素"选项就能解决这一问题，如图6-152所示。

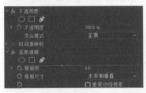
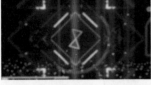

图6-150 图6-151 图6-152

实战：制作唯美色调效果视频

素材文件	素材文件>CH06>06
实例文件	实例文件>CH06>实战：制作唯美色调效果视频.prproj
难易程度	★★★☆☆
学习目标	掌握"四色渐变"和"镜头光晕"效果

扫码观看视频

本案例通过生成类效果中的"四色渐变"效果和"镜头光晕"效果为风景视频制作唯美色调。效果如图6-153所示。

图6-153

☞案例制作

01 新建一个项目文件，在"项目"面板中导入学习资源"素材文件>CH06>06"文件夹中的素材，如图6-154所示。

02 双击素材文件，在"源"监视器中预览素材。在素材起始位置添加入点，在00:00:03:15的位置添加出点，如图6-155所示。

图6-154 图6-155

03 新建一个AVCHD 1080p25序列，按,键将入点和出点间的素材文件插入序列的V1轨道上，如图6-156所示。效果如图6-157所示。

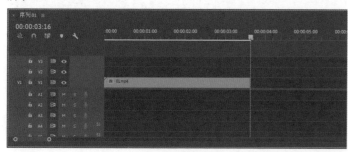

图6-156　　　　　　　　　　　　　　　　　　　　　图6-157

04 在"效果"面板中选中"四色渐变"效果，将其拖曳到剪辑上，如图6-158所示。效果如图6-159所示。

05 在"效果控件"面板中设置"颜色1"为黄色，"颜色2"为青色，"颜色3"为红色，"颜色4"为蓝色，如图6-160所示。效果如图6-161所示。

图6-158　　　　　　　　　　　　　图6-159

> **① 技巧提示**
> 　　渐变的颜色仅为参考，读者可自行发挥。

图6-160　　　　　　　　　　　　　图6-161

06 在"效果控件"面板中设置"不透明度"为70%，"混合模式"为"柔光"，如图6-162所示。效果如图6-163所示。

图6-162　　　　　　　　　　　　　图6-163

07 在"效果"面板中选中"镜头光晕"效果，并将其拖曳到剪辑上，如图6-164所示。效果如图6-165所示。

08 在"效果控件"面板中设置"光晕中心"为（1879,59），"光晕亮度"为150%，如图6-166所示。效果如图6-167所示。

图6-164　　　　　　　图6-165　　　　　　　图6-166　　　　　　　图6-167

09 从剪辑中随意导出4帧画面，效果如图6-168所示。

图6-168

技术回顾

演示视频：016-生成类效果

效果：四色渐变/镜头光晕

位置：效果>视频效果>生成

01 新建一个项目文件，在"项目"面板中导入学习资源"技术回顾"文件夹中的01.jpg素材文件，如图6-169所示。

图6-169

02 选中01.jpg素材文件，将其拖曳到"时间轴"面板中，生成序列。效果如图6-170所示。

03 在"效果"面板中展开"视频效果"卷展栏，然后展开"生成"卷展栏，就可以看到子层级的各种生成类效果，如图6-171所示。

图6-170　　　　　　　　　　　图6-171

04 选中"四色渐变"效果，并将其添加到剪辑上，画面中会出现4种颜色，如图6-172所示。

05 在"效果控件"面板中可以看到这4种颜色对应的位置和色标，如图6-173所示。

图6-172　　　　　　　　　　　图6-173

06 调整"点1""点2""点3"和"点4"的位置，就能改变画面中色块的位置，如图6-174所示。

07 单击色块，就可以在弹出的"拾色器"对话框中设置对应点的颜色，如图6-175所示。

图6-174　　　　　　　　　　　图6-175

> ① **技巧提示**
>
> 单击色块旁的"吸管"按钮，能快速在画面中拾取想要的颜色。

08 调整"混合"数值可以让4种颜色进行混合，如图6-176所示。

09 在"混合模式"下拉列表中可以选择渐变色与原有剪辑的混合方式，如图6-177所示。常用的混合模式有"滤色""叠加"和"柔光"，效果如图6-178所示。

图6-176　　　　　　　　　　　　　　图6-177

图6-178

10 选中"镜头光晕"效果，将其添加到剪辑上，就可以在画面中看到光晕，如图6-179所示。

11 调整"光晕中心"数值就能移动光晕点的位置，如图6-180所示。

图6-179　　　　　　　　　　　　　　图6-180

12 调整"光晕亮度"数值可以改变光晕的亮度，如图6-181所示。

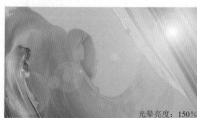

图6-181

> **技巧提示**
>
> "镜头光晕"效果与Photoshop中的"镜头光晕"滤镜的用法相似。

13 展开"镜头类型"下拉列表，系统提供了3种镜头类型，如图6-182所示。每种类型的光晕效果不同，效果如图6-183所示。

图6-182　　　　　　　　　　　　　　图6-183

实战: 制作动态海报视频

素材文件	素材文件>CH06>07
实例文件	实例文件>CH06>实战: 制作动态海报视频.prproj
难易程度	★★★☆☆
学习目标	掌握过渡类效果

本案例通过过渡类效果制作一个动态海报。视频效果如图6-184所示。

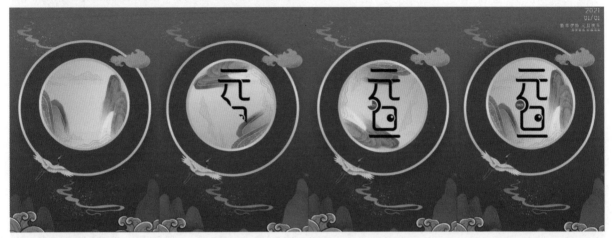

图6-184

👉 案例制作-----

01 新建一个项目文件,在"项目"面板中导入学习资源"素材文件>CH06>07"文件夹中的素材,如图6-185所示。

02 选中01.jpg素材文件,将其拖曳到V1轨道上,生成一个序列,如图6-186所示。效果如图6-187所示。

图6-185

图6-186

图6-187

03 将01.jpg素材转换为"嵌套序列01",在"嵌套序列01"中添加04.png和两个08.png素材文件,注意将其拖曳到不同的轨道上,如图6-188所示。效果如图6-189所示。

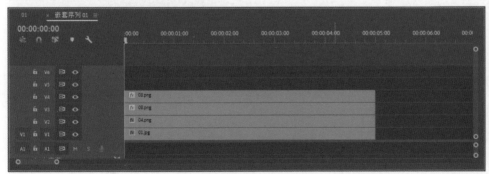

图6-188

图6-189

> ⚠ **技巧提示**
>
> 读者可以将所有的素材都拖曳到轨道上,再按照动画效果进行嵌套。

04 选中12.png素材，将其拖曳到V2轨道上，并转换为"嵌套序列02"，如图6-190所示。

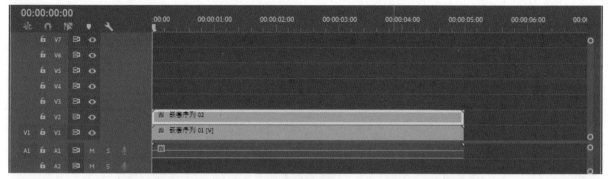

图6-190

05 在"嵌套序列02"中添加10.png素材，将其拖曳到V3轨道上，如图6-191所示。效果如图6-192所示。

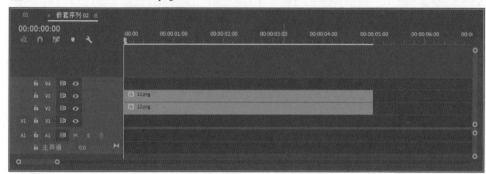

图6-191

图6-192

06 选中02.png素材文件，将其拖曳到V3轨道上并转换为"嵌套序列03"，如图6-193所示。

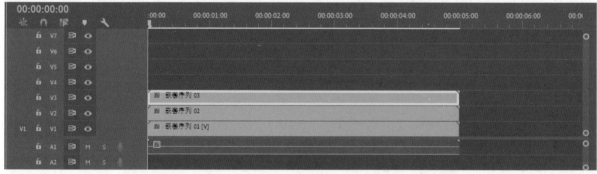

图6-193

07 双击进入"嵌套序列03"，添加图6-194所示的素材文件，效果如图6-195所示。

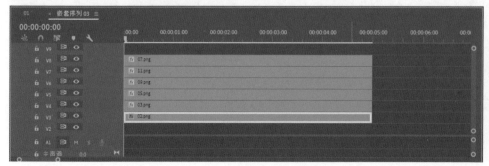

图6-194

图6-195

08 选中06.png素材文件，将其拖曳到V4轨道上，效果如图6-196所示。

09 双击进入"嵌套序列01"，在"效果"面板中选中"块溶解"效果，并将其添加到04.png剪辑上，如图6-197所示。

10 打开"过渡完成"的关键帧，在第0秒、第2秒和第4秒处分别设置"过渡完成"为50%，如图6-198所示。效果如图6-199所示。

 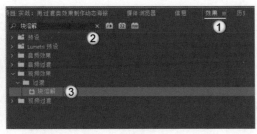  

图6-196　　　　　　　　　　图6-197　　　　　　　　　　图6-198　　　　　　图6-199

11 在第1秒、第3秒和第5秒的位置分别设置"过渡完成"为0%，如图6-200所示。效果如图6-201所示。

12 在V3轨道的08.png剪辑上添加"块溶解"效果，然后在第0秒、第2秒和第4秒分别设置"过渡完成"为0%，如图6-202所示。效果如图6-203所示。

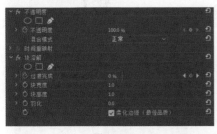   

图6-200　　　　　　　　　　图6-201　　　　　　　　　　图6-202　　　　　　　图6-203

13 在第1秒、第3秒和第5秒的位置分别设置"过渡完成"为50%，如图6-204所示。效果如图6-205所示。

14 按照步骤12和步骤13的方法，为V4轨道上的08.png剪辑添加"块溶解"效果的关键帧，效果如图6-206所示。

图6-204　　　　　　　　　　图6-205　　　　　　　　　　图6-206

❓ 疑难问答：能否快速添加相同的效果？

　　V4轨道上的剪辑效果关键帧与V3轨道上的剪辑操作完全相同，这里不需要再去逐一添加关键帧。选中V3轨道上的剪辑，按快捷键Ctrl+C复制，然后选中V4轨道上的剪辑，单击鼠标右键，在弹出的菜单中选择"粘贴属性"选项，如图6-207所示。

　　此时会弹出"粘贴属性"对话框，只需要勾选"效果"选项如图6-208所示，单击"确定"按钮 ▣ 确定 ，就可以将"块溶解"的关键帧复制到V4轨道的剪辑上，得到相同的效果。

图6-207　　　　　　　　　　　　　　　　　图6-208

15 返回01序列，选中"嵌套序列02"，然后添加"位置"关键帧，在第0秒、第2秒和第4秒的位置设置"位置"为（1181,1771.5），如图6-209所示。效果如图6-210所示。

16 在第1秒、第3秒和第5秒的位置设置"位置"为（1181,1909.5），如图6-211所示。效果如图6-212所示。

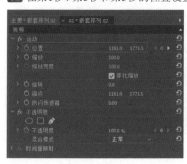

图6-209　　　　　　　　　　图6-210　　　　　　　　　　图6-211　　　　　　　　　　图6-212

> **技巧提示**
>
> 读者可以为6个关键帧设置不同的数值，让动画产生更多的变化。

17 双击进入"嵌套序列03"，选中02.png剪辑，在剪辑的起始位置添加"旋转"关键帧，并在剪辑末尾设置"旋转"为3×0°，如图6-213所示。效果如图6-214所示。

图6-213　　　　　　　　图6-214

18 选中03.png剪辑，在剪辑的起始位置添加"旋转"关键帧，在剪辑末尾设置"旋转"为-2×0°，如图6-216所示。效果如图6-217所示。

19 选中05.png剪辑，在剪辑的起始位置添加"位置"关键帧，然后在第1秒、第2秒、第3秒、第4秒和第5秒的位置调整"位置"参数，形成素材抖动效果，如图6-218所示。

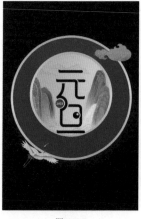

图6-217　　　　　　　图6-218

> **疑难问答：　素材在旋转时出现较大晃动怎么办？**
>
> 在制作上一步的旋转动画时，会发现圆形素材在旋转时产生很大的晃动。出现这种情况是因为素材的锚点不在素材的中心位置，如图6-215所示。只需要在"效果控件"面板中调整"锚点"数值，或是在"节目"监视器中移动锚点的位置，就可以重新设置素材的中心。在制作上一步的动画时，素材出现轻微的晃动会更加生动。
>
>
>
>
> 图6-215

图6-216

> **技巧提示**
>
> 如果素材的抖动过大，可以在"效果控件"面板中选中所有的关键帧，然后单击鼠标右键，在弹出的菜单中选择"空间插值>线性"选项，如图6-219所示。
>
>
>
> 图6-219

20 按照步骤19的方法，为07.png剪辑添加抖动效果，如图6-220所示。

21 在"效果"面板中选中"线性擦除"效果，将其添加到09.png剪辑上，如图6-221所示。

图6-220　　　　　　　　　　图6-221

22 在剪辑起始位置设置"过渡完成"为100%，并添加关键帧，如图6-222所示。效果如图6-223所示。

23 移动播放指示器到00:00:01:00的位置，设置"过渡完成"为0%，如图6-224所示。效果如图6-225所示。

图6-222　　　　　图6-223　　　　　图6-224　　　　　图6-225

24 在"效果"面板中选中"径向擦除"效果，将其添加到11.png剪辑上，如图6-226所示。

25 移动播放指示器到00:00:01:00的位置，设置"过渡完成"为100%，并添加关键帧，然后设置"擦除"为"逆时针"，如图6-227所示。效果如图6-228所示。

图6-226　　　　　图6-227　　　　　图6-228

26 移动播放指示器到00:00:02:00的位置，设置"过渡完成"为0%，如图6-229所示。效果如图6-230所示。

27 返回01序列，在"效果"面板中选中"百叶窗"效果，将其添加到06.png剪辑上，如图6-231所示。

图6-229　　　　　图6-230　　　　　图6-231

28 将播放指示器移动到00:00:02:00的位置，设置"过渡完成"为100%，并添加关键帧，设置"方向"为90°，如图6-232所示。效果如图6-233所示。

29 移动播放指示器到00:00:03:00的位置，设置"过渡完成"为0%，如图6-234所示。效果如图6-235所示。

图6-232

图6-233

图6-234

图6-235

30 从剪辑中随意导出4帧画面，效果如图6-236所示。

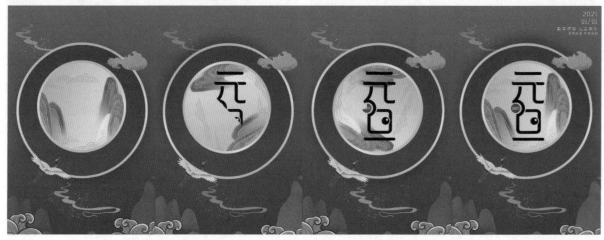
图6-236

☞ 技术回顾 ---

演示视频：017-过渡类效果

效果：块溶解/径向擦除/百叶窗/线性擦除

位置：效果>视频效果>过渡

01 新建一个项目文件，在"项目"面板中导入学习资源"技术回顾"文件夹中的素材文件，如图6-237所示。

02 将02.mp4和03.mov素材文件选中并拖曳到"时间轴"面板中，生成序列，效果如图6-238所示。

03 在"效果"面板中展开"视频效果"卷展栏，然后展开"过渡"卷展栏，就可以看到子层级的各种过渡类效果，如图6-239所示。

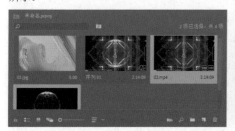
图6-237

图6-238

图6-239

04 选中"块溶解"效果，并将其添加到03.mov剪辑上，"效果控件"面板中会出现相关参数，如图6-240所示。

05 调整"过渡完成"数值时，会观察到画面中的球体出现溶解消失的效果，如图6-241所示。

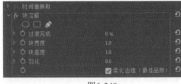

图6-240

图6-241

06 调整"块宽度"和"块高度"数值，可以控制画面中溶解块的大小，如图6-242所示。

07 调整"羽化"数值，就能让溶解块的边缘出现羽化效果，如图6-243所示。

图6-242

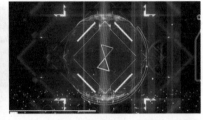

图6-243

> **技巧提示**
>
> 当"块宽度"和"块高度"数值很小时，调整"羽化"数值会让溶解块显得模糊。

08 在"效果"面板中选择"径向擦除"效果，将其添加到03.mov剪辑上，"效果控件"面板中会显示其参数，如图6-244所示。

09 调整"过渡完成"数值，就会观察到素材会沿着钟表旋转的方向逐渐消失，如图6-245所示。

图6-244

图6-245

10 调整"起始角度"数值会改变旋转的起始位置，如图6-246所示。

11 展开"擦除"下拉列表，可以调整旋转的方向，如图6-247所示。效果如图6-248所示。

图6-246

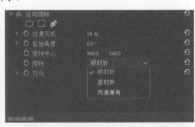

图6-247

图6-248

12 选中"百叶窗"效果，并将其添加到03.mov剪辑上，"效果控件"面板中会显示其参数，如图6-249所示。

13 调整"过渡完成"数值，会看到剪辑画面呈现百叶窗式消失效果，如图6-250所示。

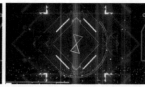

图6-249   图6-250

14 调整"方向"数值，就能让百叶窗的消失方向产生变化，如图6-251所示。

15 调整"宽度"数值，就能让百叶窗叶片的宽度改变，如图6-252所示。

图6-251   图6-252

16 选中"线性擦除"效果，并将其添加到03.mov剪辑上，"效果控件"面板中会显示相应参数，如图6-253所示。

17 调整"过渡完成"数值，画面中的素材会按照从左到右的顺序消失，效果如图6-254所示。

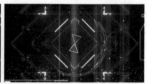

图6-253   图6-254

18 调整"擦除角度"数值，可以让擦除的方向发生改变，如图6-255所示。

图6-255

实战：制作素描效果视频

素材文件	素材文件>CH06>08
实例文件	实例文件>CH06>实战：制作素描效果视频.prproj
难易程度	★★★☆☆
学习目标	掌握"查找边缘"效果

"查找边缘"效果可以让视频素材瞬间变成彩色线条效果，配合"黑白"效果就可以让彩色线条转换为黑白线条的素描效果。本案例通过"查找边缘""黑白""色彩"效果制作素描效果视频。效果如图6-256所示。

图6-256

☞案例制作--

01 新建一个项目文件，在"项目"面板中导入学习资源"素材文件>CH06>08"文件夹中的素材，如图6-257所示。

02 选中011.mp4素材文件，将其拖曳到轨道上，生成序列，效果如图6-258所示

03 在"效果"面板中选中"查找边缘"效果，将其添加到剪辑上，如图6-259所示。可以看到画面立刻转换为线条效果，如图6-260所示。

图6-257　　　　　　　　图6-258　　　　　　　　图6-259　　　　　　　　图6-260

04 仔细观察转换后的画面可以发现，还存在其他颜色的线条。在"效果"面板中选中"黑白"效果，将其添加到剪辑上，如图6-261所示。此时画面中的线条全部为黑色，如图6-262所示。

05 在"查找边缘"效果中单击"创建4点多边形蒙版"按钮█，在剪辑的起始位置调整蒙版的形状并添加"蒙版路径"关键帧，如图6-263所示。

06 移动播放指示器到00:00:01:00的位置，添加"蒙版路径"关键帧，使蒙版区域不变，如图6-264所示。

图6-261　　　　　　　　图6-262　　　　　　　　图6-263　　　　　　　　图6-264

07 移动播放指示器到00:00:02:03的位置，调整蒙版的形状，如图6-265所示。

08 移动播放指示器到00:00:02:00的位置，添加"蒙版路径"关键帧，保持蒙版区域不变，如图6-266所示。

09 移动播放指示器到00:00:02:03的位置，调整蒙版的形状，如图6-267所示。

10 移动播放指示器到00:00:03:00的位置，添加"蒙版路径"关键帧，保持蒙版区域不变，如图6-268所示。

图6-265　　　　　　　　图6-266　　　　　　　　图6-267　　　　　　　　图6-268

11 移动播放指示器到00:00:03:03的位置，调整蒙版形状，如图6-269所示。

12 移动播放指示器到00:00:00:03的位置，添加"蒙版路径"关键帧，保持蒙版区域不变，如图6-270所示。

13 移动播放指示器到剪辑的起始位置，调整剪辑区域，使其不在画面中显示，如图6-271所示。

图6-269　　　　　　　　图6-270　　　　　　　　图6-271

> **！ 技巧提示**
> 蒙版区域超过画面不会有影响。

14 按照步骤5~步骤13的方法制作"黑白"效果的蒙版路径，效果如图6-272所示。

15 在"效果"面板中选中"色彩"效果，将其添加到剪辑上，如图6-273所示。

图6-272　　　　　　　　　　　　　　　　　　图6-273

16 在"效果控件"面板中设置"将黑色映射到"为深蓝色，"将白色映射到"为土黄色，如图6-274所示。效果如图6-275所示。

17 移动播放指示器到00:00:03:05的位置，设置"着色量"为0%，并添加关键帧，如图6-276所示。效果如图6-277所示。

图6-274　　　　　　图6-275　　　　　　图6-276　　　　　　图6-277

> **① 技巧提示**
> 读者可根据自己的喜好设置颜色，图中的颜色仅为参考。

18 移动播放指示器到00:00:03:05的位置，设置"着色量"为100%，如图6-278所示。效果如图6-279所示。

图6-278　　　　　　　　　　　　　　　　图6-279

19 从剪辑中随意导出4帧画面，效果如图6-280所示。

图6-280

☞技术回顾

演示视频：018-风格化类效果

效果：Alpha发光/复制/查找边缘/马赛克

位置：效果>视频效果>风格化

01 新建一个项目文件，在"项目"面板中导入学习资源"技术回顾"文件夹中的素材文件，如图6-281所示。

02 将02.mp4和03.mov素材文件拖曳到"时间轴"面板中生成序列，效果如图6-282所示。

03 在"效果"面板中展开"视频效果"卷展栏，然后展开"风格化"卷展栏，就可以看到子层级的各种风格化类效果，如图6-283所示。

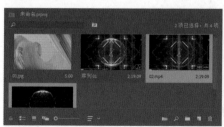   

图6-281　　　　　　　　图6-282　　　　　　　　图6-283

04 选中"Alpha发光"效果，将其拖曳到03.mov剪辑上，"效果控件"面板中会显示相应参数，且画面中的素材会出现发光效果，如图6-284和图6-285所示。

05 调整"发光"数值，可以改变素材发光的亮度，如图6-286所示。

图6-284 　　　　　　　　　　图6-285 　　　　　　　　　　图6-286

06 调整"起始颜色"色块，可以控制画面中发光的颜色，如图6-287所示。

07 勾选"使用结束颜色"选项后，才能在画面中显示"结束颜色"色块的颜色，如图6-288所示。

图6-287 　　　　　　　　　　　　　　　　图6-288

> **技巧提示**
> 默认情况下，"结束颜色"处于未选中状态。

08 选中"复制"效果，将其添加到03.mov剪辑上，"效果控件"面板中显示唯一的参数，如图6-289所示。画面中的素材会显示为多个，如图6-290所示。

09 调整"计数"数值，会让画面中的素材数量产生变化，如图6-291所示。

  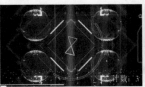 

图6-289 　　　　　　　　　　图6-290 　　　　　　　　　　图6-291

10 选中"查找边缘"效果，将其添加到02.mp4剪辑上，效果如图6-292所示。

11 在"效果控件"面板中勾选"反转"选项，画面会出现相反的颜色效果，如图6-293所示。

12 调整"与原始图像混合"数值，可以让"查找边缘"的效果与原图进行混合，效果如图6-294所示。

 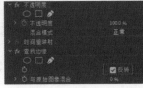  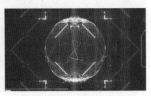

图6-292 　　　　　　　　　　图6-293 　　　　　　　　　　图6-294

13 选中"马赛克"效果，将其添加到02.mp4剪辑上，效果如图6-295所示。

14 在"效果控件"面板中调整"水平块"和"垂直块"数值，可以控制画面中马赛克方块的大小，如图6-296所示。

15 如果只需要部分画面产生马赛克效果，就需要用蒙版工具在画面中绘制蒙版，如图6-297所示。蒙版中的区域会显示为马赛克效果，蒙版以外的区域仍保持原状。

 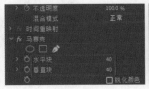  

图6-295 　　　　　　　　　　图6-296 　　　　　　　　　　图6-297

> **技巧提示**
> 为蒙版添加关键帧，就可以制作出运动的马赛克效果，方便为一些动态视频添加局部马赛克。

♛重点

实战: 制作希区柯克变焦效果风景视频

素材文件	素材文件>CH06>09
实例文件	实例文件>CH06>实战: 制作希区柯克变焦效果风景视频.prproj
难易程度	★★★★☆
学习目标	掌握 "希区柯克变焦" 效果

扫码观看视频

"希区柯克变焦"效果是将远处的对象向远处拉伸,近处的对象逐渐拉近,形成一种特殊的变焦效果。本案例在制作"希区柯克变焦"效果时,没有用到"效果"面板中的"视频效果",而是运用关键帧进行制作,效果如图6-298所示。

图6-298

☞案例制作

01 新建一个项目文件,在"项目"面板中导入学习资源"素材文件>CH06>09"文件夹中的素材,如图6-299所示。

02 选中01.mp4素材文件,将其拖曳到轨道上,生成序列,效果如图6-300所示。

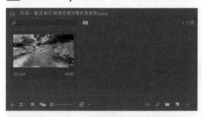
图6-299

图6-300

> ❶ 技巧提示
>
> 在制作"希区柯克变焦"效果时,素材一定要选择向前运动的镜头效果。旋转镜头或是平移镜头则不能使用该效果。

03 移动播放指示器到00:00:09:00和00:00:15:00的位置,使用"剃刀工具" ◈裁剪剪辑,如图6-301所示。

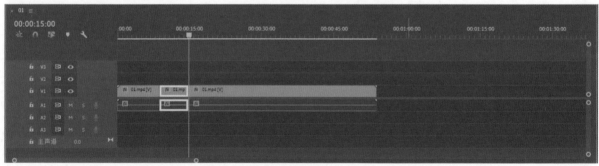
图6-301

04 保留中间的剪辑,删掉其他剪辑,如图6-302所示。画面效果如图6-303所示。选取这一段剪辑是因为画面中有石头作为近景,可以更好地表现变焦效果。

图6-302

图6-303

> ❶ 技巧提示
>
> 读者可以在"源"监视器中为需要选区的素材片段添加入点和出点,然后按,键将其插入视频轨道上。

05 在"节目"监视器中单击鼠标右键，在弹出的菜单中选择"安全边距"选项，画面中会出现白色的线框，如图6-304所示。

06 移动播放指示器到00:00:02:06的位置，此时右侧石头的边缘与外圈的白色线框齐平，如图6-305所示。

图6-304

图6-305

07 用"剃刀工具" ◇在时间指示器的位置进行单击，将剪辑拆分为两段，并删掉后半段剪辑，如图6-306所示。

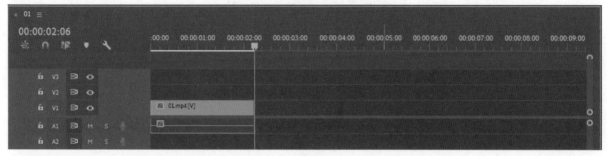

图6-306

08 保持播放指示器的位置不变，在"效果控件"面板中添加"位置"和"缩放"关键帧，如图6-307所示。

09 将播放指示器移动到剪辑的起始位置，设置"位置"为（1024,572），"缩放"为135，如图6-308所示。效果如图6-309所示。此时画面与00:00:02:06的画面基本一致。

图6-307

图6-308

图6-309

10 从剪辑中随意导出4帧画面，效果如图6-310所示。

图6-310

👑 重点

实战：制作拍照对焦效果人物视频

素材文件	素材文件>CH06>10
实例文件	实例文件>CH06>实战：制作拍照对焦效果人物视频.prproj
难易程度	★★★★☆
学习目标	掌握拍照对焦效果

扫码观看视频

本案例要制作一个拍照对焦效果人物视频，截取视频中的一帧作为照片。在案例制作过程中，需要用到高斯模糊和亮度对比度，并添加关键帧。案例效果如图6-311所示。

图6-311

案例制作

01 新建一个项目文件，在"项目"面板中导入学习资源"素材文件>CH06>10"文件夹中的素材，如图6-312所示。

02 选中01.mp4素材文件，将其拖曳到V1轨道上，生成序列，如图6-313所示。效果如图6-314所示。

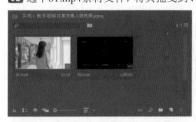

图6-312

图6-313

图6-314

03 移动播放指示器到00:00:05:00的位置，此时女生正好转身微笑，如图6-315所示。用"剃刀工具" ◆ 在剪辑上进行剪切，如图6-316所示。

04 选中后半部分剪辑，按住Alt键向上复制一层，如图6-317所示。

图6-315

图6-316

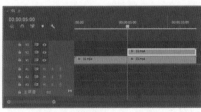

图6-317

05 移动播放指示器到00:00:05:05的位置，单击鼠标右键，在弹出的菜单中选择"添加帧定格"选项，如图6-318所示。

06 选中帧定格前的剪辑，按Delete键将其删除，如图6-319所示。

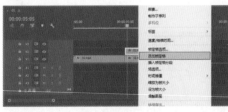

图6-318

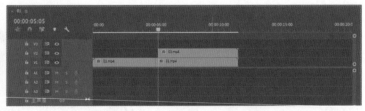

图6-319

07 单击"新建项"按钮 ■，在弹出的菜单中选择"调整图层"选项，在"项目"面板中新建一个调整图层，如图6-320所示。

08 将"调整图层"拖曳到V3轨道上并延长，使其末尾到00:00:05:05的位置，如图6-321所示。

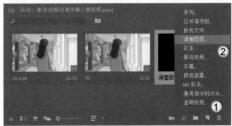

图6-320

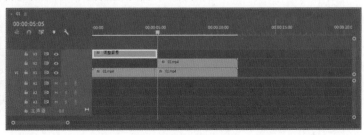

图6-321

09 在"效果"面板中选中"亮度与对比度"效果，将其拖曳到"调整图层"剪辑上，如图6-322所示。

10 移动播放指示器到00:00:02:08的位置，此时人物刚好转身。在"效果控件"面板中设置"亮度"为100，并添加关键帧，如图6-323所示。效果如图6-324所示。

图6-322　　　　　　　　　　　　图6-323　　　　　　　　　　　　图6-324

11 在00:00:02:05和00:00:02:11的位置设置"亮度"为0，如图6-325所示。

12 移动播放指示器到00:00:03:12的位置，设置"亮度"为100，如图6-326所示。

13 在00:00:03:09和00:00:03:15的位置，设置"亮度"为0，如图6-327所示。

图6-325　　　　　　　　　　　　图6-326　　　　　　　　　　　　图6-327

14 移动播放指示器到00:00:03:18的位置，设置"亮度"为100，如图6-328所示。

15 移动播放指示器到00:00:03:21的位置，设置"亮度"为0，如图6-329所示。这样闪光灯效果就制作好了。

16 在"效果"面板中选中"高斯模糊"效果，将其拖曳到"调整图层"剪辑上，如图6-330所示。

图6-328　　　　　　　　　　　　图6-329　　　　　　　　　　　　图6-330

17 移动播放指示器到00:00:01:18的位置，添加"模糊度"的关键帧。移动播放指示器到00:00:01:24的位置，设置"模糊度"为200，如图6-331所示。效果如图6-332所示。

18 移动播放指示器到00:00:02:02的位置，设置"模糊度"为0，如图6-333所示。效果如图6-334所示。此时完成了第1次对焦效果。

图6-331　　　　　　　图6-332　　　　　　　　图6-333　　　　　　　图6-334

19 移动播放指示器到00:00:03:03的位置，设置"模糊度"为120，如图6-335所示。效果如图6-336所示。

20 移动播放指示器到00:00:03:24的位置，设置"模糊度"为0，如图6-337所示。效果如图6-338所示。这样对焦模糊效果就制作完成了。

图6-335　　　　　　　　　图6-336　　　　　　　　　图6-337　　　　　　　　　图6-338

21 将02.mov素材文件选中并拖曳到V4轨道上，裁剪多余的部分，如图6-339所示。效果如图6-340所示。

图6-339　　　　　　　　　　　　　　　　　　　　　　　　　图6-340

22 移动播放指示器到00:00:01:15的位置，设置"不透明度"为0%，如图6-341所示。效果如图6-342所示。

图6-341　　　　　　　　　　　　　图6-342

> ⓘ 技巧提示
>
> 　　设置"不透明度"数值会自动添加关键帧。

23 移动播放指示器到00:00:01:20和00:00:03:21的位置，设置"不透明度"为100%，如图6-343所示。效果如图6-344所示。

24 移动播放指示器到00:00:04:01的位置，设置"不透明度"为0%，如图6-345所示。效果如图6-346所示。

图6-343　　　　　　　　　图6-344　　　　　　　　　图6-345　　　　　　　　　图6-346

25 在V1轨道的后半部分剪辑上添加"高斯模糊"效果，设置"模糊度"为80，如图6-347所示。效果如图6-348所示。

26 选中V2轨道上的剪辑，将其转换为"嵌套序列01"，如图6-349所示。

图6-347　　　　　　　　　　　图6-348　　　　　　　　　　　图6-349

> ⓘ 技巧提示
>
> 　　这一步将剪辑转换为嵌套序列可方便后续添加效果，且替换内部的素材图片也会更加方便。

27 选中"嵌套序列01"，在剪辑的起始位置添加"缩放"和"旋转"关键帧。移动播放指示器到00:00:07:09的位置，设置"缩放"为60，"旋转"为10°，如图6-350所示。效果如图6-351所示。

28 照片现在看起来有些单调，需要为其添加投影。在"效果"面板中选中"投影"效果，将其拖曳到"嵌套序列01"上，如图6-352所示。效果如图6-353所示。

图6-350　　　　　　　　　图6-351　　　　　　　　　图6-352　　　　　　　　　图6-353

29 在"效果控件"面板中设置"不透明度"为60%，"距离"为120，"柔和度"为100，如图6-354所示。效果如图6-355所示。

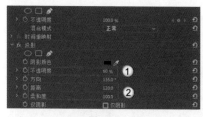

图6-354　　　　　　　　　图6-355

> **① 技巧提示**
>
> 为了使投影看起来更加真实，建议在"距离"参数上添加关键帧，在起始位置让嵌套序列的投影距离为0。

30 照片边缘看起来不是很好看，需要添加一个边框。双击进入"嵌套序列01"，创建一个白色的颜色遮罩并将其放在视频剪辑下方，如图6-356所示。

31 选中视频剪辑，设置"缩放"为95，边缘会显示白色的边框效果，如图6-357所示。

32 返回01序列，就可以观察到旋转的照片效果，如图6-358所示。

图6-356　　　　　　　　　　　　图6-357　　　　　　　　　　图6-358

> **② 疑难问答：还有其他制作相片边框的方法吗？**
>
> 除了上面讲到的方法，还可以在"嵌套序列01"上添加"油漆桶"效果，以制作边框。添加"油漆桶"效果，设置"描边"为"描边"，"颜色"为白色，也可显示相册边框效果，如图6-359所示。
>
> 使用"油漆桶"效果可能会出现图6-360所示的问题，描边没有按照整体轮廓描边，而是按照画面内容描边。解决办法就是将"嵌套序列01"再次嵌套后添加"油漆桶"效果。如果仍然显示不正确，就继续嵌套一次。
>
>
>
>
> 图6-359　　　　　　　　　　　图6-360

33 按Space键预览效果，发现整体节奏偏慢。调整关键帧的位置后添加序列的出点，如图6-361所示。

> **① 技巧提示**
>
> 读者可按照自己的喜好调整关键帧的位置，产生不同的节奏感，案例中的参数仅供参考。也可以添加相机快门的音频，让整个视频更加生动。

图6-361

34 从剪辑中随意导出4帧画面,效果如图6-362所示。

图6-362

👑重点

实战：制作分屏城市展示视频

素材文件	素材文件>CH06>11
实例文件	实例文件>CH06>实战：制作分屏城市展示视频.prproj
难易程度	★★★★☆
学习目标	掌握分屏展示效果

分屏展示在一些介绍展示类视频中经常出现。运用"线性擦除"和"裁剪"效果,就能制作出多种样式的分屏。案例效果如图6-363所示。

图6-363

👉案例制作---

01 新建一个项目文件,在"项目"面板中导入学习资源"素材文件>CH06>11"文件夹中的素材,如图6-364所示。

02 新建一个AVCHD 1080p25序列,将01-1.mp4、01-2.mp4和01-3.mp4素材文件拖曳到序列面板中,分别放置于V1到V3轨道上,如图6-365所示。

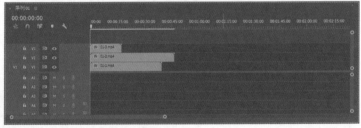

图6-364　　　　　　　　　　　　　　　　　　　图6-365

03 移动播放指示器到00:00:05:00的位置,按住Shift键并用"剃刀工具"将3段剪辑一次裁剪,并删掉多余的剪辑,如图6-366所示。

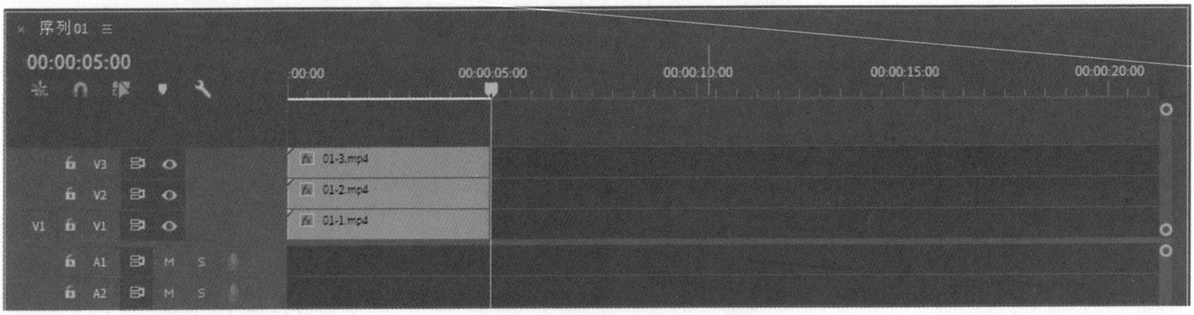

图6-366

04 在"效果"面板中选中"裁剪"效果,将其拖曳到V2和V3轨道的剪辑上。调整参数,使3段剪辑的画面竖排放置,效果如图6-367所示。

05 在"效果"面板中选中"线性擦除"效果，将其拖曳到V2和V3轨道的剪辑上。在V2轨道的剪辑上设置"擦除角度"为0°，如图6-368所示。

06 移动播放指示器到00:00:01:00的位置，设置"过渡完成"为100%，并添加关键帧，如图6-369所示。

图6-367

图6-368

图6-369

> ⓘ 技巧提示
>
> V2轨道上的剪辑需要设置"左侧"和"右侧"数值，V3轨道上的剪辑只需要设置"左侧"数值。

07 移动播放指示器到00:00:01:10的位置，设置"过渡完成"为0%，如图6-370所示。动画效果如图6-371所示。

图6-370

图6-371

08 保持播放指示器的位置不变，设置"过渡完成"为100%，并添加关键帧，"擦除角度"为180°，如图6-372所示。

图6-372

图6-373

09 移动播放指示器到00:00:01:20的位置，设置"过渡完成"为0%，如图6-373所示。动画效果如图6-374所示。

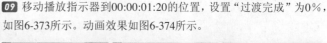
图6-374

10 选中3个轨道上的剪辑，将其转换为"嵌套序列01"，如图6-375所示。

11 移动播放指示器到00:00:02:20的位置，在V2到V4轨道上依次添加02-1.mp4、02-2.mp4和02-3.mp4素材文件，如图6-376所示。

图6-375

图6-376

12 同样将剪辑裁剪到5秒，如图6-377所示。

13 在"效果"面板中选中"裁剪"效果，将其拖曳到3个剪辑上并调整参数，形成横向排列，如图6-378所示。

图6-377

图6-378

14 在"效果"面板中选中"线性擦除"效果，将其拖曳到3个剪辑上。在V2轨道上剪辑的起始位置设置"过渡完成"为100%，并添加关键帧，如图6-379所示。

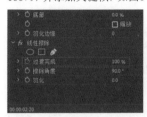
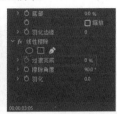

15 移动播放指示器到00:00:03:05的位置，设置"过渡完成"为0%，如图6-380所示。动画效果如图6-381所示。

图6-379　　　　　　　　图6-380　　　　　　　　　　　　　图6-381

16 移动播放指示器到00:00:03:15的位置，在V3轨道的剪辑上设置"过渡完成"为100%，并添加关键帧，"擦除角度"为-90°，如图6-382所示。

17 移动播放指示器到00:00:04:00的位置，设置"过渡完成"为0%，如图6-383所示。动画效果如图6-384所示。

图6-382　　　　　　　　图6-383　　　　　　　　　　　　　图6-384

18 移动播放指示器到00:00:04:10的位置，在V4轨道的剪辑上设置"过渡完成"为100%，并添加关键帧，如图6-385所示。

19 移动播放指示器到00:00:04:20的位置，设置"过渡完成"为0%，如图6-386所示。动画效果如图6-387所示。

图6-385　　　　　　　　图6-386　　　　　　　　　　　　　图6-387

20 将V2~V4轨道上的剪辑转换为"嵌套序列02"，如图6-388所示。

21 移动播放指示器到00:00:05:05的位置，在V3到V5轨道上依次分别添加03-1.mp4、03-2.mp4和03-3.mp4素材文件，如图6-389所示。

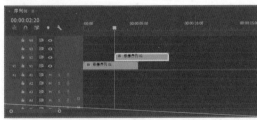

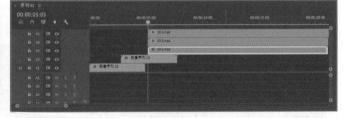

图6-388　　　　　　　　　　　　　　　　　　　　　图6-389

22 移动播放指示器到00:00:10:05的位置，使用"剃刀工具" ◢ 裁剪多余的剪辑，如图6-390所示。

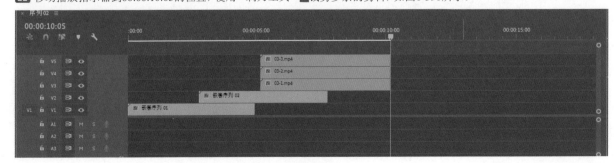

图6-390

23 在"效果"面板中选中"线性擦除"效果，将其拖曳到V3到V5轨道的3个剪辑上。选中在V3轨道上的剪辑，在剪辑起始位置设置"过渡完成"为100%，并添加关键帧，"擦除角度"为0，如图6-391所示。

24 移动播放指示器到00:00:05:15的位置，设置"过渡完成"为0%，如图6-392所示。动画效果如图6-393所示。

图6-391　　　　　　　　　图6-392　　　　　　　　　　　　　　　　　图6-393

25 移动播放指示器到00:00:06:05的位置，选中V4轨道上的剪辑，设置"过渡完成"为100%，并添加关键帧，"擦除角度"为135°，如图6-394所示。

26 移动播放指示器到00:00:06:15的位置，设置"过渡完成"为50%，如图6-395所示。动画效果如图6-396所示。

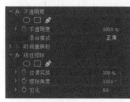

图6-394　　　　　　　　　图6-395　　　　　　　　　　　　　　　　　图6-396

27 移动播放指示器到00:00:07:00的位置，选中V5轨道上的剪辑，设置"过渡完成"为100%，并添加关键帧，"擦除角度"为45°，如图6-397所示。

28 移动播放指示器到00:00:07:10的位置，设置"过渡完成"为50%，如图6-398所示。动画效果如图6-399所示。

图6-397　　　　　　　　　图6-398　　　　　　　　　　　　　　　　　图6-399

29 选中V3到V5轨道上的剪辑，将其转换为"嵌套序列03"，如图6-400所示。

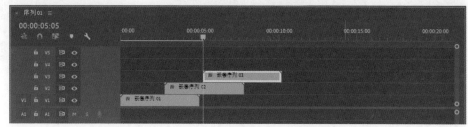

图6-400

30 移动播放指示器到00:00:08:10的位置，在V4到V6轨道上依次分别添加04-1.mp4、04-2.mp4和04-3.mp4素材文件，如图6-401所示。

31 移动播放指示器到00:00:13:10的位置，用"剃刀工具"✂️将多余的剪辑裁剪并删除，如图6-402所示。

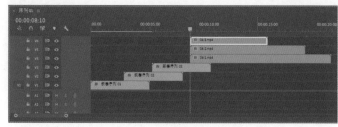
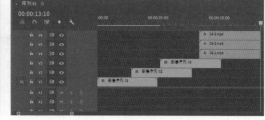

图6-401　　　　　　　　　　　　　　　　　　　　　图6-402

32 在"效果"面板中选中"线性擦除"效果，将其拖曳到V4到V6轨道的3个剪辑上。选中V4轨道上的剪辑，在起始位置设置"过渡完成"为100%，并添加关键帧，如图6-403所示。

33 移动播放指示器到00:00:08:20的位置，设置"过渡完成"为0%，如图6-404所示。动画效果如图6-405所示。

图6-403　　　　　　　　　　图6-404　　　　　　　　　　　　图6-405

34 移动播放指示器到00:00:09:05的位置，选中V5轨道上的剪辑，设置"过渡完成"为100%，并添加关键帧，"擦除角度"为0，如图6-406所示。

35 移动播放指示器到00:00:09:15的位置，设置"过渡完成"为40%，如图6-407所示。动画效果如图6-408所示。

图6-406　　　　　　　　　　图6-407　　　　　　　　　　　　图6-408

36 移动播放指示器到00:00:10:00的位置，选中V6轨道上的剪辑，设置"过渡完成"为100%，并添加关键帧，如图6-409所示。

37 移动播放指示器到00:00:10:10的位置，设置"过渡完成"为50%，如图6-410所示。动画效果如图6-411所示。

图6-409　　　　　　　　　　图6-410　　　　　　　　　　　　图6-411

38 从剪辑中随意导出4帧画面，效果如图6-412所示。

图6-412

♛ 重点

实战：制作双重曝光人像视频

素材文件	素材文件>CH06>12
实例文件	实例文件>CH06>实战：制作双重曝光人像视频.prproj
难易程度	★★★★☆
学习目标	掌握双重曝光效果

扫码观看视频

本案例使用人像图片和动态视频制作双重曝光人像视频，需要用到剪辑的混合模式和蒙版。效果如图6-413所示。

👉 案例制作------------

01 新建一个项目文件，在"项目"面板中导入学习资源"素材文件>CH06>12"文件夹中的素材，如图6-414所示。

图6-413　　　　　　　　　　图6-414

02 新建一个AVCHD 1080p25序列，将01.jpg素材文件选中并拖曳到V1轨道上，并缩放到合适的大小，如图6-415所示。

03 将02.mp4素材文件拖曳到V2轨道上，删掉音频，并剪切多余的剪辑，如图6-416所示。效果如图6-417所示。

图6-415

图6-416

图6-417

> **① 技巧提示**
>
> 在选择双重曝光的素材时，一定要选择背景部分颜色较浅、主体与背景对比度较大的素材。这样在与其他叠加的素材混合时，才能生成合适的效果。

04 在"效果控件"面板中设置"混合模式"为"滤色"，如图6-418所示。效果如图6-419所示。这样就形成了双重曝光效果。

05 此时叠加的视频颜色饱和度比较高。在"效果"面板中选中"Lumetri颜色"效果，将其拖曳到02.mp4剪辑上，如图6-420所示。

图6-418

图6-419

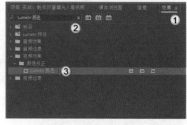

图6-420

> **⊘ 知识链接**
>
> "Lumetri颜色"效果请参阅第7章相关案例的技术回顾。

06 在"效果控件"面板中展开"基本校正"卷展栏，设置"对比度"为-80，"饱和度"为70，如图6-421所示。效果如图6-422所示。

07 眼睛的位置不需要呈现双重曝光效果。在"不透明度"卷展栏下单击"自由绘制贝塞尔曲线"按钮 ✐，在眼睛周围新建一个蒙版，如图6-423所示。

图6-421

图6-422

图6-423

> **① 技巧提示**
>
> 蒙版的路径大致绕着眼睛即可，不需要太精确。

08 在"效果控件"面板中单击"已反转"选项，让眼睛部分不显示曝光效果，如图6-424所示。

09 调整"蒙版羽化"和"蒙版扩展"数值，让蒙版边缘不显得生硬，如图6-425所示。

图6-424

图6-425

> **① 技巧提示**
>
> 蒙版在绘制时大小不好控制，这里就不列举相关参数了。

10 调整剪辑的"不透明度"为80%，效果如图6-426所示。

11 在V3轨道上添加03.mov素材文件，并删除多余的剪辑部分，如图6-427所示。效果如图6-428所示。

图6-426   图6-427   图6-428

12 在"效果控件"面板中设置"混合模式"为"滤色"，如图6-429所示。效果如图6-430所示。

13 选中04.mp4素材文件，将其拖曳到V4轨道上，如图6-431所示。效果如图6-432所示。

图6-429   图6-430   图6-431   图6-432

14 在"效果控件"面板中设置"混合模式"为"滤色"，如图6-433所示。效果如图6-434所示。

15 设置"不透明度"为60%，为眼睛区域添加蒙版，让眼睛不受影响，效果如图6-435所示。

16 从剪辑中随意导出1帧画面，效果如图6-436所示。

图6-433   图6-434   图6-435   图6-436

👑 重点

实战： 制作故障风动态视频

素材文件	素材文件>CH06>13
实例文件	实例文件>CH06>实战：制作故障风动态视频.prproj
难易程度	★★★★☆
学习目标	掌握数字故障风效果

本案例要制作一个故障风动态视频，需要用到"VR数字故障""变换"和"颜色平衡（RGB）"3个效果。案例效果如图6-437所示。

图6-437

👉 案例制作------------------------------------

01 新建一个项目文件，在"项目"面板中导入学习资源"素材文件>CH06>13"文件夹中的素材，如图6-438所示。

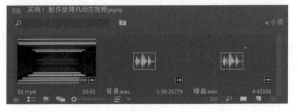

图6-438

02 选中01.mp4素材文件，将其拖曳到"时间轴"面板中，生成序列，如图6-439所示。效果如图6-440所示。

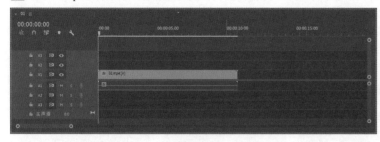

图6-439 图6-440

03 按住Alt键，将剪辑向上复制两层，如图6-441所示。

04 在"效果"面板中选中"颜色平衡（RGB）"效果，将其拖曳到3个剪辑上，如图6-442所示。

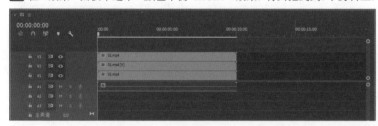
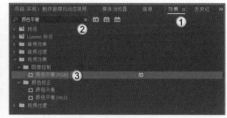

图6-441 图6-442

05 选中V3轨道上的剪辑，在"效果控件"面板中设置"红色"为100，"绿色"和"蓝色"都为0，然后调整"混合模式"为"滤色"，如图6-443所示。效果如图6-444所示。

06 选中V2轨道上的剪辑，在"效果控件"面板中设置"绿色"为100，"红色"和"蓝色"都为0，然后调整"混合模式"为"滤色"，如图6-445所示。效果如图6-446所示。

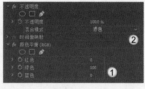

图6-443 图6-444 图6-445 图6-446

07 选中V1轨道上的剪辑，在"效果控件"面板中设置"蓝色"为100，"红色"和"绿色"都为0，然后调整"混合模式"为"滤色"，如图6-447所示。效果如图6-448所示。这时会发现图像又变回原来的效果。

图6-447 图6-448

08 在"效果"面板中选中"变换"效果，将其拖曳到V3轨道的剪辑上，如图6-449所示。

09 选中背景.wav素材文件，将其拖曳到A1轨道上。然后用"剃刀工具"裁剪剪辑多余的部分，保证从一开始就有声音，如图6-450所示。

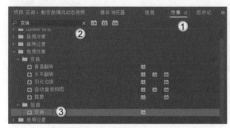

图6-449 图6-450

10 移动播放指示器，在00:00:00:03的位置出现节奏的第一个鼓点。选中V3轨道上的剪辑，在"效果控件"面板中设置"缩放"为105，并添加关键帧，如图6-451所示。效果如图6-452所示。可以明显观察到画面中红色的部分被放大。

11 移动播放指示器到剪辑的起始位置，设置"缩放"为100。然后在00:00:00:06的位置，设置"缩放"为100，如图6-453所示。

12 在"效果控件"面板选中3个关键帧，单击鼠标右键，在弹出的菜单中选择"缓入"和"缓出"两个选项，动画过渡更加柔和，如图6-454所示。

图6-451　　　　　　　　　　图6-452　　　　　　　　　　图6-453　　　　　　　　　　图6-454

> **❗ 技巧提示**
> 这一步需要分两次进行操作。

13 选中这3个关键帧，按快捷键Ctrl+C复制。然后移动播放指示器到下一个节奏点的位置，按快捷键Ctrl+V粘贴，如图6-455所示。

14 用"文字工具" **T** 在画面中输入"zurako"，设置字体为Zurich BlkEx BT，字体大小为300，"填充"颜色为白色，如图6-456所示。效果如图6-457所示。

图6-455　　　　　　　　　　图6-456　　　　　　　　　　图6-457

> **❗ 技巧提示**
> 节奏点的位置需要靠读者自行判断，这里不作强制要求。如果觉得画面变化效果不明显，可以增大"缩放"数值。

15 在"效果"面板中选中"VR数字故障"效果，将其拖曳到文字剪辑上，如图6-458所示。效果如图6-459所示。

16 在A2轨道上添加噪音.wav素材文件，如图6-460所示。

17 将A2轨道上的剪辑按照音频

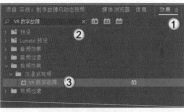 

图6-458　　　　　　　　　　图6-459

波纹的显示效果拆分为4段，然后按照音乐节奏分散放置，如图6-461所示。

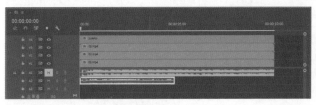 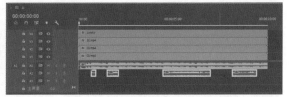

图6-460　　　　　　　　　　图6-461

> **❗ 技巧提示**
> 这一步制作非常灵活，读者不要拘泥于参数。

18 移动播放指示器到A2轨道上第1段剪辑的起始位置，选中文字剪辑。然后设置"帧布局"为"立体-上/下"，设置"主振幅"为0，并添加关键帧，再为"颜色演化"和"随机植入"添加关键帧，如图6-462所示。效果如图6-463所示。

19 移动播放指示器到A2轨道上第1段剪辑的中间位置，设置"主振幅"为100，"颜色演化"为40°，"随机植入"为50，如图6-464所示。效果如图6-465所示。

20 移动播放指示器到A2轨道上第1段剪辑的结束位置，设置"主振幅"为0，"颜色演化"为0°，"随机植入"为0，如图6-466所示。效果如图6-467所示。

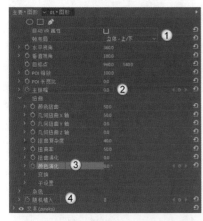

图6-462

图6-463

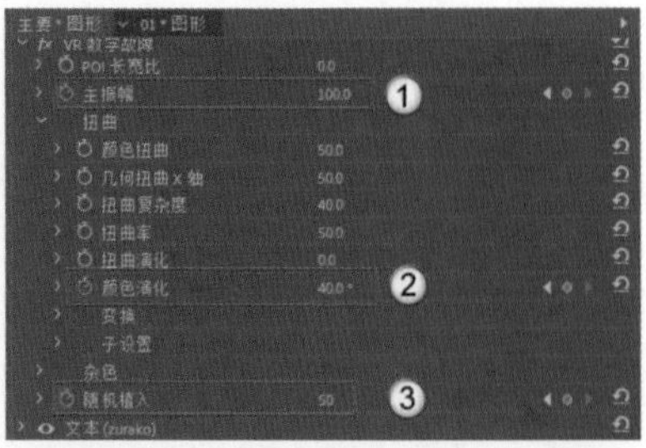

图6-464

图6-465

图6-466

图6-467

21 选中3个关键帧，调整为"缓入"和"缓出"效果，如图6-468所示。

22 按照制作第1段音频剪辑效果的方法，制作其他3组音频剪辑对应的画面效果，如图6-469所示。

> **① 技巧提示**
>
> 只要复制第1组对应音频的关键帧，将其粘贴到其他对应音频的起始位置，再调整关键帧的结束位置和分布，就能快速设置另外3个音频对应的故障效果。

图6-468

图6-469

23 按Space键预览画面效果，发现文字故障的效果需要加强。在"效果控件"面板中设置"颜色扭曲"为85，"几何扭曲X轴"为80，"扭曲复杂度"为45，"扭曲率"为60，如图6-470所示。效果如图6-471所示。

图6-470

图6-471

24 从剪辑中随意导出4帧画面，效果如图6-472所示。

图6-472

♔ 重点

实战: 制作电视开机效果视频

素材文件	素材文件>CH06>14	
实例文件	实例文件>CH06>实战：制作电视开机效果视频.prproj	
难易程度	★★★★☆	
学习目标	掌握电视开机效果	

本案例需要制作一个电视开机效果视频，需要提前准备好电视雪花屏幕的素材文件，配合"裁剪"效果进行制作。案例效果如图6-473所示。

图6-473

☞案例制作--

01 新建一个项目文件，在"项目"面板中导入学习资源"素材文件>CH06>14"文件夹中的素材，如图6-474所示。

02 选中01.mp4素材文件，将其拖曳到"时间轴"面板中，生成序列，如图6-475所示。

03 新建一个黑色的"颜色遮罩"，将其拖曳到V2轨道上，并向上复制一层，如图6-476所示。

图6-474   图6-475   图6-476

04 在"效果"面板中选中"裁剪"效果，将其拖曳到两个"颜色遮罩"剪辑上，如图6-477所示。

05 选中V2轨道上的剪辑，在剪辑的起始位置设置"顶部"为50%，并添加关键帧，"羽化边缘"为80，如图6-478所示。效果如图6-479所示。

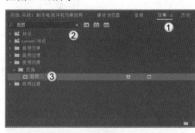
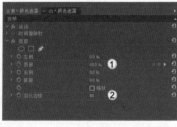

图6-477   图6-478   图6-479

ℹ **技巧提示**

图6-479所示是隐藏了V3轨道上的剪辑后的效果。

06 移动播放指示器到00:00:00:15的位置，设置"顶部"为100%，如图6-480所示。此时黑色遮罩完全移出画面。

07 选中V3轨道上的黑色"颜色遮罩",在剪辑的起始位置设置"底部"为50%,"羽化边缘"为80,如图6-481所示。效果如图6-482所示。

图6-480

图6-481

图6-482

> ⓘ **技巧提示**
>
> 图6-482所示是隐藏V2轨道后的效果。

08 移动播放指示器到00:00:00:15的位置,设置"底部"为100%,如图6-483所示。此时黑色遮罩完全移出画面。

09 移动播放指示器到00:00:00:20的位置,用"剃刀工具" ◆ 将3段剪辑进行裁剪,并删掉多余的部分,如图6-484所示。

图6-483

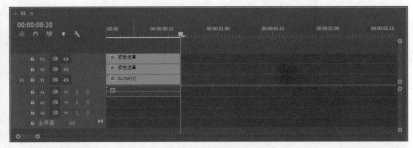
图6-484

10 选中02.mp4素材文件,将其拖曳到V1轨道上,如图6-485所示。

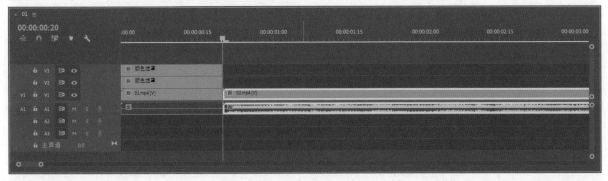
图6-485

11 在"效果"面板中选中"交叉溶解"过渡效果,将其拖曳到01.mp4剪辑和02.mp4剪辑的交接位置,如图6-486所示。效果如图6-487所示。

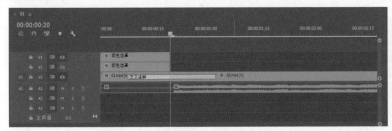
图6-486

图6-487

12 在"效果控件"面板中设置"持续时间"为00:00:00:10，如图6-488所示。

13 在"效果"面板中选中"VR数字故障"效果，将其拖曳到02.mp4剪辑上，效果如图6-489所示。

图6-488　　　　　　　　　　　　　　图6-489

14 在"效果控件"面板中取消勾选"自动VR属性"选项，设置"帧布局"为"立体-上/下"，"颜色扭曲"为60，"几何扭曲X轴"为86，"颜色演化"为23°，如图6-490所示。效果如图6-491所示。

15 移动播放指示器到00:00:00:20的位置，然后在"主振幅""颜色演化"和"随机植入"上添加关键帧，如图6-492所示。

图6-490　　　　　　　　　　图6-491　　　　　　　　　　图6-492

16 移动播放指示器到00:00:01:20的位置，设置"主振幅"为0，"颜色演化"为52°，"随机植入"为35，如图6-493所示。效果如图6-494所示。

17 选中电视雪花.wav素材文件，将其拖曳到A2轨道上，并删掉原有01.mp4剪辑的音频剪辑，如图6-495所示。

图6-493　　　　　　　图6-494　　　　　　　　　图6-495

18 将音频剪辑裁剪到与01.mp4剪辑相同的长度，然后移动到A1轨道上，如图6-496所示。

19 在"效果"面板中选中"恒定功率"过渡效果，将其拖曳到两个音频剪辑交接处，如图6-497所示。

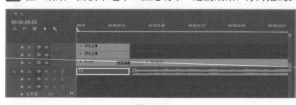
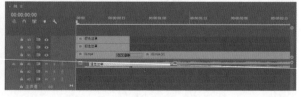

图6-496　　　　　　　　　　　　　图6-497

20 在"效果控件"面板中设置"持续时间"为00:00:00:10，如图6-498所示。

21 移动播放指示器到00:00:02:00的位置，为序列添加出点，如图6-499所示。

图6-498　　　　　　　　　　　　　　图6-499

22 从剪辑中随意导出4帧画面，效果如图6-500所示。

图6-500

👑 重点

实战：制作老电影效果视频

素材文件	素材文件>CH06>15
实例文件	实例文件>CH06>实战：制作老电影效果视频.prproj
难易程度	★★★★☆
学习目标	掌握老电影效果

扫码观看视频

本案例要制作一个老电影效果视频，需要用到已有的素材，配合"亮度与对比度""色调分离时间"和"Lumetri颜色"等效果进行制作。案例效果如图6-501所示。

图6-501

☞ 案例制作------------------

01 新建一个项目文件，在"项目"面板中导入学习资源"素材文件>CH06>15"文件夹中的素材，如图6-502所示。

02 双击01.mp4素材文件，在"源"监视器中查看素材，如图6-503所示。

03 移动播放指示器到00:00:07:00的位置，添加入点，然后在素材结束的位置添加出点，如图6-504所示。

图6-502

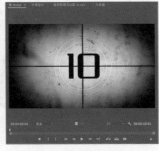

图6-503

图6-504

04 新建AVCHD 1080p25序列，将入点和出点间的素材插入V1轨道上，如图6-505所示。

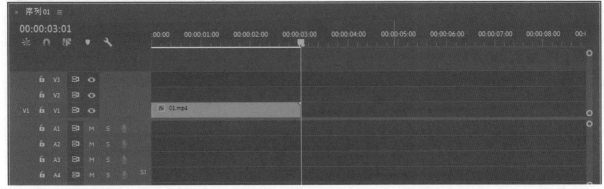

图6-505

05 选中02.mov素材文件，将其拖曳到V2轨道上，设置"混合模式"为"相乘"，如图6-506所示。效果如图6-507所示。

图6-506

图6-507

06 选中03.mov素材文件，将其拖曳到V3轨道上，设置"混合模式"为"相乘"，如图6-508所示。效果如图6-509所示。

图6-508

图6-509

07 观察画面，发现整体偏暗。在"效果"面板中选中"亮度与对比度"效果，将其拖曳到V3轨道的剪辑上，设置"亮度"为80，如图6-510所示。

图6-510

08 选中04.mp4素材文件，将其拖曳到V1轨道上，如图6-511所示。效果如图6-512所示。

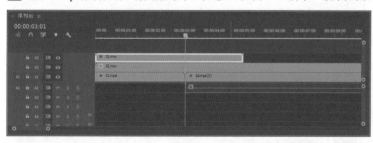

图6-511

图6-512

09 观察画面可以发现，原本素材的颜色偏亮且鲜艳。在"效果"面板中选中"Lumetri颜色"效果，将其拖曳到04.mp4剪辑上。在"创意"卷展栏中设置"Look"为"SL GOLD WESTERN"，"淡化胶片"为50，"饱和度"为55，如图6-513所示。

10 在"晕影"卷展栏中设置"数量"为-5，如图6-514所示。效果如图6-515所示。

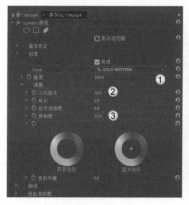
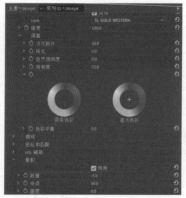

图6-513

图6-514

图6-515

11 观察画面，还是偏亮。继续为剪辑添加"亮度与对比度"效果，设置"亮度"为-12，如图6-516所示。效果如图6-517所示。

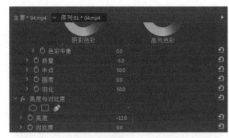

图6-516　　　　　　　　　　　　　　图6-517

12 移动播放指示器到00:00:04:00的位置，在04.mp4剪辑上进行裁剪并删除多余剪辑，如图6-518所示。

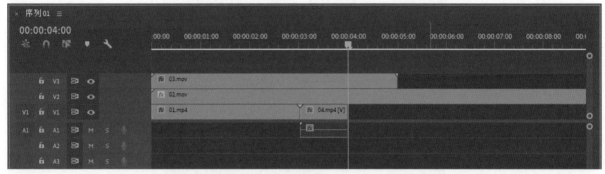

图6-518

13 在V1轨道上添加05.mp4剪辑，如图6-519所示。效果如图6-520所示。

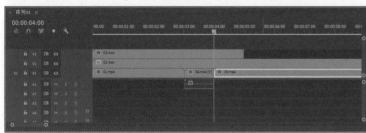

图6-519　　　　　　　　　　　　　　图6-520

14 选中04.mp4剪辑，在"效果控件"面板中复制"Lumetri颜色"和"亮度与对比度"效果。然后选中05.mp4剪辑，将复制的效果粘贴到"效果控件"面板中，如图6-521所示。效果如图6-522所示。

图6-521　　　　　　　　　　　　　　图6-522

15 移动播放指示器到00:00:05:00的位置，裁剪并删除多余的剪辑，如图6-523所示。

> **!** 技巧提示
>
> 这一步可以替换为在播放指示器的位置添加出点。

图6-523

16 按Space键预览效果，发现V1轨道上的剪辑播放流畅，不像老电影那种带有掉帧的感觉。在"效果"面板中选中"色调分离时间"效果，将其拖曳到V1轨道的3个剪辑上，并设置"帧速率"都为20，如图6-524所示。

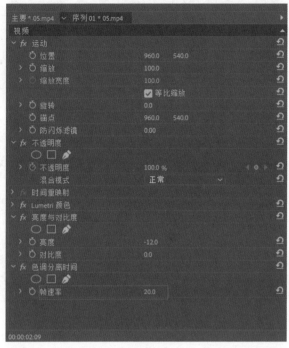

图6-524

17 从剪辑中随意导出4帧画面，效果如图6-525所示。

图6-525

第 **7** 章

① 技巧提示 + ② 疑难问答 + ◎ 技术专题 + ◎ 知识链接

调色

调色不仅可以统一素材的整体色调，还可以让画面产生不同的视觉效果，向用户传达更多的信息。因此，调色是视频剪辑过程中非常重要的一环。

学习重点 🔍

实战: 制作冷色调效果视频

素材文件	素材文件>CH07>01
实例文件	实例文件>CH07>实战：制作冷色调效果视频.prproj
难易程度	★★★☆☆
学习目标	掌握"颜色平衡（RGB）"效果

本案例需要将一段视频的颜色调整为冷色调，需要用到"颜色平衡（RGB）"效果。案例效果如图7-1所示。

图7-1

👉 **案例制作**---

01 新建一个项目文件，在"项目"面板中导入学习资源"素材文件>CH07>01"文件夹中的素材文件，如图7-2所示。

02 选中01.mp4素材文件，将其拖曳到"时间轴"面板中，生成序列。用"剃刀工具" ◈ 在00:00:05:00的位置进行裁剪，并删掉多余的剪辑，如图7-3所示。效果如图7-4所示。

图7-2　　　　　　　　　　　　图7-3　　　　　　　　　　　　图7-4

03 在"效果"面板中选择"颜色平衡（RGB）"效果，将其拖曳到01.mp4剪辑上，如图7-5所示。

04 在"效果控件"面板中设置"红色"为60，"绿色"为85，"蓝色"为100，如图7-6所示。效果如图7-7所示。

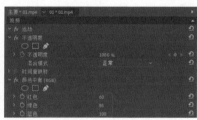

图7-5　　　　　　　　　　　　图7-6　　　　　　　　　　　　图7-7

> ⚠ **技巧提示**
>
> 在选择效果时，只需要输入关键字，下方就会自动出现相关联的效果。

05 观察画面，发现整体偏暗，需要提升亮度。在"效果"面板中选择"亮度曲线"效果，将其拖曳到剪辑上，如图7-8所示。

06 在"效果控件"面板中调整"亮度波形"曲线，如图7-9所示。效果如图7-10所示。

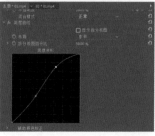

图7-8　　　　　　　　　　　　图7-9　　　　　　　　　　　　图7-10

07 单击"导出帧"按钮 📷,导出4帧画面,效果如图7-11所示。

图7-11

👉 技术回顾--

演示视频:019-图像控制类效果

效果: 灰度系数校正/颜色平衡(RGB)/颜色替换/颜色过滤/黑白

位置: 效果>视频效果>图像控制

 *(右侧为扫码观看视频二维码及文字:扫码观看视频)*

01 新建一个项目文件,在"项目"面板中导入学习资源"技术回顾"文件夹中的05.mp4素材文件,如图7-12所示。

02 将05.mp4素材文件选中并拖曳到"时间轴"面板中,生成序列,效果如图7-13所示。

03 在"效果"面板中展开"视频效果"卷展栏,然后展开"图像控制"卷展栏,就可以看到子层级的各种调色效果,如图7-14所示。

图7-12

图7-13

图7-14

04 选中"灰度系数校正"效果,将其拖曳到剪辑上。"效果控件"面板中会显示"灰度系数"参数,默认情况下为10,如图7-15所示。

05 降低"灰度系数"数值,画面会偏白;而提升"灰度系数"数值,画面会偏黑。对比效果如图7-16所示。

图7-15

图7-16

06 选中"颜色平衡(RGB)"效果,将其拖曳到剪辑上。"效果控件"面板中会显示3个颜色通道,数值默认都为100,如图7-17所示。

07 提升"红色"数值会让画面呈红色,而降低"红色"数值则会让画面呈青色。对比效果如图7-18所示。

图7-17

图7-18

08 提升"绿色"数值会让画面呈绿色,而降低"绿色"数值则会让画面呈洋红色,对比效果如图7-19所示。

09 提升"蓝色"数值会让画面呈蓝色,而降低"蓝色"数值则会让画面呈黄色,对比效果如图7-20所示。

图7-19　　　　　　　　　　　图7-20

10 若是将单个颜色通道设置为100，其余两个通道设置为0，则会完全显示通道的颜色，如图7-21所示。

11 选中"颜色替换"效果，将其拖曳到剪辑上，可以在"效果控件"面板中设置替换的颜色，如图7-22所示。

图7-21　　　　　　　　　　　　　　　　　图7-22

12 单击"目标颜色"后的"吸管"按钮，在画面中吸取绿色的树叶，会发现部分树叶被替换为"替换颜色"的蓝色，如图7-23所示。

13 单击"替换颜色"后的色块，就可以设置需要替换的颜色，这里设置为橘色，如图7-24所示。

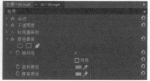

图7-23　　　　　　　　　　　　图7-24

14 观察画面会发现，只有部分树叶被替换为橘色。提升"相似性"数值，就可以将其他接近"目标颜色"的绿色部分也转换为橘色，如图7-25所示。

15 勾选"纯色"选项后，替换颜色的部分会显示为"替换颜色"本身的颜色，而不是与原图混合后的颜色，如图7-26所示。

图7-25　　　　　　图7-26

16 选中"颜色过滤"效果，将其拖曳到剪辑上，会发现画面呈现单色效果，如图7-27所示。

17 单击"颜色"后的"吸管"按钮，可以在画面中吸取需要保留的颜色。吸取粉色的效果如图7-28所示。

图7-27　　　　　　　　　　　图7-28

> **技巧提示**
>
> "颜色过滤"效果常用来制作保留单色效果的视频。

18 调整"相似性"数值就可以扩大或缩小与"颜色"相似颜色的范围，如图7-29所示。

19 在剪辑上添加"黑白"效果，画面会自动转换为单色效果，且"效果控件"面板中没有其他参数，如图7-30所示。

图7-29　　　　　　　　　　　图7-30

实战：制作暖色调灯光视频

素材文件	素材文件>CH07>02
实例文件	实例文件>CH07>实战：制作暖色调灯光视频.prproj
难易程度	★★★☆☆
学习目标	掌握"颜色替换"效果

本案例用"颜色替换"效果将原有视频素材中的冷色灯光替换为暖色灯光。效果如图7-31所示。

图7-31

☞ **案例制作**

01 新建一个项目文件，在"项目"面板中导入学习资源"素材文件>CH07>02"文件夹中的素材文件，如图7-32所示。

02 选中01.mp4素材文件，将其拖曳到"时间轴"面板中，生成序列，效果如图7-33所示。

03 画面中存在大量的冷色灯光，如果单纯替换颜色会将天空的颜色一同改变。先为剪辑添加"颜色平衡（RGB）"效果，设置"红色"为95，"绿色"为74，"蓝色"为72，如图7-34所示。效果如图7-35所示。这样就能尽量减少画面中的冷色。

图7-32

图7-33

图7-34

图7-35

04 在"效果"面板中选择"颜色替换"效果，将其拖曳到剪辑上，如图7-36所示。

05 在"效果控件"面板中单击"目标颜色"后的吸管按钮，在画面中吸取浅蓝色。然后设置"替换颜色"为浅黄色，设置"相似性"为13，如图7-37所示。效果如图7-38所示。这样就能在不影响天空的情况下，尽可能多的将冷色替换为暖色。

图7-36

图7-37

图7-38

06 替换颜色后，画面偏灰。在"效果"面板中选择"亮度与对比度"效果，将其拖曳到剪辑上，然后设置"亮度"为41，"对比度"为39，如图7-39所示。效果如图7-40所示。

图7-39

图7-40

07 单击"导出帧"按钮，导出4帧画面，效果如图7-41所示。

图7-41

技术专题：调色的相关知识

调色是视频剪辑中非常重要的一个环节。一幅作品的颜色会在很大程度上影响观看者的心理。下面介绍一些调色的相关知识。

色相： 调色中常用的词语，表示画面的整体颜色倾向，也叫作色调。不同色调的图像如图7-42所示。

饱和度： 画面颜色的鲜艳程度，也叫作纯度。饱和度越高，整个画面的颜色越鲜艳。不同饱和度的图像如图7-43所示。

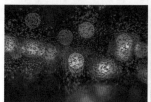

图7-42   图7-43

明度： 色彩的明亮程度。色彩的明度不仅指同种颜色的明度变化，也指不同颜色的明度变，两种明度的变化效果如图7-44所示。

曝光度： 图像在拍摄时呈现的亮度。曝光过度会让图像发白，曝光不足会让图像发黑，如图7-45所示。

图7-44   图7-45

实战：制作泛黄的照片视频

素材文件	素材文件>CH07>03
实例文件	实例文件>CH07>实战：制作泛黄的照片视频.prproj
难易程度	★★★☆☆
学习目标	掌握"RGB曲线"效果

扫码观看视频

本案例将运用上一章学过的拍照效果制作一个泛黄的照片视频，需要用到"RGB曲线"效果，如图7-46所示。

图7-46

👉 案例制作

01 新建一个项目文件，在"项目"面板中导入学习资源"素材文件>CH07>03"文件夹中的素材文件，如图7-47所示。

02 新建一个AVCHD 1080p25的序列，将01.jpg素材文件选中并拖曳到V1轨道上，效果如图7-48所示。

图7-47   图7-48

03 选中V1轨道上的剪辑，向上复制一层到V2轨道上，如图7-49所示。

04 移动播放指示器到00:00:00:15的位置，将V2轨道上的剪辑向后移动到播放指示器的位置，如图7-50所示。

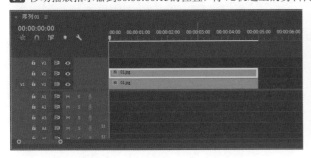 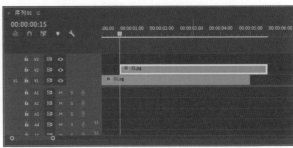

图7-49   图7-50

05 在"效果控件"面板中选择"高斯模糊"效果，将其拖曳到V1轨道的剪辑上。在"效果控件"面板中设置"模糊度"为80，勾选"重复边缘像素"选项，如图7-51所示。效果如图7-52所示。

06 在V1轨道的剪辑上添加"亮度与对比度"效果。移动播放指示器到00:00:00:15的位置，在"亮度"参数上添加关键帧，如图7-53所示。

  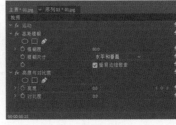

图7-51   图7-52   图7-53

07 向前移动3帧，设置"亮度"为100，如图7-54所示。效果如图7-55所示。

08 继续向前移动3帧，设置"亮度"为0，如图7-56所示。效果如图7-57所示。这样就完成了1次闪光效果。

   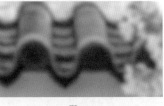

图7-54   图7-55   图7-56   图7-57

09 选中前两个关键帧，按快捷键Ctrl+C复制。向前移动6帧，按快捷键Ctrl+V粘贴，如图7-58所示。这样就能形成连续闪光的效果。

10 选中V1轨道上的剪辑，在起始位置添加"缩放"关键帧，在剪辑末尾设置"缩放"为45，如图7-59所示。效果如图7-60所示。

  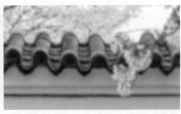

图7-58   图7-59   图7-60

> **ⓘ 技巧提示**
> 读者可根据具体情况为关键帧添加"缓入"和"缓出"效果。

11 选中V2轨道上的剪辑，将其转换为"嵌套序列01"，如图7-61所示。

12 双击进入"嵌套序列01"，然后新建一个白色的"颜色遮罩"，放在01.jpg剪辑下方，如图7-62所示。

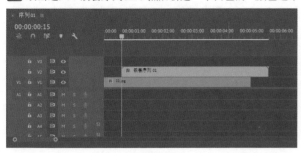

图7-61

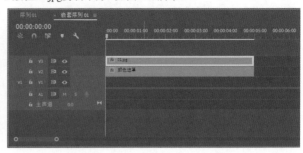

图7-62

13 选中01.jpg剪辑，将其缩放为帧大小。然后设置"缩放"为115，此时会在画面两侧显示白色的遮罩，效果如图7-63所示。

14 由于图片与帧的比例不同，需要裁掉顶部和底部的画面。在剪辑上添加"裁剪"效果，设置"顶部"和"底部"都为9%，如图7-64所示。效果如图7-65所示。

图7-63

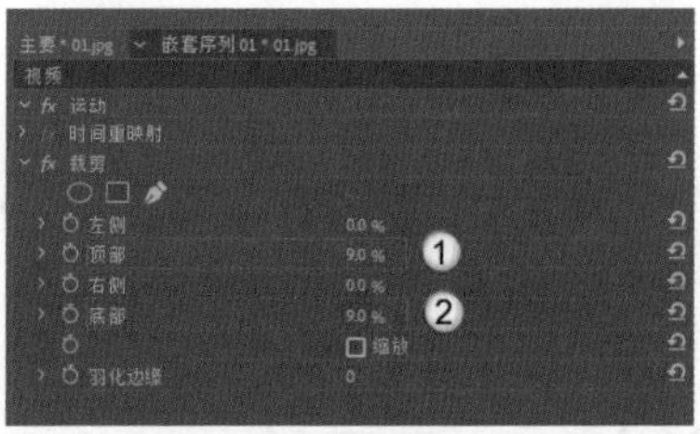

图7-64

图7-65

15 在"效果"面板中选择"RGB曲线"效果，将其拖曳到01.jpg剪辑上，如图7-66所示。

16 在"效果控件"面板中调整曲线，使画面有泛黄的效果，如图7-67所示。

17 选中02.jpg素材文件，将其添加到"嵌套序列01"中，放置在V4轨道上，如图7-68所示。效果如图7-69所示。

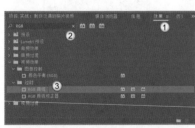

图7-66

图7-67

图7-68

图7-69

18 在"效果控件"面板中设置"混合模式"为"相乘"，可以将纹理图片与下方的照片混合，如图7-70所示。

19 返回"序列01",选中"嵌套序列01",添加"缩放"和"旋转"关键帧,如图7-71所示。

图7-70　　　　　　　　　　　　　　　　　图7-71

20 移动播放指示器到00:00:01:00的位置,设置"缩放"为77,"旋转"为5°,如图7-72所示。效果如图7-73所示。

21 按Space键,预览整体效果,发现V1轨道上剪辑画面的大小不合适。在00:00:00:15的位置设置"缩放"为40.3,如图7-74所示。这样就能和V2轨道的画面大小一致。

   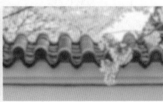

图7-72　　　　　　　图7-73　　　　　　　　　　　　图7-74

> **技巧提示**
> 图7-74所示是隐藏V2轨道上剪辑后的效果。

22 单击"导出帧"按钮 📷 ,导出4帧画面,效果如图7-75所示。

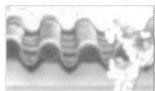   

图7-75

技术回顾

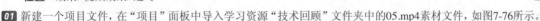

演示视频:020-过时类效果

效果:RGB曲线/快速颜色校正器/阴影高光

位置:效果>视频效果>过时

01 新建一个项目文件,在"项目"面板中导入学习资源"技术回顾"文件夹中的05.mp4素材文件,如图7-76所示。

02 将05.mp4素材文件选中并拖曳到"时间轴"面板中,生成序列,效果如图7-77所示。

03 在"效果"面板中展开"过时"卷展栏,就可以看到子层级的各种过时类调色效果,如图7-78所示。

图7-76　　　　　　　图7-77　　　　　　　　　　　图7-78

04 选中"RGB曲线"效果,将其拖曳到剪辑上,可以在"效果控件"面板中看到整体和各个通道的曲线,如图7-79所示。

05 调整"主要"曲线，可以控制整个图像的明暗，如图7-80所示。

06 调整"红色""绿色"和"蓝色"曲线，可以控制单个颜色通道的明暗，如图7-81所示。

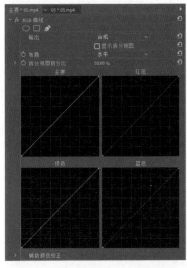

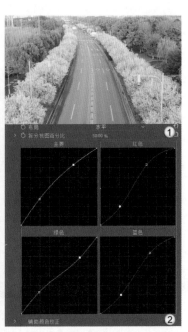

| 图7-79 | 图7-80 | 图7-81 |

07 选中"快速颜色校正器"效果，将其拖曳到剪辑上，"效果控件"面板中会显示相应的参数，如图7-82所示。

08 调整"色相角度"数值，能快速更改画面的色相，如图7-83所示。

09 调整"平衡数量级"数值，可以调整色相的饱和度，如图7-84所示。

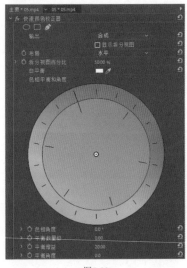

图7-83

| 图7-82 | 图7-84 |

10 选中"阴影/高光"效果，将其拖曳到剪辑上，系统会自动调整画面的阴影和高光，如图7-85所示。

11 取消勾选"自动数量"选项，可以单独调整"阴影数量"和"高光数量"数值，如图7-86所示。

| 图7-85 | 图7-86 |

实战：制作小清新风格视频

素材文件	素材文件>CH07>04
实例文件	实例文件>CH07>实战：制作小清新风格视频.prproj
难易程度	★★★★☆
学习目标	掌握"Lumetri颜色"效果

本案例运用"Lumetri颜色"效果制作小清新风格视频。案例效果如图7-87所示。

图7-87

☞ **案例制作**

01 新建一个项目文件，在"项目"面板中导入学习资源"素材文件>CH07>04"文件夹中的素材文件，如图7-88所示。

02 双击素材文件，在"源"监视器中选择前5秒的片段，新建入点和出点，如图7-89所示。

图7-88　　　　　　　　　　图7-89

03 新建AVCHD 1080p25序列，将入点和出点间的剪辑插入V1轨道上，如图7-90所示。效果如图7-91所示。

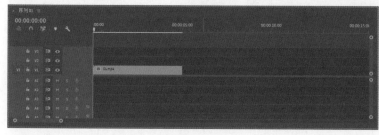

图7-90　　　　　　　　　　图7-91

04 在"新建项"菜单中执行"调整图层"菜单命令，将新建的"调整图层"文件拖曳到V2轨道上，如图7-92所示。

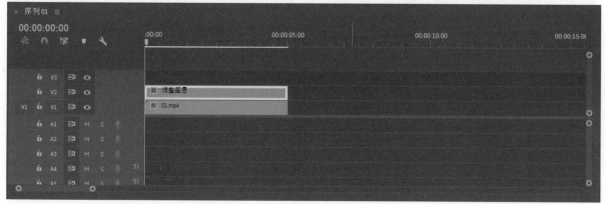

图7-92

05 在"效果"面板中选择"Lumetri 颜色",将其拖曳到"调整图层"剪辑上,如图7-93所示。

06 在"基本校正"卷展栏中设置"曝光"为-0.1,"对比度"为-63,"阴影"为-11,"白色"为25,"黑色"为-11,如图7-94所示。效果如图7-95所示。

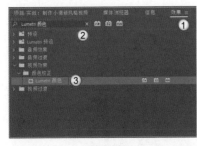

图7-93   图7-94   图7-95

07 在"创意"卷展栏中设置"淡化胶片"为25,如图7-96所示。效果如图7-97所示。

图7-96   图7-97

08 在"色轮和匹配"卷展栏中设置"阴影"为蓝色,"中间调"为橘色,"高光"为青色,如图7-98所示。效果如图7-99所示。此时整体画面会有些偏冷色调。

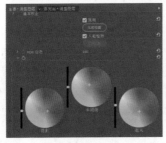

图7-98   图7-99

09 在"HLS辅助"卷展栏中单击"设置颜色"后的吸管按钮,吸取画面中,树叶的绿色,然后调整H、S和L的范围,并勾选"显示蒙版"选项,接着设置"降噪"为65,"模糊"为2,如图7-100所示。效果如图7-101所示。此时画面中只显示绿色部分,其余的对象则显示为白色。

10 在下方调整色轮为青色,设置"色温"为-19,"对比度"为14,如图7-102所示。效果如图7-103所示。

11 取消勾选"显示蒙版"选项,可以观察到原有的画面整体偏冷色调,如图7-104所示。效果如图7-105所示。

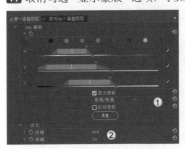

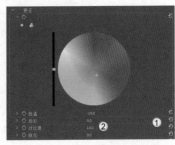

图7-100   图7-101   图7-102

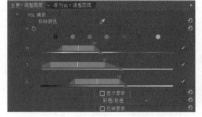

图7-103   图7-104   图7-105

12 需要稍微降低画面中绿色叶子的饱和度。调整"曲线"中"色相与饱和度"曲线，如图7-106所示。这样就可以降低画面中绿色的饱和度，如图7-107所示。颜色调整完成，下面制作颜色过渡动画。

13 选中"调整图层"剪辑，在画面中新建一个矩形蒙版，如图7-108所示。

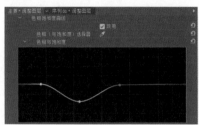

图7-106   图7-107   图7-108

14 将矩形蒙版拉长后放在画面左侧外部，如图7-109所示。

15 移动播放指示器到00:00:01:00的位置，添加"蒙版扩展"关键帧，如图7-110所示。

图7-109   图7-110

16 移动播放指示器到00:00:04:00的位置，设置"蒙版扩展"为1935，如图7-111所示。调色的部分会完全覆盖画面，如图7-112所示。

图7-111   图7-112

17 单击"导出帧"按钮 ，导出4帧画面，效果如图7-113所示。

图7-113

◎ **技术专题：调色的相关知识**

图像的色调可以从图像的明暗、对比度、曝光度和饱和度等方面进行调整。但对于初学者来说，选择哪种工具进行调色会比较难以抉择。下面从4个方面简单讲解调色的要素。

调整画面的整体： 在调整图像时，通常是从整体进行观察。例如，图像整体的亮度、对比度、色调和饱和度等。遇到上述问题，就需要先进行处理，将图像的整体调整为合适的效果，如图7-114和图7-115所示。

图7-114

图7-115

细节处理： 整体调整后的图像已经看起来较为合适，但有些细节部分仍然可能不尽如人意。例如，某些部分的亮度不合适，或是要调整局部的颜色，如图7-116和图7-117所示。

图7-116

图7-117

融合各种元素： 在制作一些视频的时候，往往需要在里面添加一些其他元素。当添加新的元素后，可能会造成整体画面不和谐。这种不和谐可能是大小比例、透视角度和虚实程度等问题，也可能是元素与主体色调不统一。图7-118所示的蓝色纸飞机与绿色的背景搭配不合适，需要将背景调整为黄色。

增强气氛： 通过上面3个步骤的调整，画面的整体和细节都得到了很好的调整，大致呈现了合格的图像。只是合格还不够，要想图像脱颖而出，吸引用户，就需要增强一些气氛。例如，让图像的颜色与主题契合，或增加一些效果起到点睛的作用，如图7-119和图7-120所示。

图7-118

图7-119

图7-120

☞ **技术回顾**------------------------------------

演示视频：021-Lumetri 颜色

效果：Lumetri 颜色

位置：效果>视频效果>颜色校正

扫码观看视频

01 新建一个项目文件，在"项目"面板中导入学习资源"技术回顾"文件夹中的05.mp4素材文件，如图7-121所示。

图7-121

02 将05.mp4素材文件拖曳到"时间轴"面板中，生成序列，效果如图7-122所示。

03 在"效果"面板中展开"颜色校正"卷展栏，就可以找到"Lumetri颜色"效果，如图7-123所示。

04 选中"Lumetri颜色"效果，并将其添加到剪辑上，"效果控件"面板中会出现相关参数，如图7-124所示。

图7-122 　　　　　　　　　　图7-123 　　　　　　　　　　图7-124

05 展开"基本校正"卷展栏可以调整图像的色调、饱和度等基本信息，如图7-125所示。

06 展开"输入LUT"下拉菜单，可以选择不同的调色模板，也可以加载外部的LUT文件，如图7-126所示。图7-127所示是不同的LUT效果。

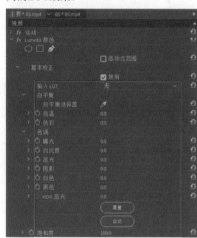

图7-125 　　　　　　　　　　图7-126 　　　　　　　　　　图7-127

07 设置"色温"为负数时，画面偏冷；设置"色温"为正数时，画面偏暖，如图7-128所示。

08 设置"色彩"为负数时，画面偏绿；设置"色彩"为正数时，画面偏洋红，如图7-129所示。

图7-128 　　　　　　　　　　　　　　　　图7-129

09 调整"曝光"数值，可以增强或减弱画面的曝光，如图7-130所示。

10 调整"对比度"数值，可以提升或降低画面的对比度，如图7-131所示。

图7-130 　　　　　　　　　　　　　　　　图7-131

11 调整"高光"和"阴影"数值，可以单独控制画面中高光区域和阴影区域的亮度，如图7-132所示。

12 调整"白色"和"黑色"数值，可以单独控制画面中白色区域和黑色区域的亮度，如图7-133所示。

图7-132 图7-133

13 调整"饱和度"数值，可以提升或降低画面的饱和度，如图7-134所示。

14 展开"创意"卷展栏，其参数面板如图7-135所示。在面板中可以对画面的色调进行更改。

图7-134 图7-135

15 展开"Look"下拉列表，可以为画面选择不同的滤镜，如图7-136所示。效果如图7-137所示。

图7-136 图7-137

16 增加"淡化胶片"数值，能让画面产生损失色彩的胶片感，如图7-138所示。

17 调整"锐化"数值，能锐化整个画面，如图7-139所示。

18 调整"自然饱和度"或"饱和度"数值，能改变画面颜色的饱和度，如图7-140所示。

图7-138 图7-139 图7-140

> **? 疑难问答："自然饱和度"和"饱和度"有何区别？**
>
> "饱和度"能控制画面的整体颜色。如果过度提升，会导致画面颜色饱和度过高而失真。
> "自然饱和度"则相对较为智能，会针对未饱和的颜色，不容易产生过度饱和失真的情况。
> 不论是"饱和度"还是"自然饱和度"，过度调整都会使图像色彩变得不真实、不自然。

19 调整"阴影色彩"的色轮，就能改变画面中阴影部分的色调，如图7-141所示。同理，调整"高光色彩"的色轮，就能改变画面中高光部分的色调，如图7-142所示。

图7-141 图7-142

20 展开"曲线"卷展栏，就能通过不同的曲线面板调整画面的亮度、色调和饱和度，如图7-143所示。

21 在"RGB曲线"面板上,可以分别调整画面整体、"红""绿"和"蓝"通道的亮度,如图7-144所示。其用法与Photoshop中的"曲线"命令相同。

图7-143　　　　　　　　　　　　　　　　　　　图7-144

22 在"色相与饱和度"曲线面板中,为需要调整颜色饱和度的位置添加锚点,然后上下拖曳鼠标,就能更改颜色的饱和度,如图7-145所示。

23 在"色相与色相"曲线面板中,为需要更改颜色色相的位置添加锚点,然后上下拖曳鼠标,就能更改颜色的色相,如图7-146所示。

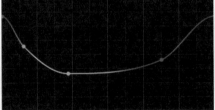 

图7-145　　　　　　　　　　　　　　　　　　图7-146

> **!** 技巧提示
>
> 　按住Ctrl键单击曲线上的锚点,可以删除该锚点。

24 在"色相与亮度"曲线面板中,为需要更改颜色亮度的位置添加锚点,然后上下拖曳鼠标,就能更改颜色的亮度,如图7-147所示。

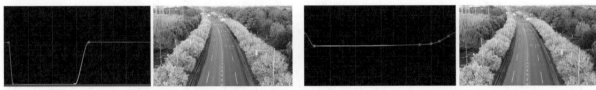

图7-147

25 展开"色轮和匹配"卷展栏,会看到3个色轮,可以分别调整"阴影""中间调"和"高光"区域的颜色,如图7-148所示。效果如图7-149所示。

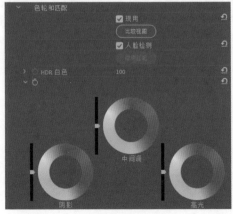 

图7-148　　　　　　　　　　　　　　　　　　图7-149

26 展开"HSL辅助"卷展栏，其参数如图7-150所示。在这个卷展栏中可以单独调整画面中部分颜色的色相、饱和度和亮度等信息。

27 单击"设置颜色"的吸管按钮 ，就可以在画面中吸取需要更改的颜色，在下方的H、S和L控制条上会显示相应的区域，如图7-151所示。

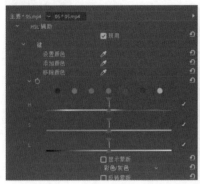
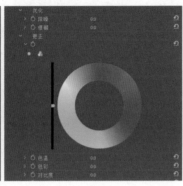
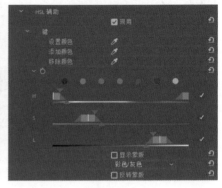

图7-150   图7-151

28 勾选"显示蒙版"选项，就能在画面中看到一个白色的蒙版效果，选中的颜色区域会显示出来，而没选中的颜色区域则为白色蒙版，如图7-152所示。

29 调整H、S和L上的控件长度，能扩大或缩小选择颜色的区域，如图7-153所示。

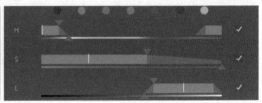

图7-152   图7-153

30 观察选择区域的边缘，会发现边缘呈锯齿状。提升"降噪"和"模糊"数值，会让边缘的锯齿基本消失，如图7-154所示。在调色的时候，颜色过渡会更加柔和，不会出现局部色块。

31 在"更正"卷展栏中可以通过色轮或是下方参数调整选择区域的色温、饱和度和对比度等信息，如图7-155所示。

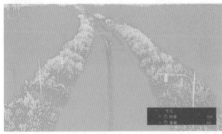

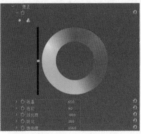

图7-154   图7-155

32 展开"晕影"卷展栏，调整里面的参数，就可以在画面中增加边缘晕影，如图7-156所示。

33 设置"数量"为负数时，晕影显示为黑色；设置"数量"为正数时，晕影显示为白色。效果如图7-157所示。

图7-156

34 调整"中点"数值，可以控制晕影光圈的位置，如图7-158所示。

图7-157   图7-158

35 设置"圆度"为负数时，晕影显示为方形；设置"圆度"为正数时，显示为圆形。效果如图7-159所示。

36 设置"羽化"数值，可以对晕影的边缘进行羽化，如图7-160所示。

图7-159

图7-160

👑 重点

实战：制作复古电影色调街景视频

素材文件	素材文件>CH07>05
实例文件	实例文件>CH07>实战：制作复古电影色调街景视频.prproj
难易程度	★★★★☆
学习目标	掌握"Lumetri颜色"效果

本案例使用"Lumetri颜色""通道混合器"和"快速颜色校正器"效果调整橙色-青色的复古电影色调。案例效果如图7-161所示。

图7-161

👉 案例制作

01 新建一个项目文件，在"项目"面板中导入学习资源"素材文件>CH07>05"文件夹中的素材文件，并新建一个"调整图层"，如图7-162所示。

02 将01.mp4文件选中并拖曳到"时间轴"面板中，生成序列，效果如图7-163所示。

03 将工作区切换到"颜色"，可方便后续调色，如图7-164所示。

图7-162

图7-163

图7-164

> **❓ 疑难问答：切换到"颜色"工作区的目的是什么？**
>
> 切换到"颜色"工作区是为了在"Lumetri范围"面板中观察颜色的范围，以更加精准地调整画面的颜色。

04 将"调整图层"拖曳到V2轨道上，在"Lumetri颜色"面板中展开"色调"卷展栏，设置"曝光"为-0.1，"对比度"为-4，"高光"为-37，"阴影"为2，"白色"为-41，"黑色"为11，如图7-165所示。效果如图7-166所示。

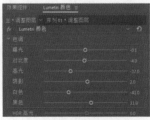

图7-165

图7-166

05 复古电影色调的画面整体呈现"橘色-青色"效果，因此需要在画面中添加橘色和青色。在"效果"面板中选择"通道混合器"效果，并将其添加到"调整图层"剪辑上。设置"红色-红色"为60，"红色-绿色"为40，"蓝色-绿色"为80，"蓝色-蓝色"为20，如图7-167所示。效果如图7-168所示。

06 在"Lumetri范围"面板中观察"矢量示波器HLS"，可以明显观察到画面中的颜色整体偏向"红色-青色"方向，与预想的"橙色-青色"有偏差，如图7-169所示。

> ⓘ **技巧提示**
>
> 每种颜色的通道混合量总和必须为100，否则画面就会出现偏色效果。

图7-167

图7-168

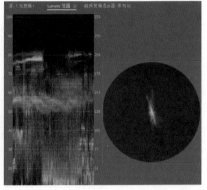

图7-169

> ⓘ **技巧提示**
>
> "矢量示波器HLS"所显示的颜色范围不是很清晰，读者可参考图7-170所示的色轮。

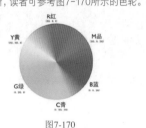

图7-170

07 在"效果"面板中搜索"快速颜色校正器"效果，并将其添加到"调整图层"剪辑上，设置"色相角度"为-21°，"饱和度"为155，如图7-171所示。效果如图7-172所示。

图7-171

图7-172

> ⓘ **技巧提示**
>
> 在调整"色相角度"数值同时，需要观察"矢量示波器HLS"中所显示的波形角度，如图7-173所示，同时对比色轮，从而确定"色相角度"数值。

图7-173

08 观察画面效果，黄色部分比较多，需要偏向橙色。在"效果"面板搜索"更改颜色"效果，并将其添加到"调整图层"剪辑上，然后吸取画面中的黄色，设置"匹配容差"为25%，"色相变换"为-8，如图7-174所示。效果如图7-175所示。在调整"色相变换"数值时，要观察"矢量示波器HLS"中所显示的波形角度。

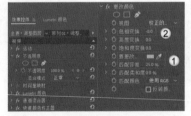

图7-174

图7-175

09 在V3轨道上添加一个"调整图层"剪辑，在"Lumetri颜色"面板中展开"色轮和匹配"卷展栏，然后设置"阴影"为青色，"中间调"为橘色，"高光"为黄色，如图7-176所示。效果如图7-177所示。

图7-176

图7-177

10 展开"曲线"卷展栏，设置"色相与饱和度"的曲线，提升橙色和青色的饱和度，如图7-178所示。效果如图7-179所示。

11 在"曲线"卷展栏中调整"RGB曲线"，调整曲线的亮部和暗部，使画面产生胶片的效果，如图7-180所示。效果如图7-181所示。

12 电影通常是宽画幅的，画面的上方和下方有黑边。在"效果"面板搜索"裁剪"效果，将其添加到V1轨道的剪辑上，设置"顶部"和"底部"都为10%，如图7-182所示。效果如图7-183所示。

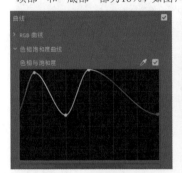

图7-178

图7-179

图7-180

图7-181

图7-182

图7-183

13 单击"导出帧"按钮 📷 ，导出4帧画面，效果如图7-184所示。

图7-184

◎ **技术专题：用Photoshop制作调色LUT预设文件**

一些计算机的配置不佳，导致在调色时出现软件卡顿的现象。这样会极大地影响操作。这个时候，就可以借助Photoshop进行调色，导出LUT预设文件后再加载到Premiere Pro中。下面介绍具体的操作方法。

第1步： 在Premiere Pro中导出剪辑的一个单帧图片，并将其导入Photoshop中。

第2步： 通过"调整图层"中的命令为单帧图片进行调色，如图7-185所示。读者需要注意，只能使用"调整图层"进行调色，如果再加入蒙版之类的就不能导出LUT文件。

第3步： 执行"文件>导出>颜色查找"菜单命令，在打开的"导出颜色查找表"对话框中设置"说明"为导出LUT文件的名称，扩展名一定要标注为.lut，并且勾选"使用小写的文件扩展名"选项，在"格式"中只保留"CUBE"选项，如图7-186所示。

图7-185

图7-186

第4步： 单击"确定"按钮（ 确定 ），设置导出文件的路径和文件名。

第5步： 返回Premiere Pro，在"Lumetri颜色"效果中展开"基本校正"卷展栏，然后在"输入LUT"下拉列表中选中"浏览"选项，在打开的对话框中选择刚才导出的LUT格式的文件，如图7-187所示。

第6步： 单击"打开"按钮，就可以在画面中观察到调色后的效果，如图7-188所示。

图7-187

图7-188

实战：制作单色古风人像视频

素材文件	素材文件>CH07>06
实例文件	实例文件>CH07>实战：制作单色古风人像视频.prproj
难易程度	★★★★☆
学习目标	掌握"Lumetri颜色"效果

本案例需要将一段古风人像视频调整为保留红色系的效果，需要使用"Lumetri颜色"效果进行制作。效果如图7-189所示。

图7-189

☞ 案例制作

01 新建一个项目文件，在"项目"面板中导入学习资源"素材文件>CH07>06"文件夹中的素材文件，并新建一个"调整图层"，如图7-190所示。

02 将01.mp4文件选中并拖曳到"时间轴"面板中，生成序列，效果如图7-191所示。

图7-190

图7-191

03 将"调整图层"拖曳到V2轨道上，并调整剪辑，使之与下方的剪辑长度一致，如图7-192所示。

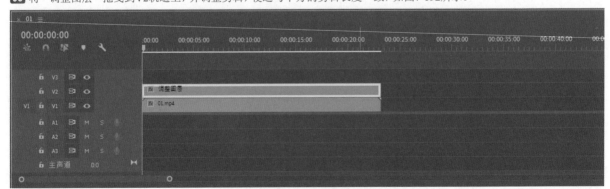

图7-192

04 切换到"颜色"工作区，在"调整图层"剪辑上添加"Lumetri颜色"效果。展开"色调"卷展栏，设置"曝光"为0.1，"对比度"为-31.8，"高光"为4.3，"阴影"为-34.6，"白色"为-30.8，"黑色"为98.1，如图7-193所示。效果如图7-194所示。

05 展开"曲线"卷展栏，在"色相与饱和度"中吸取唇部的红色，并调整曲线，如图7-195所示。调整后除了人像唇部和部分肌肤，其余都呈黑白效果，如图7-196所示。

图7-193

图7-194

图7-195

图7-196

> **技巧提示**
>
> 在保留唇部的红色时，尽量不要过度调整人物皮肤的颜色，否则画面会显得突兀，如图7-197所示。
>
>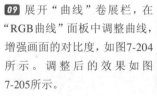
> 图7-197

06 在V3轨道上再添加一个"调整图层"剪辑。展开"曲线"卷展栏，在"色相与饱和度"中吸取肌肤的颜色，然后稍微降低一些饱和度，如图7-198所示。此时肌肤看起来更加白皙但不会显得惨白，如图7-199所示。

图7-198

图7-199

07 展开"HSL辅助"卷展栏，吸取唇部的红色，设置"饱和度"为120，如图7-200所示。效果如图7-201所示。

图7-200

图7-201

08 在V4轨道上添加"调整图层"剪辑。展开"HSL辅助"卷展栏，然后吸取眼影位置的红色，设置"降噪"为10.9，"模糊"为4.7，色轮为红色，如图7-202所示。这样就能增大眼影的红色部分，效果如图7-203所示。

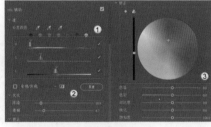
图7-202

图7-203

09 展开"曲线"卷展栏，在"RGB曲线"面板中调整曲线，增强画面的对比度，如图7-204所示。调整后的效果如图7-205所示。

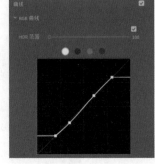
图7-204

图7-205

10 在V5轨道上添加"调整图层"剪辑，展开"创意"卷展栏，设置"自然饱和度"为12.8，设置"阴影色彩"为绿色，"高光色彩"为青色，如图7-206所示。此时单色的背景就显示淡淡的青绿色，如图7-207所示。

图7-206　　　　　　　　　　　　　　　　　图7-207

11 单击"导出帧"按钮 📷，导出4帧画面，效果如图7-208所示。

图7-208

👑 重点

实战：制作赛博朋克风格夜景视频

素材文件	素材文件>CH07>07
实例文件	实例文件>CH07>实战：制作赛博朋克风格夜景视频.prproj
难易程度	★★★★☆
学习目标	掌握"Lumetri颜色"和"VR数字故障"效果

本案例要将一段夜景视频制作成赛博朋克风格的，需要用"Lumetri颜色"效果进行调色，然后用"VR数字故障"效果制作画面过渡。效果如图7-209所示。

图7-209

👉 案例制作 --------------------------------

01 新建一个项目文件，在"项目"面板中导入学习资源"素材文件>CH07>07"文件夹中的素材文件，如图7-210所示。

02 选中01.mp4素材文件，将其拖曳到"时间轴"面板中，生成序列，效果如图7-211所示。

图7-210　　　　　　　　　　　图7-211

03 切换到"颜色"工作区，在"Lumetri颜色"面板中展开"基本校正"卷展栏，设置"色温"为-34.6，"曝光"为0.8，"对比度"为9，"高光"为16.6，"阴影"为-10，"白色"为-26.1，"黑色"为14.7，如图7-212所示。效果如图7-213所示。

图7-212　　　　　　　　　　　图7-213

04 展开"创意"卷展栏，设置"自然饱和度"为10.9，"阴影色彩"为蓝色，"高光色彩"为紫色，如图7-214所示。效果如图7-215所示。

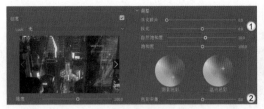

图7-214 图7-215

05 画面大致有了赛博朋克的感觉，但还存在很多黄色的灯光。展开"曲线"卷展栏，在"色相与色相"面板中调整曲线，使红色和橙色都转换为紫红色，如图7-216所示。效果如图7-217所示。

06 画面中蓝色不太明显，需要提升其饱和度。在"色相与饱和度"面板中调整曲线，提升青色到蓝色间的饱和度，如图7-218所示。效果如图7-219所示。

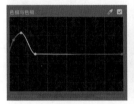

图7-216 图7-217 图7-218 图7-219

> ⓘ **技巧提示**
>
> 赛博朋克风格的画面颜色都较为艳丽，颜色的饱和度很高。

07 在"色相与亮度"的面板中调整曲线，使紫色和蓝色的亮度稍微高一些，让画面的对比更加明显，如图7-220所示。效果如图7-221所示。

08 在"RGB曲线"面板中切换到"蓝色"曲线面板，调整曲线，增加画面中暗部的蓝色，如图7-222所示。效果如图7-223所示。调色部分制作完成。

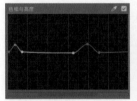

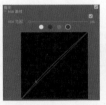

图7-220 图7-221 图7-222 图7-223

09 在V2轨道上添加01.mp4素材文件，然后移动播放指示器到00:00:03:00的位置，用"剃刀工具" 对其进行裁剪，并删除多余的剪辑，如图7-224所示。

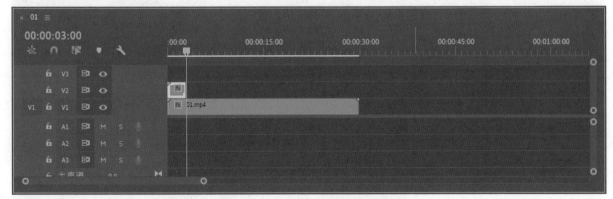

图7-224

10 在V2轨道的剪辑上添加"VR数字故障"效果，然后在00:00:02:15的位置设置"帧布局"为"立体-上/下"，"主振幅"为0，"颜色演化"为0°，"随机植入"为0，并添加关键帧，如图7-225所示。

11 移动播放指示器到00:00:03:00的位置，设置"主振幅"为100，"几何扭曲X轴"为100，"颜色演化"为1×21°，"随机植入"为159，如图7-226所示。效果如图7-227所示。

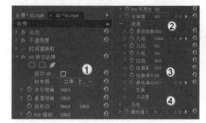

图7-225 图7-226 图7-227

12 将V2轨道上剪辑的"VR数字故障"效果复制粘贴到V1轨道的剪辑上，然后移动关键帧，使00:00:03:00位置的变形最强，到00:00:03:05位置变形结束，如图7-228所示。

图7-228

13 单击"导出帧"按钮，导出4帧画面，效果如图7-229所示。

图7-229

实战：制作港风人像视频

素材文件	素材文件>CH07>08
实例文件	实例文件>CH07>实战：制作港风人像视频.prproj
难易程度	★★★★☆
学习目标	掌握"Lumetri颜色"效果

本案例需要用"Lumetri颜色"效果制作港风人像视频。案例效果如图7-230所示。

图7-230

案例制作

01 新建一个项目文件，在"项目"面板中导入学习资源"素材文件>CH07>08"文件夹中的素材文件，并新建一个"调整图层"，如图7-231所示。

图7-231

02 选中01.mp4素材文件，将其拖曳到"时间轴"面板中，生成序列，并设置"速度"为200%，如图7-232所示。效果如图7-233所示。

图7-232　　　　　　　　　　　　　　　　　　　　　　图7-233

03 将"调整图层"移动到V2轨道上，调整剪辑的长度，使其末尾与01.mp4剪辑的末尾对齐，如图7-234所示。

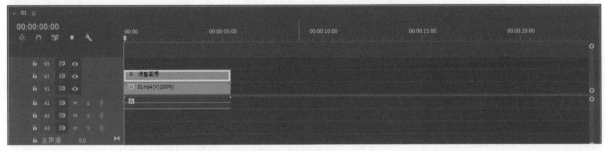

图7-234

04 切换到"颜色"工作区，选中"调整图层"剪辑，在"Lumetri颜色"面板中展开"基本校正"卷展栏，设置"色温"为-0.5，"色彩"为-22.4，"曝光"为0.3，"对比度"为34.3，"高光"为-29.4，"阴影"为-10，"白色"为-45.3，"黑色"为25.4，如图7-235所示。效果如图7-236所示。

05 在"创意"卷展栏中设置"淡化胶片"为14.4，"锐化"为14.4，"自然饱和度"为50.2，"阴影颜色"为绿色，"高光颜色"为红色，"色彩平衡"为-21.4，如图7-237所示。效果如图7-238所示。

图7-235　　　　　　　　　　　　　　　　　　图7-236

图7-237　　　　　　　　　　　　　　　　　　图7-238

06 展开"曲线"卷展栏，在"色相与饱和度"面板中设置曲线，增加红色、绿色和蓝色的饱和度，如图7-239所示。效果如图7-240所示。

07 港风画面有较强的对比度。在"RGB曲线"面板中调整画面的曲线，提高对比度，并调整高光和阴影部分，使其成为胶片的色调，如图7-241所示。效果如图7-242所示。

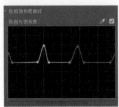

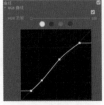

图7-239　　　　　　　图7-240　　　　　　　图7-241　　　　　　　图7-242

08 展开"色轮和匹配"卷展栏，设置"阴影"为红色，"高光"为青色，如图7-243所示。这样就可以使人像的皮肤变得更加白皙，如图7-244所示。

图7-243 图7-244

09 展开"晕影"卷展栏，设置"数量"为-2.6，"中点"为32.8，"圆度"为28.4，"羽化"为44.3，如图7-245所示。效果如图7-246所示。

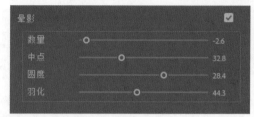

图7-245 图7-246

10 单击"导出帧"按钮 📷 ，导出4帧画面，效果如图7-247所示。

图7-247

第 **8** 章

① 技巧提示 ＋ ② 疑难问答 ＋ ◎ 技术专题 ＋ ✎ 知识链接

抠像

本章主要讲解Premiere Pro的抠像方法。抠像可以将视频中的部分素材进行提取，也可以将不同轨道上的素材进行嵌套叠加，是一个灵活又强大的功能。

学习重点 🔍

实战：制作抠取绿幕视频

素材文件	素材文件>CH08>01
实例文件	实例文件>CH08>实战：制作抠取绿幕视频.prproj
难易程度	★★★☆☆
学习目标	掌握"超级键"效果

扫码观看视频

本案例运用"超级键"效果抠取手机绿屏，替换为素材视频。案例效果如图8-1所示。

图8-1

👉 **案例制作**

01 新建一个项目文件，在"项目"面板中导入学习资源"素材文件>CH08>01"文件夹中的素材文件，如图8-2所示。

02 选中01.mp4素材文件，将其拖曳到"时间轴"面板中，生成序列，如图8-3所示。效果如图8-4所示。

图8-2

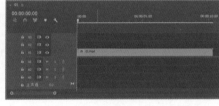

图8-3

图8-4

03 在"效果"面板中选择"超级键"效果，将其添加到01.mp4剪辑上，如图8-5所示。

04 在"效果控件"面板中单击"主要颜色"后的"吸管"按钮，并吸取手机屏幕上的绿色，如图8-6所示。效果如图8-7所示。

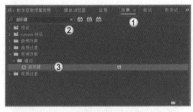

图8-5

图8-6

图8-7

05 将01.mp4剪辑向上移动到V2轨道上，然后在V1轨道上添加02.mp4素材文件，如图8-8所示。

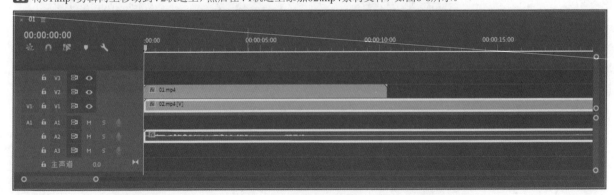

图8-8

06 用"剃刀工具"裁剪多余的剪辑，并删掉音频，如图8-9所示。

07 选中02.mp4剪辑，在"效果控件"面板中调整剪辑的大小和角度，使其填充满屏幕，如图8-10所示。

图8-9 图8-10

08 添加"位置"和"旋转"关键帧，然后随着画面的移动调整剪辑的位置，使其一直保持在手机画面中，如图8-11所示。

09 选中所有的"位置"关键帧，单击鼠标右键，在弹出的菜单中选择"空间插值>线性"选项，如图8-12所示。选择"线性"后，剪辑会沿着关键帧的位置直线运动，而不是进行默认的贝塞尔曲线移动。这样就不会出现剪辑画面突然向其他方向移动的问题。

图8-11 图8-12

> **！ 技巧提示**
>
> 关键帧的添加位置一般是在运动起始、中间和结束的位置分别添加1个关键帧，然后根据中间运动的位置添加数量不定的关键帧进行细节调整，这样能最快地制作跟随动画。

10 单击"导出帧"按钮 ，导出4帧画面，效果如图8-13所示。

图8-13

技术回顾

演示视频: 022-"超级键"效果

效果: 超级键

位置: 效果>视频效果>键控

01 新建一个项目文件，在"项目"面板中导入学习资源"技术回顾"文件夹中的素材文件，如图8-14所示。

02 将06.mp4素材文件选中并拖曳到"时间轴"面板中，生成序列，效果如图8-15所示。

03 在"效果"面板中展开"视频效果"卷展栏，然后展开"键控"卷展栏，就可以看到子层级的各种键控效果，如图8-16所示。

图8-14 图8-15 图8-16

04 对于绿幕背景场景，"超级键"效果是非常好的抠取背景工具，相对于其他键控效果，可以做到精确、干净。选中"超级键"效果，将其添加到剪辑上，在"效果控件"面板上可以看到相应的参数，如图8-17所示。

05 单击"主要颜色"后的"吸管"按钮，吸取画面中的绿色背景，就可以完全抠掉背景，只显示人像，如图8-18所示。

> ⓘ 技巧提示
>
> 剪辑下方没有其他显示的元素，因此抠掉的背景会显示为纯黑色。

图8-17　　　　　　　　　　图8-18

06 切换"合成"的模式为"Alpha通道"，就会在画面中显示Alpha通道效果，如图8-19所示。人像为白色部分，背景为黑色部分。

07 放大画面，可以观察到在人像头发部位还残留了一些印记，如图8-20所示。展开"遮罩生成"卷展栏，设置"基值"为80，就可以取消头发周围的白色印记，如图8-21所示。

图8-19　　　　　　　　图8-20　　　　　　　　图8-21

> ⓘ 技巧提示
>
> 在Alpha通道中，白色部分是不透明的，而黑色部分是透明的，可以显示下层的内容。

08 人像的边缘还残存一些锯齿，展开"遮罩清除"卷展栏，设置"柔化"为25，如图8-22所示。

09 人像脸部的阴影处反射了绿幕的颜色，展开"溢出抑制"卷展栏，设置"范围"为55，"溢出"为72，就可以将反射了绿幕的部分修正为正常肤色，如图8-23所示。

图8-22　　　　　　　　　　　　图8-23

10 抠掉蓝幕的方法与绿幕一样。移动播放指示器到00:00:02:23的位置，画面中出现蓝色的手机屏幕，如图8-24所示。

11 在剪辑上添加"超级键"效果，设置"主要颜色"为手机屏幕的蓝色，就能抠掉蓝幕，如图8-25所示。

图8-24　　　　　　　　　　　　图8-25

> ❓ 疑难问答：绿幕和蓝幕如何选择？
>
> 绿幕和蓝幕常常出现在电影、电视特效的制作中，其作用就是抠掉背景，快速合成其他场景。亚洲一般使用蓝幕，因为蓝色与人像的肤色互为对比色，比较容易抠像。欧美则主要使用绿幕，因为很多欧美人的瞳孔是蓝色的，使用蓝幕容易将瞳孔一起抠掉。

实战：制作水墨遮罩视频

素材文件	素材文件>CH08>02
实例文件	实例文件>CH08>实战：制作水墨遮罩视频.prproj
难易程度	★★★☆☆
学习目标	掌握"轨道遮罩键"效果

扫码观看视频

本案例用"轨道遮罩键"效果将水墨遮罩与背景视频进行混合，从而形成水墨转场的视频。效果如图8-26所示。

图8-26

☞ **案例制作**

01 新建一个项目文件，在"项目"面板中导入学习资源"素材文件>CH08>02"文件夹中的素材文件，如图8-27所示。

02 双击01.mp4素材文件，在"源"监视器中查看素材，如图8-28所示。

03 新建一个AVCHD 1080p25序列，在"源"监视器的00:00:09:00和00:00:16:00的位置分别添加入点和出点，如图8-29所示。

图8-27　　　　　　　　　　　　　图8-28　　　　　　　　　　　　　图8-29

04 按,键将入点和出点间的剪辑插入V1轨道上，如图8-30所示。效果如图8-31所示。

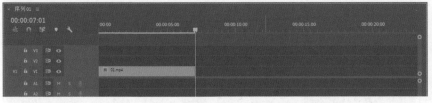

图8-30　　　　　　　　　　　　　　　　　　　　　图8-31

05 在"源"监视器00:00:46:00和00:00:54:00的位置分别添加入点和出点。然后按,键将入点和出点间的片段插入V1轨道上，如图8-32所示。效果如图8-33所示。

图8-32　　　　　　　　　　　　　　　　　　　　　图8-33

06 在"源"监视器00:01:02:20和00:01:12:15的位置分别添加入点和出点。然后按,键将入点和出点间的片段插入V1轨道上，如图8-34所示。效果如图8-35所示。

图8-34 图8-35

07 选中3个剪辑，将"持续时间"都设置为00:00:03:00，如图8-36所示。

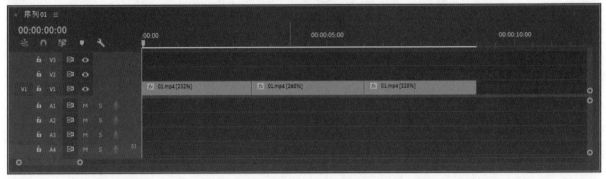

图8-36

08 选中03.mov素材文件，将其添加到V2轨道上，并设置"持续时间"为00:00:03:00，如图8-37所示。效果如图8-38所示。

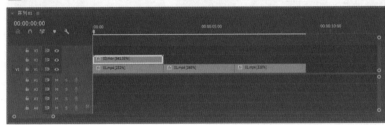

图8-37 图8-38

09 在"效果"面板中选中"轨道遮罩键"效果，将其添加到V1轨道的3个剪辑上，如图8-39所示。

10 在"效果控件"面板中设置"遮罩"为"视频2"，如图8-40所示。画面中V2轨道上的素材会遮挡V1轨道上的素材，效果如图8-41所示。

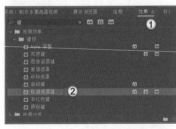

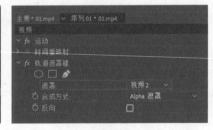

图8-39 图8-40 图8-41

> **① 技巧提示**
>
> 使用"轨道遮罩键"效果时，遮罩视频一定是带Alpha通道的MOV格式的视频。这样才能实现遮罩效果。若是用MP4格式的视频，则无法实现遮罩效果。

11 双击02.mov素材文件，在"源"监视器中查看素材文件，然后在剪辑起始位置添加入点，在00:00:02:00的位置添加出点，如图8-42所示。

12 按,键将入点和出点间的剪辑添加到V2轨道上，如图8-43所示。

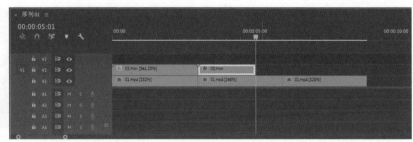

图8-42　　　　　　　　　　　　　　　　　　　　　　　　图8-43

13 将上一步设置的剪辑"持续时间"设置为00:00:03:00，如图8-44所示。效果如图8-45所示。

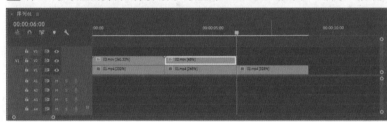

图8-44　　　　　　　　　　　　　　　　　　　　　　　　图8-45

14 选中下方V1轨道上的剪辑，在"效果控件"面板中设置"遮罩"为"视频2"，如图8-46所示。效果如图8-47所示。

图8-46　　　　　　　　　　　　　　　　　　　　　　　　图8-47

15 在"源"监视器00:00:04:02和末尾位置分别添加入点和出点，然后按,键将入点和出点间的剪辑添加到V2轨道上，如图8-48所示。

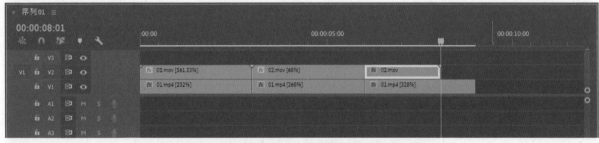

图8-48

16 将上一步设置的剪辑"持续时间"设置为00:00:03:00，如图8-49所示，效果如图8-50所示。

图8-49　　　　　　　　　　　　　　　　　　　　　　　　图8-50

17 选中下方V1轨道上的剪辑，在"效果控件"面板中设置"遮罩"为"视频2"，如图8-51所示。效果如图8-52所示。

图8-51　　　　　　　　　　　　　　　　　　图8-52

18 单击"导出帧"按钮，导出4帧画面，效果如图8-53所示。

图8-53

👉 **技术回顾**

演示视频：023-"轨道遮罩键"效果

效果：轨道遮罩键

位置：效果>视频效果>键控

01 新建一个项目文件，在"项目"面板中导入学习资源"技术回顾"文件夹中的素材文件，如图8-54所示。

02 将01.jpg素材文件选中并拖曳到V1轨道上，然后将03.mov素材文件选中并拖曳到V2轨道上，效果如图8-55所示。03.mov素材文件附带Alpha通道，因此通道中会显示下方01.jpg素材文件的内容。

03 在"效果"面板中选择"轨道遮罩键"效果，并将其添加到V1轨道的剪辑上，如图8-56所示。

图8-54　　　　　　　　　　　图8-55　　　　　　　　　　　图8-56

04 在"效果控件"面板中设置"遮罩"为"视频2"，画面中就会只显示V2轨道上的素材文件，但素材的颜色会被下方V1轨道上素材的颜色影响，如图8-57所示。

05 勾选"反向"选项，就会将现有的画面遮罩整体反向，V2轨道上的素材显示为黑色，而V1轨道上的素材则完全显示，如图8-58所示。

图8-57　　　　　　　　　　　　　　　　　　图8-58

❶ **技巧提示**

遮罩的剪辑一定要处于添加"轨道遮罩键"效果剪辑的上层轨道上，否则无法实现遮罩效果。

06 展开"合成方式"下拉列表，可以选择默认的"Alpha遮罩"和"亮度遮罩"两种模式，如图8-59所示。相应的效果如图8-60所示。

图8-59

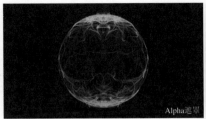
Alpha遮罩

亮度遮罩

图8-60

实战：制作器物抠图转场视频

素材文件	素材文件>CH08>03
实例文件	实例文件>CH08>实战：制作器物抠图转场视频.prproj
难易程度	★★★★☆
学习目标	掌握运用蒙版工具对视频进行抠图的方法

本案例运用蒙版工具对视频进行抠图，从而制作趣味转场效果。案例效果如图8-61所示。

图8-61

👉 案例制作

01 新建一个项目文件，在"项目"面板中导入学习资源"素材文件>CH08>03"文件夹中的素材文件，如图8-62所示。

02 新建一个AVCHD 1080p25的序列，将01.mov素材文件选中并拖曳到V1轨道上，如图8-63所示。效果如图8-64所示。

图8-62

图8-63

图8-64

03 移动播放指示器到00:00:06:00的位置，用"剃刀工具" ◣裁剪剪辑，并删掉多余的部分，如图8-65所示。

04 将02.mp4剪辑添加到V1轨道上。然后移动播放指示器到00:00:15:00的位置并进行裁剪，删掉多余的剪辑，如图8-66所示。效果如图8-67所示。

图8-65

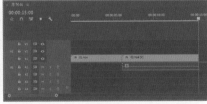
图8-66

图8-67

05 将03.mp4素材文件添加到V1轨道上。然后移动播放指示器到00:00:25:00的位置并进行裁剪，删掉多余的剪辑，如图8-68所示。效果如图8-69所示。

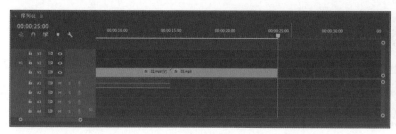

图8-68

图8-69

06 将3个剪辑的"持续时间"都设置为00:00:05:00，如图8-70所示。

07 选中02.mp4剪辑，按住Alt键向V2轨道复制一份，如图8-71所示。

图8-70

图8-71

08 选中复制到V2轨道上的剪辑，在剪辑的起始位置单击鼠标右键，在弹出的菜单中选择"添加帧定格"选项，使剪辑成为静帧效果，如图8-72和图8-73所示。

09 在"效果控件"面板中单击"不透明度"卷展栏中的"自由绘制贝塞尔曲线"按钮，在画面中沿着香炉的轮廓进行绘制，如图8-74所示。

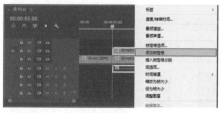

图8-72

图8-73

图8-74

◎ **技术专题：导出视频单帧抠图**

在Premiere Pro中使用"自由绘制贝塞尔曲线"工具进行抠图操作不是很方便。对于这个步骤，我们可以将其导出单帧后在Photoshop中进行。下面介绍具体的操作方法。

第1步： 在静止剪辑的任意位置单击"导出帧"按钮，就可以导出一张静帧图片，如图8-75所示。

第2步： 将导出的静帧图片在Photoshop中进行抠图，如图8-76所示。Photoshop中抠图的方法有很多，读者可采用自己擅长的方法进行抠图。

第3步： 将抠掉背景的图片导出为带Alpha通道格式的文件（如PNG、TIFF和TGA等格式的文件），再将图片文件导入Premiere Pro中，如图8-77所示。

图8-75

图8-76

图8-77

---

10 将V2轨道上的剪辑向前移动20帧，移动播放指示器到00:00:05:01的位置，将剪辑末尾缩短到播放指示器的位置，如图8-78所示。效果如图8-79所示。

图8-78

图8-79

11 在剪辑末尾添加"位置"关键帧，然后在剪辑起始位置将香炉向上移出画面。动画效果如图8-80所示。

图8-80

12 按Space键预览动画，发现香炉下落的速度太慢，将"速度"设置为200%，如图8-81所示。

图8-81

13 选中03.mp4剪辑，并向上复制到V2轨道上一层，如图8-82所示。

图8-82

14 为剪辑"添加帧定格"，并用"自由绘制贝塞尔曲线"工具 沿着茶杯的轮廓创建蒙版，如图8-83所示。

15 将添加蒙版后的剪辑向前移动10帧，然后移动播放指示器到00:00:10:01的位置，将剪辑末尾与播放指示器对齐，如图8-84所示。

图8-83

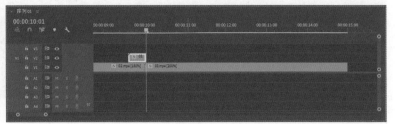
图8-84

16 在剪辑末尾添加"位置"关键帧，然后在剪辑的起始位置将茶杯向左移出画面。动画效果如图8-85所示。

图8-85

17 选中音效.wav素材文件，将其拖曳到A1轨道上，对应每一次物体的移动，如图8-86所示。

18 双击背景音乐.wav素材文件，在"源"监视器中设置入点位置为00:00:00:07，出点位置为00:00:06:20，如图8-87所示。

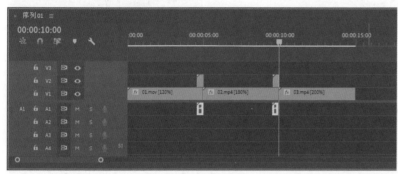

图8-86

图8-87

19 将入点和出点间的背景音乐添加到A2轨道上，如图8-88所示。

20 选中剪辑，向右复制两个，使背景音乐的长度比视频剪辑要长，如图8-89所示。

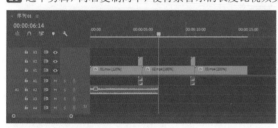

图8-88

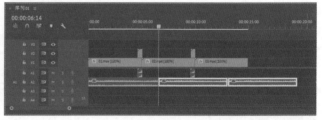

图8-89

21 按Space键播放音频，发现背景音乐拼接后不是很连贯。为A2轨道上的剪辑添加"恒定功率"音频过渡效果，就可以让剪辑间过渡更加流畅，如图8-90所示。

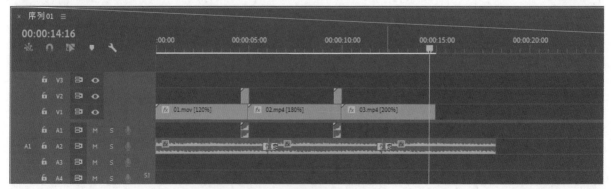

图8-90

22 单击"导出帧"按钮 ◎，导出4帧画面，效果如图8-91所示。

图8-91

实战: 制作裸眼3D效果视频

素材文件	素材文件>CH08>04
实例文件	实例文件>CH08>实战: 制作裸眼3D效果视频.prproj
难易程度	★★★★☆
学习目标	掌握运用蒙版工具对视频进行抠图的方法

扫码观看视频

本案例用"变换"效果中的蒙版制作裸眼3D效果的动物视频。案例效果如图8-92所示。

图8-92

👉案例制作-----------------------

01 新建一个项目文件,在"项目"面板中导入学习资源"素材文件>CH08>04"文件夹中的素材文件,如图8-93所示。

02 双击素材文件,在"源"监视器中设置入点为00:00:05:10,出点为00:00:08:20,如图8-94所示。

图8-93

图8-94

03 新建AVCHD 1080p25序列,将入点和出点间的剪辑插入V1轨道上,如图8-95所示。效果如图8-96所示。

图8-95

图8-96

> ❗ **技巧提示**
>
> 本案例不需要音频,原有的音频轨道可以删掉。

04 在剪辑上添加"变换"效果,然后在画面中绘制一个矩形的蒙版,并设置"蒙版羽化"为0,"不透明度"为0,如图8-97所示。此时画面中的蒙版会显示为黑色,如图8-98所示。

05 将"变换"效果复制一次,然后将蒙版向右移动,如图8-99所示。

图8-97

图8-98

图8-99

06 移动播放指示器到00:00:00:24的位置,此时画面中狗狗和黑色的边框之间没有重合,如图8-100所示。用"剃刀工具" ◆ 在此处进行裁剪,如图8-101所示。

图8-100　　　　　　　　　　　　　　　　　　　　　图8-101

07 将第1段剪辑向上复制到V2轨道上,删掉原有的两个"变换"效果,添加一个新的"变换"效果,并绘制被遮挡住的鼻子部分的蒙版,勾选"已反转"选项,设置"不透明度"为0,如图8-102所示。此时画面中会显示绘制的鼻子部分,且遮盖下方的黑色遮罩,形成立体效果,如图8-103所示。

08 将V2轨道上的剪辑向上复制到V3轨道上,然后在被遮挡的舌头部分修改蒙版,效果如图8-104所示。

图8-102　　　　　　　　　　图8-103　　　　　　　　　　图8-104

> **① 技巧提示**
>
> "蒙版羽化"数值这里不作规定,读者请按照实际情况进行设置。

09 移动播放指示器,为V2和V3轨道上的蒙版添加"蒙版路径"关键帧,使其与后方的黑色遮罩形成正确的透视关系,如图8-105所示。

图8-105

> **① 技巧提示**
>
> "蒙版路径"关键帧可按照间隔两帧的频率进行设置。在创建关键帧时,为了方便观察,可先隐藏V3轨道的效果。

10 按照调整鼻子的方法调整舌头的蒙版,并添加"蒙版路径"关键帧,效果如图8-106所示。舌头的运动非常多且幅度较大,因此只能逐帧添加关键帧。

图8-106

11 移动播放指示器到00:00:01:16的位置，用"剃刀工具" ✄ 裁剪剪辑，如图8-107所示。

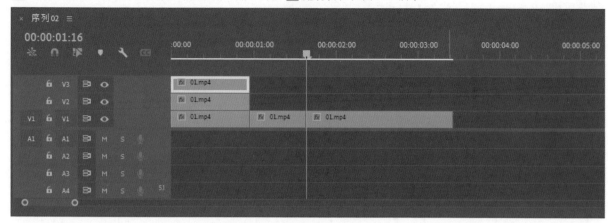

图8-107

12 选中最后一段剪辑，向上复制两层，分别置于V2和V3轨道上，如图8-108所示。

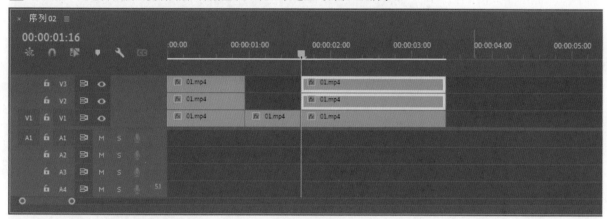

图8-108

13 为复制的两个剪辑添加"变换"效果，然后按照上面的步骤添加鼻子和舌头的蒙版，如图8-109所示。

图8-109

> **❶ 技巧提示**
>
> 　　狗狗的鼻子处有很多绒毛，在抠图的时候没有办法将每一根绒毛都抠出来，这里只能大致处理。

14 单击"导出帧"按钮 ⬜ ，导出4帧画面，效果如图8-110所示。

图8-110

👑重点

实战： 制作人物介绍视频

素材文件	素材文件>CH08>05
实例文件	实例文件>CH08>实战：制作人物介绍视频.prproj
难易程度	★★★★☆
学习目标	掌握运用蒙版工具对视频进行抠图的方法和"油漆桶"效果

扫码观看视频

本案例制作人物介绍视频，需要将视频中的人像单独抠取后添加"油漆桶"效果，生成白色描边。案例效果如图8-111所示。

图8-111

👉案例制作--------------------

01 新建一个项目文件，在"项目"面板中导入学习资源"素材文件>CH08>05"文件夹中的素材文件，如图8-112所示。

02 将01.mp4文件选中并拖曳到"时间轴"面板中，生成序列，如图8-113所示。效果如图8-114所示。

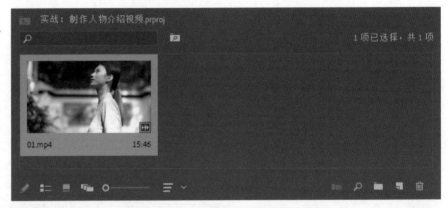

图8-112

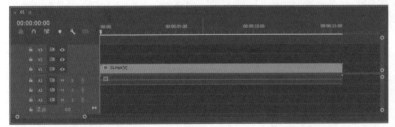

图8-113

图8-114

03 移动播放指示器到00:00:05:20的位置，用"剃刀工具" ✎进行裁剪，并删掉多余的剪辑，如图8-115所示。效果如图8-116所示。

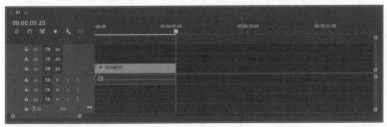

图8-115

图8-116

04 移动播放指示器到00:00:05:19的位置，用"剃刀工具" ✎进行裁剪。选中后方的剪辑，单击鼠标右键，在菜单中选择"添加帧定格"选项，如图8-117所示。

05 选中前一段剪辑，将"速度"设置为200%，然后将后一段定格的静帧剪辑延长到00:00:05:00的位置，如图8-118所示。

图8-117　　　　　　　　　　　　　　　　　图8-118

06 将静帧剪辑向上复制到V2轨道上，然后用"自由绘制贝塞尔曲线"工具 ✐ 将人像部分抠取出来，如图8-119所示。

07 将抠像后的剪辑向上复制到V3轨道上。然后在V2轨道的剪辑上添加"油漆桶"效果，会发现颜色并没有填充到整个画面上，如图8-120所示。

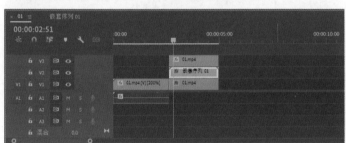

图8-119　　　　　　　　　　　　　　　　　图8-120

08 选中V2轨道上的剪辑，删掉"油漆桶"效果，然后将剪辑转换为"嵌套序列01"，再次添加"油漆桶"效果，就可以观察到想要的效果，如图8-121所示。效果如图8-122所示。

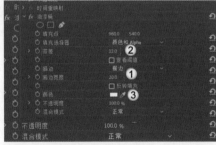

图8-121　　　　　　　　　　　　　　　　　图8-122

09 在"效果控件"面板中设置"描边"为"描边"，"描边宽度"为20，"容差"为12，"颜色"为白色，如图8-123所示。效果如图8-124所示。

图8-123　　　　　　　　　　　　　　　　　图8-124

10 将V2和V3轨道上的剪辑进行嵌套，然后设置"位置"为（977,558），"缩放"为104.5，"旋转"为－2.8°，如图8-125所示。效果如图8-126所示。

图8-125　　　　　　　　　　　　　　　　　图8-126

11 背景部分的人像会清晰地显示出来。在V1轨道的静帧剪辑上添加"高斯模糊"效果，设置"模糊度"为132，勾选"重复边缘像素"选项，如图8-127所示。效果如图8-128所示。

12 用"文字工具" T 在人像左侧输入文字信息，字体需要选择一个偏手写体的风格。效果如图8-129所示。

图8-127

图8-128

图8-129

> ⓘ 技巧提示
>
> 文字的内容和字体的相关信息这里不作要求，读者按照喜好设置即可。

13 单击"导出帧"按钮 ，导出4帧画面，效果如图8-130所示。

图8-130

第**9**章

字幕

本章主要讲解Premiere Pro的字幕制作方法。除了熟悉字幕的添加方法，还需要通过案例掌握常见的字幕效果。

学习重点 🔍

⭐ 重点

实战：制作国潮风倒计时文字效果

素材文件	素材文件>CH09>01
实例文件	实例文件>CH09>实战：制作国潮风倒计时文字效果. prproj
难易程度	★★★☆☆
学习目标	学会使用文字工具并掌握倒计时文字的制作方法

本案例通过"文字工具" T 在素材文件上输入汉字数字，结合音频文件制作国潮风倒计时文字效果。效果如图9-1所示。

图9-1

👉 案例制作--

01 新建一个项目文件，将学习资源"素材文件>CH09>01"文件夹中素材文件全部导入"项目"面板中，如图9-2所示。

02 按快捷键Ctrl+N新建一个序列，将01.jpg素材选中并拖曳到V1轨道上，调整"持续时间"为00:00:25:00，如图9-3所示。

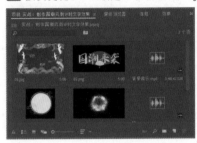

图9-2

图9-3

03 移动播放指示器到00:00:01:00的位置，将03.png素材文件选中并拖曳到V2轨道上，调整"持续时间"为00:00:01:00，如图9-4所示。

04 选中V2轨道上的剪辑，将其转换为嵌套序列，如图9-5所示。

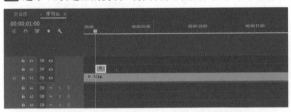

图9-4

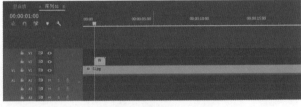

图9-5

> ⓘ **技巧提示**
>
> 在创建嵌套序列时，需要对序列进行命名。读者可根据习惯对嵌套序列简单命名，以方便查找和修改。

05 双击嵌套序列，在嵌套序列中用"文字工具" T 在素材上输入文字"拾"，设置字体为HYBaiJiHuoYunTi，字体大小为500，"填充"颜色为（R:254，G:172，B:57），如图9-6所示。

图9-6

⊚ **技术专题：在计算机中添加字体**

如果读者在制作该步骤时，发现本机中没有案例中提到的字体，除了用其他字体代替外，还可以在网络上下载该字体后加载在本机上。

以Windows 10系统为例。打开计算机中的"控制面板"，并双击打开"字体"文件夹，如图9-7所示。

图9-7

在打开的"字体"文件夹中将下载的字体文件复制后粘贴到该文件夹中，就可以对字体进行安装，如图9-8所示。安装完成后，重新启动Premiere Pro软件，就可以使用该字体了。

图9-8

---

06 单击"时间轴"面板上的"序列01"，就能从嵌套序列切换到"序列01"，效果如图9-9所示。

07 移动播放指示器到嵌套序列的起始位置，在"效果控件"面板中添加"缩放"关键帧，设置"缩放"为320，如图9-10所示。

图9-9

图9-10

08 移动播放指示器到前导序列的结束位置，设置"缩放"为0，如图9-11所示。

09 调整"缩放"的速度曲线为减速运动效果，如图9-12所示。

图9-11

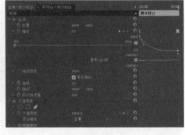

图9-12

10 在"项目"面板中选中嵌套序列，按快捷键Ctrl+C复制，然后按快捷键Ctrl+V粘贴，并修改嵌套序列的名称，就可以得到一个新的嵌套序列，如图9-13所示。

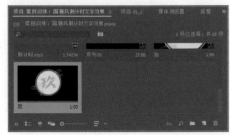

图9-13

❓ **疑难问答：** 为何不能在序列面板中按住Alt键移动复制嵌套序列？

根据之前章节学习的内容，我们可以通过按Alt键移动复制剪辑，同样也可以复制嵌套序列。但采用这个方法会存在一个问题，就是一旦修改复制的嵌套序列的内容，原有嵌套序列的内容会一同被修改。因此只能使用上面步骤中的方法。

11 双击进入复制的嵌套序列,用"文字工具"T修改文字内容为"玖",如图9-14所示。效果如图9-15所示。

12 复制的嵌套序列中没有带"缩放"关键帧,无法呈现缩放效果。选中原有的嵌套序列"拾",单击鼠标右键,在弹出的菜单中选择"复制"选项,如图9-16所示。

图9-14　　　　　　　　　　　　　　图9-15　　　　　　　　　　　　　　图9-16

13 选中嵌套序列"玖",单击鼠标右键,在弹出的菜单中选择"粘贴属性"选项,如图9-17所示。此时会弹出"粘贴属性"对话框,勾选"运动"选项后单击"确定"按钮,就可以将缩放关键帧复制给嵌套序列"玖",如图9-18所示。

图9-17　　　　　　　　　　　　　　　　　　　　　　　　　　图9-18

14 按照上面的方法制作剩余数字的嵌套序列,如图9-19所示。效果如图9-20所示。

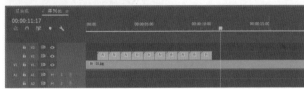

图9-19　　　　　　　　　　　　　　　　　　　图9-20

15 选中04.mp4素材,将其拖曳到V3轨道上,起始位置与嵌套序列的末尾对齐,如图9-21所示。

16 视频素材遮挡住了下方的背景图片。选中素材剪辑,在"效果控件"面板中设置"混合模式"为"滤色",如图9-22所示。调整后画面效果如图9-23所示。

图9-21　　　　　　　　　　　　　　图9-22　　　　　　　　　　　　　　图9-23

17 选中02.png素材文件,将其拖曳到V4轨道上,与下方04.mp4剪辑的长度相同且对齐,如图9-24所示。效果如图9-25所示。

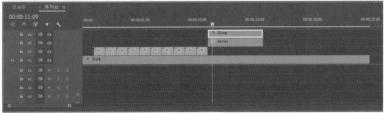

图9-24　　　　　　　　　　　　　　　　　　　图9-25

18 选中02.png剪辑，在起始位置设置"缩放"为0，并添加关键帧，如图9-26所示。

19 移动播放指示器到00:00:11:10的位置，设置"缩放"为50，如图9-27所示。效果如图9-28所示。

图9-26 图9-27 图9-28

20 移动播放指示器到00:00:12:20的位置，设置"缩放"为60，如图9-29所示。效果如图9-30所示。

21 返回剪辑的起始位置，设置"旋转"为−1×−145°，并添加关键帧，如图9-31所示。

图9-29 图9-30 图9-31

22 移动播放指示器到00:00:11:10的位置，设置"旋转"为0°，如图9-32所示。

23 移动播放指示器，会发现粒子爆炸的瞬间与文字素材出现的速度不一致。选中04.mp4剪辑，将其移动到00:00:11:05的位置，这样就可以与文字素材出现的速度对应，如图9-33所示。效果如图9-34所示。

24 在"项目"面板中选中05.mp4素材文件，将其拖曳到V5轨道上，如图9-35所示，效果如图9-36所示。

图9-32

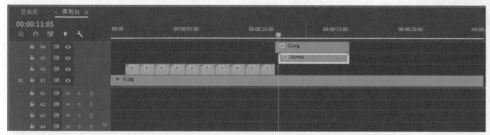

图9-33 图9-34

图9-35 图9-36

25 选中05.mp4剪辑，在"效果控件"面板中设置"混合模式"为"滤色"，效果如图9-37所示。

26 在"项目"面板中选中背景音乐.mp3素材文件，将其拖曳到A1轨道上，生成整段视频的背景音乐，如图9-38所示。

图9-37   图9-38

27 在"项目"面板中选择倒计时.mp4素材文件,将其拖曳到A2轨道上,使其与第一个嵌套序列对齐并缩减至相同的长度,如图9-39所示。

28 选中上一步设置好的音频剪辑,按住Alt键向右复制9个,每一个都和上方的嵌套序列对齐,如图9-40所示。

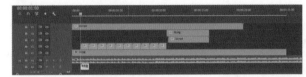   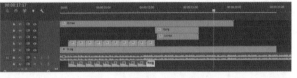

图9-39   图9-40

29 在"项目"面板中选中咚.mp3素材文件,将其拖曳到A2轨道上00:00:11:05的位置,如图9-41所示。

30 在序列面板的起始位置按I键添加入点,然后移动播放指示器到00:00:15:24的位置按O键添加出点,如图9-42所示。

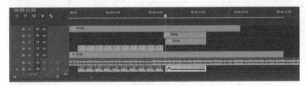

图9-41   图9-42

31 从序列面板中导出4帧画面,效果如图9-43所示。

图9-43

☞ **技术回顾**--

　　演示视频:024-文字工具

　　工具: 文字工具(T键)

　　位置: "工具"面板

扫码观看视频

01 新建一个项目文件,在"项目"面板中导入学习资源"技术回顾"文件夹中的素材文件,如图9-44所示。

02 将01.jpg素材文件选中并拖曳到"时间轴"面板中,生成序列,效果如图9-45所示。

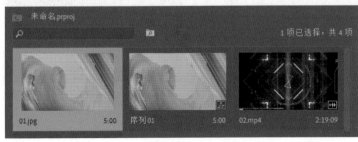   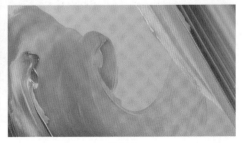

图9-44   图9-45

03 在"工具栏"中单击"文字工具"按钮 **T** （**T**键），然后在画面中单击，就能生成红色的输入框，如图9-46所示。

04 可以在输入框内输入需要展示的文字内容，如图9-47所示。

05 切换到"选择工具" ▶ 就可以在画面中移动、旋转和缩放文字，如图9-48所示。

 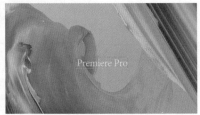 

图9-46　　　　　　　　　　图9-47　　　　　　　　　　图9-48

> **① 技巧提示**
>
> 　　从Premiere Pro CC 2017版本起，菜单栏中的"字幕"菜单替换为"图形"菜单，但在"工具箱"中增加了"文字工具" **T**。直接使用"文字工具" **T** 在"节目"监视器中输入即可创建字幕，这种方式非常简便。

06 在"效果控件"面板中可以设置文字的字体、字号、排列方式、颜色和阴影等相关属性，如图9-49所示。

07 在"源文本"的下拉列表中可以设置字体，如图9-50所示。

> **① 技巧提示**
>
> 　　在这个下拉列表中选择字体时，中文字体会显示为英文字母，而不显示原有的中文名称。例如，选择"方正兰亭黑"字体时，菜单中显示的名称为FZLanTingHei-B-GBK。

图9-49　　　　　　　　　　图9-50

08 拖动控制字体大小的滑块能快速且直观地调整字体的大小，如图9-51所示。如果想要精确的字体大小，单击滑块前的数字，直接输入即可。

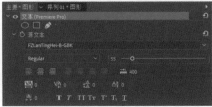 

图9-51

09 遇到多行的文字，可以调整文字的对齐方式。图9-52所示分别是左对齐文本、居中对齐文本和右对齐文本的效果。

图9-52

> **① 技巧提示**
>
> 　　"源文本"下方的按钮功能与Photoshop等平面软件中的功能是相同的，这里不再赘述。

10 单击"填充"的色块，就可以设置文字的颜色，如图9-53所示。单击后方的吸管按钮，就能在画面中快速吸取想要的颜色。

11 勾选"描边"选项，会在文字的边缘形成描边效果；设置后方的数值，可以控制描边的粗细，如图9-54所示。

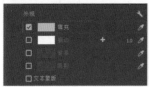

图9-53 图9-54

12 勾选"背景"选项，会在文字的后方形成黑色半透明的区域，黑色区域可以调整颜色、透明度和范围，如图9-55所示。

13 勾选"阴影"选项，会在文字的下方形成投影效果，投影的颜色、距离、羽化等属性都可以调整，如图9-56所示。

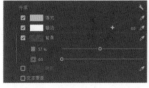

图9-55 图9-56

除了在"效果控件"面板中调整文字的属性外，还可以在"基本图形"面板中调整。执行"窗口>基本图形"菜单命令，会在软件的右侧打开"基本图形"面板，如图9-57所示。面板的内容与"效果控件"中基本相同，只是增加了"对齐并变换"选项组。在"对齐并变换"选项组中单击"垂直居中对齐"按钮回和"水平居中对齐"按钮回，就能让文字内容在画面中心位置居中，如图9-58所示。相比通过眼睛观察，手动居中对齐文字内容，使用这两个工具不仅速度快而且更加精准。

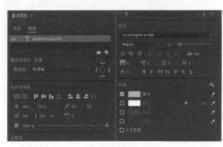

图9-57 图9-58

实战：制作MV滚动字幕

素材文件	素材文件>CH09>02
实例文件	实例文件>CH09>实战：制作MV滚动字幕. prproj
难易程度	★★★☆☆
学习目标	掌握运用面板制作MV字幕的方法

本案例通过"旧版标题"创建字幕，为一段视频添加滚动字幕效果。效果如图9-59所示。

👉 **案例制作** --------------------------------------

01 新建一个项目文件，将学习资源"素材文件>CH09>02"文件夹中的素材文件导入"项目"面板中，如图9-60所示。

图9-59

图9-60

02 将01.mp4素材文件选中并拖曳到"时间轴"面板中，生成序列，如图9-61所示。画面效果如图9-62所示。

03 执行"文件>新建>旧版标题"菜单命令，在打开的面板中输入歌曲的名字和演唱者，然后在右侧设置"字体系列"为"汉仪歪歪体简"，"颜色"为黄色，接着添加"外描边"，设置"大小"为30，"颜色"为白色，如图9-63所示。

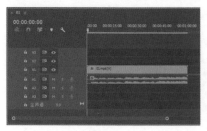

图9-61

图9-62

图9-63

> **① 技巧提示**
>
> 在新建旧版标题时，系统会弹出图9-64所示的对话框。可以在对话框中设置字幕的大小和名称等相关信息。一般情况下都保持默认状态，单击"确定"按钮 确定 进入面板。
>
>
>
> 图9-64

04 关闭面板，"项目"面板中会出现创建好的字幕，如图9-65所示。将其拖曳到V2轨道上，移动播放指示器到00:00:02:16的位置，并将文字剪辑缩短至末尾与播放指示器对齐，如图9-66所示。

图9-65

图9-66

05 在"字幕01"剪辑上添加"块溶解"效果，然后在剪辑的起始和结束位置设置"过渡完成"为100%，并添加关键帧，如图9-67所示。

06 在00:00:00:15和00:00:02:00的位置设置"过渡完成"为0%，如图9-68所示。效果如图9-69所示。

图9-67

图9-68

图9-69

07 下面制作歌词。执行"文件>新建>旧版标题"菜单命令，打开面板。在画面下方输入第一句歌词，并设置"字体系列"为"方正悠黑中"，"字体大小"为70，"颜色"为白色，如图9-70所示。

08 设置完成后不要关闭面板，单击左上角的"基于当前字幕新建字幕"按钮 ，然后修改歌词的文字内容，如图9-71所示。

图9-70

图9-71

09 采用相同的方法制作其他两个字幕，如图9-72和图9-73所示。

10 字幕创建完成后关闭面板。在"项目"面板中新建一个素材箱，将所有的歌词字幕素材都放置到素材箱中，并命名为"白色字幕"，如图9-74所示。

图9-72

图9-73

图9-74

11 将4个字幕素材文件选中并依次拖曳到V2轨道上，然后根据歌词内容对应到相应的剪辑位置上，如图9-75所示。

12 在"项目"面板中将"白色字幕"素材箱复制一份，将复制的素材箱命名为"蓝色字幕"，如图9-76所示。

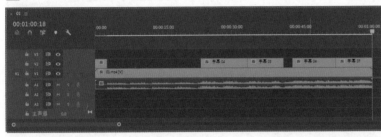

图9-75

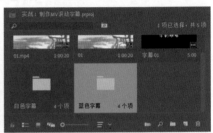

图9-76

13 将"蓝色字幕"素材箱中的字幕素材都选中并依次拖曳到V3轨道上，与下方V2轨道上的字幕相对应，如图9-77所示。

14 打开V3轨道上的剪辑，将"颜色"设置为蓝色，然后勾选"外描边"，并设置"颜色"为白色，如图9-78所示。

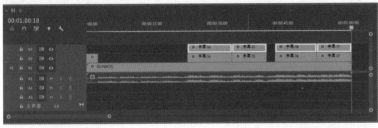

图9-77

图9-78

15 下面制作字幕过渡效果。在"效果"面板中选中"划出"过渡效果，将其拖曳到V3轨道上歌词字幕的起始位置，如图9-79所示。

16 选中"划出"过渡效果，在"效果控件"面板中设置"持续时间"为00:00:09:00，如图9-80所示。

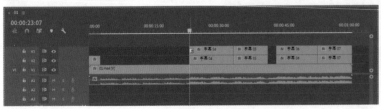

图9-79

图9-80

> ⓘ **技巧提示**
>
> "持续时间"的长度需要按照歌曲的节奏进行设置。

17 按照上面的方法为其他几个剪辑添加"划出"过渡效果，如图9-81所示。

18 预览播放效果，发现部分剪辑上出现了字幕重叠的情况，如图9-82所示。

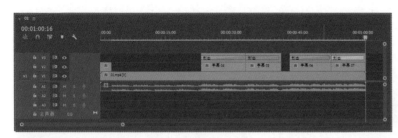

图9-81

图9-82

19 将V3轨道上的"字幕05"和"字幕07"剪辑向上移动到V4轨道上，如图9-83所示。

20 重新添加"划出"过渡效果，并调整持续时间。此时预览效果，发现不会再出现字幕重叠的情况，如图9-84所示。

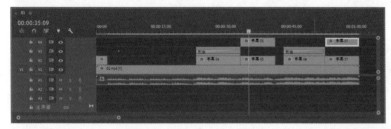

图9-83

图9-84

21 从序列面板中导出4帧画面，效果如图9-85所示。

图9-85

👉 **技术回顾**

演示视频：025-旧版标题

工具： 旧版标题

位置： 文件>新建>旧版标题

01 新建一个项目文件，在"项目"面板中导入学习资源"技术回顾"文件夹中的素材文件，如图9-86所示。

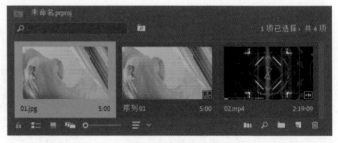

图9-86

02 将01.jpg素材文件选中并拖曳到"时间轴"面板中，生成序列，效果如图9-87所示。

03 执行"文件>新建>旧版标题"菜单命令，此时软件会弹出图9-88所示的对话框。没有特殊需要，点"确定"按钮 `确定` 就可以打开面板，如图9-89所示。

图9-87

图9-88

图9-89

04 用"文字工具"█和"垂直文字工具"█可以输入横向和竖向的文字内容，如图9-90所示。

05 用"区域文字工具"█和"垂直区域文字工具"█可以输入横向和竖向的段落文字内容，如图9-91所示。

06 用"路径文字工具"█现在画面中绘制一条路径，然后可以用"文字工具"█输入文字，文字会沿着路径变形，如图9-92所示。

图9-90

图9-91

图9-92

07 除了输入文字，还可以使用左侧的图形工具绘制不同形状的图形，如图9-93所示。

08 选中左侧的两个图形，单击"对齐"选项组中的"左对齐"按钮█，就可以使两个图形左对齐，如图9-94所示。

09 当选中3个及以上的对象时，就可以在"分布"选项组中进行调整。图9-95所示是单击"水平均匀分布"按钮█后的效果。

图9-93

图9-94

图9-95

> ⓘ **技巧提示**
>
> 其余对齐工具的用法与Photoshop中一样，这里不再赘述。

10 在右侧的"旧版标题属性"面板中，同样可以设置文字的字体、大小和颜色等属性，如图9-96所示。

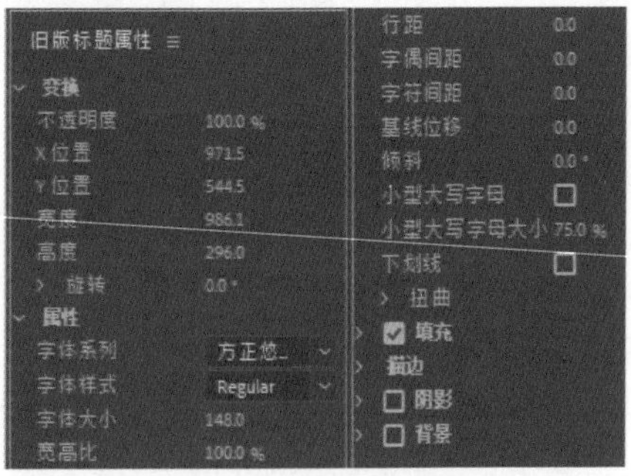

> ⓘ **技巧提示**
>
> 与"效果控件"中不同，"旧版标题"属性中"字体系列"下拉列表中可以显示字体的中文名称，这样会更加方便选择字体，如图9-97所示。

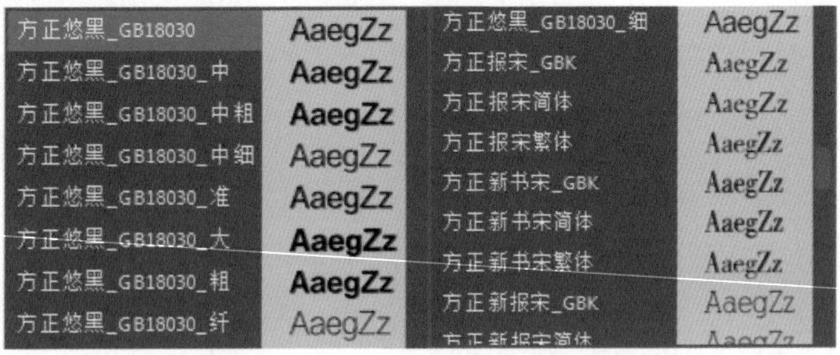

图9-96

图9-97

11 展开"填充"卷展栏，在"填充类型"下拉列表中可以选择文字的不同显示效果，如图9-98所示。

图9-98

12 展开"描边"卷展栏,单击"外描边"的"添加"选项,就可以为文字添加外描边,且可设置描边的颜色和宽度,如图9-99所示。

图9-99

疑难问答: 如何设置空心描边的文字效果?

空心描边的文字效果,只需要保留"描边"的参数,而"填充"部分需要调整"填充类型"为"消除",如图9-100所示。

图9-100

13 勾选"阴影"选项,为文字添加阴影效果,如图9-101所示。

图9-101

14 单击"旧版标题样式"中的样式选项,将文字快速转换为该样式,可省去许多调整的步骤,如图9-102所示。

图9-102

15 关闭面板,可在"项目"面板中找到"字幕01"文件,这个文件就是刚才设置的字幕效果,如图9-103所示。

16 将"字幕01"文件选中并拖曳到V2轨道上,就能在"节目"监视器中显示文字效果,如图9-104所示。效果如图9-105所示。

图9-103

图9-104

图9-105

实战: 制作手写文字动画效果

素材文件	素材文件>CH09>03
实例文件	实例文件>CH09>实战:制作手写文字动画效果.prproj
难易程度	★★★☆☆
学习目标	掌握制作手写文字动画的方法

扫码观看视频

本案例要制作一个手写文字动画效果,需要用到"书写"效果。效果如图9-106所示。

图9-106

☞ **案例制作**

01 新建一个项目文件，将学习资源"素材文件>CH09>03"文件夹中的素材文件导入"项目"面板中，如图9-107所示。

02 新建一个AVCHD 1080p25序列，将01.mov素材选中并拖曳到V1轨道上，如图9-108所示。调整视频素材的大小，使其完全填充画面，如图9-109所示。

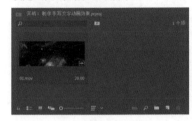

图9-107 · · · · · · · · · · · · · 图9-108 · · · · · · · · · · · · · 图9-109

03 打开面板，在画面中心输入"zurako"，设置"字体系列"为Viner Hand ITC，"字体大小"为350，"字偶间距"为5，"颜色"为白色，如图9-110所示。

04 关闭字幕面板，将字幕剪辑选中并拖曳到V2轨道上，调整剪辑的长度，使之与下方剪辑相等，如图9-111所示。

图9-110 · 图9-111

> ⓘ **技巧提示**
>
> 这一步可以直接用"字体工具" **T** 在"节目"监视器中输入文字。

05 为字幕剪辑添加"书写"效果，在"效果控件"面板中设置"画笔大小"为25，"画笔间隔（秒）"为0.01，然后调整"画笔位置"到Z字母的起笔位置，如图9-112和图9-113所示。

图9-112 · 图9-113

> ⓘ **技巧提示**
>
> 设置"画笔大小"时注意，画笔的宽度要比字母笔画的宽度大。

06 打开"画笔位置"关键帧，间隔两帧移动画笔的位置，沿着字母的笔画移动，效果如图9-114所示。

07 在"效果控件"面板中切换"绘制样式"为"显示原始图像"，就能显示原有的文字效果，如图9-115和图9-116所示。

图9-114 · · · · · · · · · · · · · 图9-115 · · · · · · · · · · · · · 图9-116

> ❓ **疑难问答：移动画笔添加关键帧时非常卡怎么办？**
>
> 相信读者在进行这一步操作时会发现，每添加一个关键帧，系统会非常卡，操作极其不方便。这里介绍一个小技巧，只要将字幕剪辑嵌套一次，在嵌套序列上添加"书写"效果后再添加关键帧，就会非常流畅。

08 在序列面板中导出4帧画面，效果如图9-117所示。

图9-117

实战：制作飞散文字动画效果

素材文件	素材文件>CH09>04
实例文件	实例文件>CH09>实战：制作飞散文字动画效果.prproj
难易程度	★★★☆☆
学习目标	掌握制作飞散文字动画的方法

扫码观看视频

本案例要制作一个简单的文字片头，需要用"湍流置换"效果使文字具有飞散效果。效果如图9-118所示。

图9-118

👉 **案例制作**

01 新建一个项目文件，将学习资源"素材文件>CH09>04"文件夹中的素材文件全部导入"项目"面板中，如图9-119所示。

02 选中背景.mov素材，将其拖曳到"时间轴"面板中，生成序列，并删掉音频剪辑，如图9-120所示。效果如图9-121所示。

图9-119

图9-120

图9-121

03 移动播放指示器到00:00:04:00的位置，此时画面中出现很多云朵，如图9-122所示。

04 新建"旧版标题"，并在画面中输入"天空之城"，然后设置"字体系列"为"汉仪夏日体W"，"字体大小"为300，"颜色"为白色，如图9-123所示。

图9-122

图9-123

05 用"矩形工具"■在文字外围绘制一个正方形，设置"填充类型"为"消除"，然后添加"外描边"，设置"大小"为5，"颜色"为白色，如图9-124所示。

06 关闭面板。设置"字幕01"剪辑的起始位置与V2轨道上的播放指示器对齐，如图9-125所示。效果如图9-126所示。

图9-124

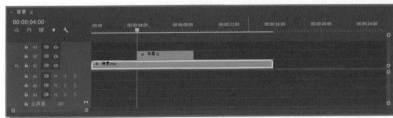

图9-125

图9-126

07 选中纯白光线修饰转场56528.mov素材文件，将其拖曳到V3轨道上，如图9-127所示。

08 观察画面会发现，光线显示为深灰色。选中V3轨道上的剪辑，在"效果控件"面板中设置"混合模式"为"滤色"，如图9-128所示。此时黑色的部分被抠掉，只剩下白色的光线，如图9-129所示。

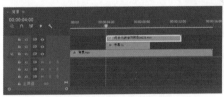

图9-127

图9-128

图9-129

09 在"字幕01"剪辑上添加"湍流置换"效果，设置"数量"为1000，"复杂度"为10，如图9-130所示。文字就会分散为像粒子一样细小的部分，效果如图9-131所示。

10 在"字幕01"剪辑的起始和结束位置设置"数量"为1000，并添加关键帧，如图9-132所示。

图9-130

图9-131

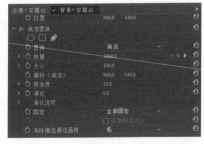

图9-132

11 移动播放指示器到00:00:05:04和00:00:07:55的位置，设置"数量"为0，如图9-133所示。效果如图9-134所示。

12 用"比率拉伸工具"■将V3轨道上的剪辑缩短到和V2轨道上的剪辑相同的长度，如图9-135所示。

图9-133   图9-134   图9-135

13 移动播放指示器到00:00:01:40的位置，添加入点，然后在A1轨道上添加背景.wav素材文件，如图9-136所示。

14 移动播放指示器到00:00:09:00的位置，添加出点，如图9-137所示。

15 选中粒子音.mp3素材文件，将其拖曳到A2轨道上，并移动到粒子出现的位置，如图9-138所示。

图9-136

图9-137   图9-138

16 从序列面板中导出4帧画面，效果如图9-139所示。

图9-139

👑重点

实战：制作纹理文字效果

素材文件	素材文件>CH09>05
实例文件	实例文件>CH09>实战：制作纹理文字效果.prproj
难易程度	★★★★☆
学习目标	掌握制作纹理文字效果的方法

为文字添加纹理效果，有两种方法可以实现。本案例会讲到其中一种方法，技术专题中会讲解另一种方法。案例效果如图9-140所示。

图9-140

☞ **案例制作**

01 新建一个项目文件，将学习资源"素材文件>CH09>05"文件夹中的素材文件全部导入"项目"面板中，如图9-141所示。

02 选中01.mp4素材文件，将其拖曳到"时间轴"面板中，生成序列，如图9-142所示。效果如图9-143所示。

图9-141

图9-142

图9-143

03 打开面板，在画面左上角输入"COLORFUL SMOKE"，设置"字体系列"为088-CAI978，"行距"为-112，勾选"小型大写字母"选项，并设置"颜色"为白色，如图9-144所示。

图9-144

> ⓘ **技巧提示**
>
> 字体大小应根据画面确定，这里不作规定。

04 将"字幕01"放置到V2轨道上并延长，使之与下方V1轨道上剪辑的长度相等，如图9-145所示。效果如图9-146所示。

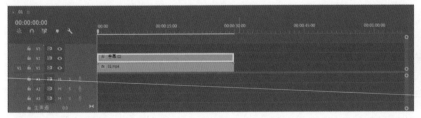

图9-145

图9-146

05 选中03.mp4素材文件，将其拖曳到V3轨道上，然后用"比率拉伸工具"▭将剪辑延长，使之与下方两个剪辑长度相等，如图9-147所示。效果如图9-148所示。

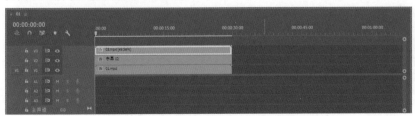

图9-147

图9-148

06 在"字幕01"剪辑上添加"轨道遮罩键"效果，然后在"效果控件"面板中设置"遮罩"为"视频3"，"合成方式"为"亮度遮罩"，并勾选"反向"选项，如图9-149所示。效果如图9-150所示。

图9-149

图9-150

07 将V2和V3轨道上的剪辑转换为"嵌套序列01"，然后添加"投影"效果，设置"不透明度"为100%，"距离"为10，如图9-152所示。效果如图9-153所示。

08 选中"嵌套序列01"，在剪辑的起始位置设置"不透明度"为0%，接着在00:00:01:00的位置设置"不透明度"为100%，效果如图9-154所示。

图9-152

图9-153

图9-154

09 从序列面板中导出4帧画面，效果如图9-155所示。

图9-155

◎ **技术专题：在面板中设置文字纹理**

除了案例中讲到的方法，还可以在字幕面板中设置文字的纹理。下面讲解具体的制作步骤。

第1步： 在面板中输入文字，勾选"纹理"选项，如图9-156所示。

第2步： 单击"纹理"后的按钮，在弹出的对话框中选择需要加载的纹理图片，如图9-157所示。加载图片后就能在文字上明显看到加载的纹理效果，如图9-158所示。

第3步： 展开"缩放"卷展栏，设置"对象X"和"对象Y"都为"面"，然后调整"水平"和"垂直"数值，让纹理在文字上扩展，如图9-159所示。

图9-156

图9-157

图9-158

第4步： 关闭面板，将文字放在序列面板上即可，如图9-160所示。

图9-159

图9-160

实战： 制作冰块文字效果

素材文件	素材文件>CH09>06
实例文件	实例文件>CH09>实战：制作冰块文字效果.prproj
难易程度	★★★★☆
学习目标	掌握制作冰块文字效果的方法

本案例要给文字添加冰块效果，需要用到"水平翻转""轨道遮罩键"和"斜面Alpha"效果。效果如图9-161所示。

图9-161

☞ 案例制作

01 新建一个项目文件，将学习资源"素材文件>CH09>06"文件夹中的素材文件导入"项目"面板中，如图9-162所示。

02 选中01.mov素材文件，将其拖曳到"时间轴"面板中，生成序列，如图9-163所示。效果如图9-164所示。

图9-162

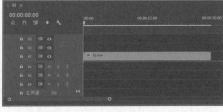

图9-163

图9-164

03 移动播放指示器到00:00:10:00的位置，裁剪剪辑，并删掉多余的剪辑，如图9-165所示。

04 按住Alt键，将V1轨道上的剪辑向上复制一层到V2轨道上，如图9-166所示。

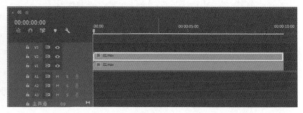

图9-165 　　　　　　　　　　　　　　　　　　　图9-166

05 用"文字工具"**T**在画面中输入"Fleur de glace"，字体和大小这里不作规定，但文字颜色必须是白色，如图9-167所示。

06 选中V2轨道上的剪辑，添加"水平翻转"效果，画面会自动水平翻转，如图9-168所示。

07 在剪辑上添加"轨道遮罩键"效果，设置"遮罩"为"视频3"，这样就会将翻转的画面映射到文字区域，如图9-169所示。

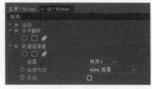

图9-167 　　　　　　　　图9-168 　　　　　　　　　　　　图9-169

> **⊙ 技巧提示**
>
> 　只有文字显示为白色，才能通过Alpha通道将V2轨道上的图像映射到文字上。

08 在剪辑上添加"斜面Alpha"效果，设置"边缘厚度"为10，就可以看到文字显示为带厚度的效果，如图9-170所示。这样冰块文字的效果制作完成。

09 下面给文字加上动画效果。选中V3轨道上的文字剪辑，在剪辑的起始位置设置"缩放"为0，并添加关键帧，然后在00:00:01:00的位置设置"缩放"为100，效果如图9-171所示。

图9-170 　　　　　　　　　　　　　　　　　　　图9-171

10 给文字剪辑添加"粗糙边缘"效果，在00:00:08:00的位置设置"边框"为0，并添加关键帧，如图9-172所示。

11 移动播放指示器到剪辑末尾，设置"边框"为230，此时文字完全消失，如图9-173所示。效果如图9-174所示。

图9-172 　　　　　　　　　图9-173 　　　　　　　　　　　图9-174

12 从序列面板中导出4帧画面，效果如图9-175所示。

图9-175

👑 重点
实战：制作打字机文字效果

素材文件	素材文件>CH09>07
实例文件	实例文件>CH09>实战：制作打字机文字效果. prproj
难易程度	★★★★☆
学习目标	掌握制作打字机文字效果的方法

扫码观看视频

本案例要制作打字机文字效果。虽然案例的制作过程非常简单，但是在实际剪辑中出现的频率还是比较高的。案例效果如图9-176所示。

图9-176

👉 **案例制作**--

01 新建一个项目文件，将学习资源"素材文件>CH09>07"文件夹中的素材文件导入"项目"面板中，如图9-177所示。

02 选中01.mp4素材文件，将其拖曳到"时间轴"面板中，生成序列，如图9-178所示。

03 用"垂直文字工具" ↓T 在画面上单击，生成输入框，如图9-179所示。

04 在"效果控件"面板中添加"源文本"关键帧，然后输入"玉"，并设置字体为HYSuZeLiXingKaiTruing，如图9-180所示。

05 按键盘上的→键，向前移动两帧。输入"花"，如图9-181所示。新输入的文字会自动生成一个关键帧。

> ❗ **技巧提示**
>
> 输入第1个文字后就要调整文字的字体、大小和颜色。

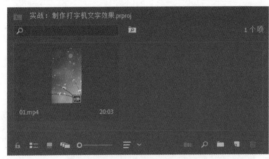

图9-177

图9-178

图9-179

图9-180

图9-181

06 按照上一步的方法，继续输入"飞半夜 翠浪舞明年"，如图9-182所示。

07 选中文字剪辑，将剪辑的起始位置移动到序列00:00:01:00的位置，如图9-183所示。

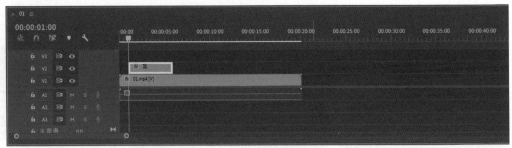

图9-182   图9-183

08 移动播放指示器到00:00:03:00的位置，按住Shift键，用"剃刀工具" ◊ 同时裁剪轨道上的所有剪辑，然后删掉多余的剪辑，如图9-184所示。

09 从序列面板中导出4帧画面，效果如图9-185所示。

图9-184   图9-185

实战： 制作闪光文字效果

素材文件	素材文件>CH09>08
实例文件	实例文件>CH09>实战：制作闪光文字效果. prproj
难易程度	★★★☆☆
学习目标	掌握制作闪光文字效果的方法

扫码观看视频

本案例要为文字制作不同颜色的闪光，需要用到"闪光灯"效果。效果如图9-186所示。

图9-186

☞ **案例制作**---

01 新建一个项目文件，将学习资源"素材文件>CH09>08"文件夹中的素材文件导入"项目"面板中，如图9-187所示。

02 选中01.mp4素材文件，将其拖曳到"时间轴"面板中，生成序列。效果如图9-188所示。

03 用"文字工具" T 在画面中输入"HIKARI"，然后设置字体为Showcard Gothic，字体大小为320，字距调整为140，接着取消勾选"填充"选项，并勾选"描边"选项，设置描边宽度为20，如图9-189所示。效果如图9-190所示。

图9-187   图9-188   图9-189   图9-190

04 为文字剪辑添加"闪光灯"效果，设置"闪光色"为紫色，并添加关键帧，接着设置"闪光持续时间（秒）"为0，如图9-191所示。效果如图9-192所示。

05 向右移动两帧，设置"闪光色"为蓝色，如图9-193所示。

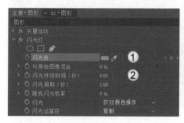

图9-191　　　　　　　　　图9-192　　　　　　　　　图9-193

06 按照上一步的方法制作出其他闪光色，如图9-194所示。

07 选中"闪光色"的所有关键帧，按快捷键Ctrl+C复制，再按快捷键Ctrl+V粘贴，向后复制几组，如图9-195所示。这样就能形成持续的闪光效果。

图9-194　　　　　　　　　　　　　　　图9-195

08 从序列面板中导出4帧画面，效果如图9-196所示。

图9-196

实战：制作扫光文字效果

素材文件	素材文件>CH09>09
实例文件	实例文件>CH09>实战：制作扫光文字效果.prproj
难易程度	★★★★☆
学习目标	掌握制作扫光文字效果的方法

本案例制作常见的扫光文字效果，需要用蒙版建立路径关键帧。案例效果如图9-197所示。

图9-197

👉 **案例制作**

01 新建一个项目文件，将学习资源"素材文件>CH09>09"文件夹中的素材文件导入"项目"面板中，如图9-198所示。

02 选中01.mov素材文件，将其拖曳到"时间轴"面板中，生成序列。效果如图9-199所示。

图9-198

03 新建"旧版标题"，并在画面中输入"不负韶华 未来可期"，然后设置"字体系列"为"方正艺黑简体"，"字体大小"为158.8，"颜色"为黄色，如图9-200所示。

图9-200

图9-199

04 关闭面板，将"字幕01"素材文件添加到V2轨道上，并向上复制一层，如图9-201所示。

05 将复制文字的颜色改成白色，效果如图9-202所示。

图9-201

图9-202

06 选中V3轨道上的剪辑，在"不透明度"卷展栏中单击"创建4点多边形蒙版"按钮，并调整画面中蒙版的形状，如图9-203所示。

07 移动播放指示器到00:00:01:00的位置，将蒙版移动到文字左侧，并添加"蒙版路径"关键帧，如图9-204所示。

08 在00:00:09:00的位置将蒙版移动到文字右侧，如图9-205所示。

图9-203

图9-204

图9-205

! 技巧提示

可根据实际情况，灵活调整"蒙版羽化"数值。

09 在00:00:10:00的位置裁剪所有的剪辑，使序列的整体长度保持在10秒，如图9-206所示。

10 按Space键预览效果，可以观察到白色的部分扫过文字，形成光斑效果，如图9-207所示。

图9-206

图9-207

11 选中V2轨道上的文字剪辑，添加"斜面Alpha"效果，设置"边缘厚度"为7，如图9-208所示。效果如图9-209所示。

图9-208　　　　　　　　　图9-209

12 选中V2和V3轨道上的剪辑，将其转换为"嵌套序列01"，如图9-210所示。

13 在"嵌套序列01"的起始位置设置"缩放"为0，并添加关键帧，然后在00:00:01:00的位置设置"缩放"为100，效果如图9-211所示。

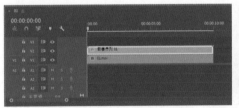

图9-210

图9-211

14 从序列面板中导出4帧画面，效果如图9-212所示。

图9-212

👑 重点

实战： 制作钟摆文字效果

素材文件	素材文件>CH09>10
实例文件	实例文件>CH09>实战：制作钟摆文字效果. prproj
难易程度	★★★★☆
学习目标	掌握制作钟摆文字效果的方法

扫码观看视频

　　本案例制作一段有钟摆文字的动画视频，除了为钟摆添加"旋转"关键帧外，还需要为文字添加"线性擦除"效果。效果如图9-213所示。

图9-213

案例制作

01 新建一个项目文件，将学习资源"素材文件>CH09>10"文件夹中的素材文件全部导入"项目"面板中，如图9-214所示。

02 新建一个AVCHD 1080p25序列，将01.jpg素材文件选中并拖曳到V1轨道上，并调整到合适的大小，如图9-215所示。

03 用"矩形工具" 在画面左侧绘制一个白色的矩形，如图9-216所示。

图9-214

图9-215

图9-216

04 用"椭圆工具" 在矩形下方绘制一个白色的圆形，如图9-217所示。

05 在"视频"选项组中选择"锚点"选项，然后移动锚点到矩形的上方端点处，如图9-218所示。

06 分别为矩形和圆形添加投影，效果如图9-219所示。

图9-217

图9-218

图9-219

> **① 技巧提示**
>
> 在图形的"效果控件"面板中勾选"阴影"选项，添加投影效果，如图9-220所示。投影的具体参数这里不作规定，读者可根据自己的喜好进行制作。
>
>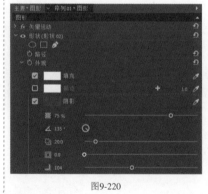
>
> 图9-220

07 用"文字工具" 在钟摆位置输入文字"Take another step with a will"，输入完成后需要旋转钟摆，确认文字能否被钟摆扫过，如图9-221所示。

08 调整文字剪辑和钟摆剪辑的位置，使其靠近画面中心，让构图更好看。选中钟摆剪辑，添加"旋转"关键帧，制作摆钟从左到右运动的动画效果，如图9-222所示。

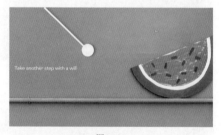

图9-221

图9-222

09 调出钟摆"旋转"的运动曲线，调整曲线，使之呈图9-223所示的效果。这样钟摆就能呈两端慢中间快的运动效果。

10 为文字剪辑添加"线性擦除"效果，然后按照钟摆划过的位置为"擦除完成"设置不同的关键帧数值。动画效果如图9-224所示。

图9-223

图9-224

11 按住Alt键，将文字剪辑向右复制一份，然后将钟摆剪辑和01.jpg剪辑都进行延长，如图9-225所示。

12 修改第2段文字剪辑的内容为"All I want is to be real"，如图9-226所示。

图9-225

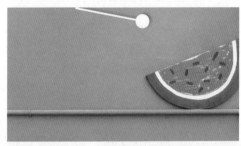

图9-226

13 将钟摆的"旋转"关键帧向后反向复制，从而使钟摆从右往左划过画面，如图9-227所示。

14 删掉第2段文字剪辑的"线性擦除"关键帧，然后设置"擦除完成"为100%，并按照钟摆摆动的方向重新添加"擦除完成"关键帧，效果如图9-228所示。

15 选中电影.mov素材文件，将其拖曳到V4轨道上，并调整"混合模式"为"相乘"。效果如图9-229所示。

图9-227

 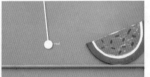

图9-228

图9-229

16 从序列面板中导出4帧画面，效果如图9-230所示。

图9-230

♛ 重点

实战: 制作滚动文字效果

素材文件	素材文件>CH09>11
实例文件	实例文件>CH09>实战：制作滚动文字效果. prproj
难易程度	★★★☆☆
学习目标	掌握制作滚动文字效果的方法

扫码观看视频

本案例制作电视、电影中常见的滚动字幕，常见于片尾由下往上滚动展示的演职人员列表。效果如图9-231所示。

图9-231

☞ 案例制作

01 新建一个项目文件，将学习资源"素材文件>CH09>11"文件夹中的素材文件导入"项目"面板中，如图9-232所示。

02 选中并拖曳背景.mp4素材文件到"时间轴"面板中，生成序列，效果如图9-233所示。

03 移动播放指示器到00:00:02:00的位置，右侧出现黑色的背景，如图9-234所示。

图9-232   图9-233   图9-234

04 用"文字工具" T 在右侧的黑色背景上输入演职人员的相关文字内容，如图9-235所示。

05 打开"基本图形"面板，调整所有文字为"居中对齐文本"模式，如图9-236所示。

图9-235   图9-236

❓ 疑难问答： 有没有快速输入演职人员表的方法？

笔者在输入演职人员名字之前，会先在一份TXT格式的文档中列出这些名字，然后将其复制到Premiere Pro中。这样做比直接在Premiere Pro中输入文字要快一些。

06 设置所有的文字字体为FZLanTingHei-EL-GBK，然后选择标题文字并将其加粗，效果如图9-237所示。

07 选择标题文字，设置"字体大小"为80，效果如图9-238所示。

图9-237   图9-238

❗ 技巧提示

文字间的行距根据具体情况进行调整，这里不作规定。

08 选中文字剪辑，在"基本图形"面板中勾选"滚动"选项，如图9-239所示。

09 将文字剪辑延长，使其末尾和背景剪辑的末尾对齐，这样就控制了文字整体的滚动时间，如图9-240所示。

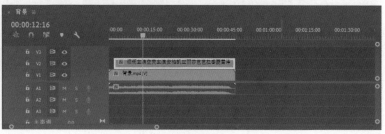

图9-239   图9-240

10 将文字剪辑移动到画面合适的位置。然后从序列面板中导出4帧画面，效果如图9-241所示。

图9-241

👑 重点

实战： 制作快速转换文字效果

素材文件	素材文件>CH09>12
实例文件	实例文件>CH09>实战：制作快速转换文字效果. prproj
难易程度	★★★★☆
学习目标	掌握制作快速转换文字效果的方法

扫码观看视频

　　本案例制作快速转换文字效果，需要配合音频把控转换的节奏。案例本身制作难度不大，只是步骤较为烦琐，需要耐心。案例效果如图9-242所示。

图9-242

👉 **案例制作**--

01 新建一个项目文件，将学习资源"素材文件>CH09>12"文件夹中的素材文件全部导入"项目"面板中，如图9-243所示。

02 选中背景.mp4素材文件，将其拖曳到"时间轴"面板中，生成序列，效果如图9-244所示。

03 移动播放指示器到00:00:01:00的位置，将咔咔声.wav素材文件选中并拖曳到A1轨道上，如图9-245所示。

图9-243

图9-244

图9-245

04 双击电流声.wav素材文件，在"源"监视器中设置剪辑的入点为00:00:11:04，出点为00:00:17:10，然后将入点和出点间的剪辑拖曳到A1轨道上，如图9-246所示。

05 根据电流音的节奏，在节奏点上添加标记，如图9-247所示。

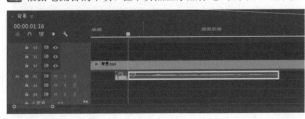

图9-246

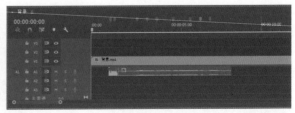

图9-247

❗ **技巧提示**

　　如果读者截取的是不同时间段的电流声音频，需要根据音频的节奏和需要输入文本的数量确定节奏点的个数。

06 打开面板，在画面中输入文字内容，然后设置"字体系列"为"方正悠黑"，"颜色"为浅青色，如图9-248所示。

07 关闭面板，将"字幕01"选中并拖曳到V2轨道上，并将剪辑末尾与音频起始位置对齐，如图9-249所示。效果如图9-250所示。

技巧提示

文字内容仅供参考，读者可根据自己的喜好输入文字内容。

图9-248　　　　　　　　　图9-249　　　　　　　　　图9-250

08 在"项目"面板中将"字幕01"素材文件复制一份，然后修改文字内容，如图9-251所示。

09 将"字幕02"选中并拖曳到V2轨道上，末尾与第1个标记对齐，如图9-252所示。效果如图9-253所示。

图9-251　　　　　　　　　图9-252　　　　　　　　　图9-253

10 按照同样的方法制作第1段音频对应的剩下的两个字幕，如图9-254所示。效果如图9-255所示。

图9-254　　　　　　　　　　　　　　　　图9-255

技巧提示

第1段音频对应的文字只是在最后一个标点上有所区别。读者若是制作相似的效果，需要将文本的长度设为相等，这样就能实现单字转换的效果。

11 将字幕素材复制一份，然后修改文字内容，并将其选中并拖曳到V2轨道上，末尾与第4个标记点对齐，如图9-256所示。效果如图9-257所示。

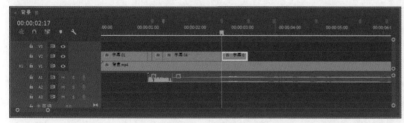 

图9-256　　　　　　　　　　　　　　　　图9-257

12 按照上一步的方法继续制作后面的文字，如图9-258所示。效果如图9-259所示。

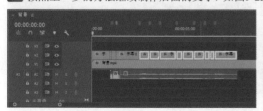 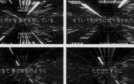

图9-258　　　　　　　　　　　　　　　　图9-259

技巧提示

有的句子很长，超过了画面的范围，这时只需将其内容截取后分成多个字幕展示，最后共同放在一段节奏内即可。

13 按Space键预览，会发现后面的文字转换速度较慢。选中后面文字的剪辑和下方对应的音频剪辑，将其"持续时间"都设置为原有的一半，如图9-260所示。为了让画面转换更多，还可以将较长的语句截取为两段，形成两个画面。

14 选中后半段文字的剪辑，向上复制一层到V3轨道上，并依次向后错位一个剪辑，如图9-261所示。

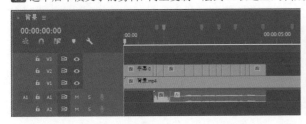

图9-260

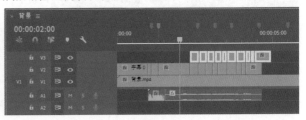

图9-261

15 调整V3轨道上剪辑的长度，使其末尾与下方剪辑的末尾对齐，如图9-262所示。

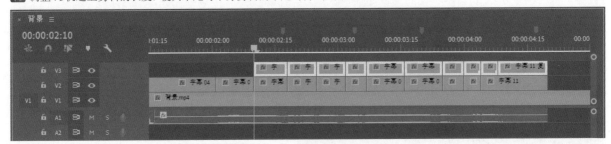

图9-262

16 选中V3轨道上的剪辑，调整文字的"颜色"为青灰色，"不透明度"为30%，如图9-263所示。这样就可以制作出文字的重影效果。

图9-263

17 依次修改V3轨道上剪辑文字的"颜色"和"不透明度"属性。然后从序列面板中导出4帧画面，效果如图9-264所示。

图9-264

音频效果

　　"音频效果"卷展栏中有50多种音频效果，每种效果所产生的声音各不相同。本章就为读者讲解一些常用的音频处理方法和技巧，从而配合视频画面达到更加和谐的效果。

学习重点 🔍

实战：提高音量

素材文件	素材文件>CH10>01
实例文件	实例文件>CH10>实战：提高音量. prproj
难易程度	★★★☆☆
学习目标	掌握提高音量且不失真的方法

扫码观看视频

在常规思维中，要提高一段音频的音量，最直接的方法就是调整"音频增益"数值，而这种方法很容易让音频失真。本案例使用"强制限幅"效果提高音频的音量，就可以在不失真的情况下提高音频音量。

☞ 案例制作

01 新建一个项目文件，将学习资源"素材文件>CH10>01"文件夹中的素材文件全部导入"项目"面板中，如图10-1所示。

02 将01.mp4素材文件选中并拖曳到"时间轴"面板中，生成序列，然后将背景音频.mp3素材文件选中并拖曳到AI轨道上，如图10-2所示。

图10-1

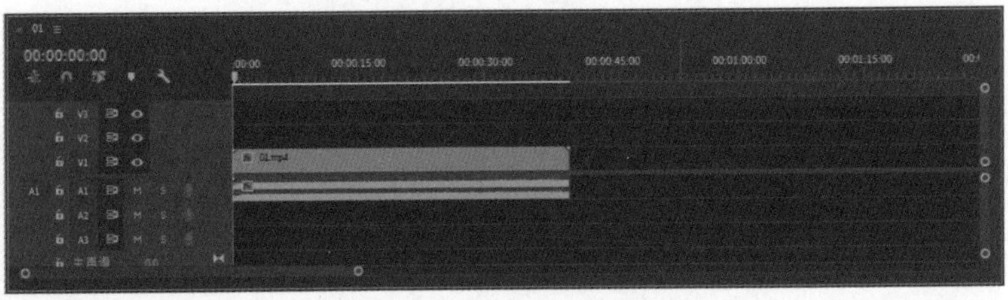

图10-2

03 按Space键播放音频，发现声音偏小。在"效果"面板中选中"强制限幅"效果，将其添加到音频剪辑上，如图10-3所示。

04 在"效果控件"面板中单击"编辑"按钮 ▭编辑▭ ，在弹出的面板中设置"最大振幅"为-0.5dB，"输入提升"为10dB，如图10-4所示。

05 关闭面板，按Space键播放音频，可以明显感觉声音变大，但高音部分并没有破音。在"音频仪表"面板中可以观察到音频最大处没有变红，如图10-5所示。

图10-3

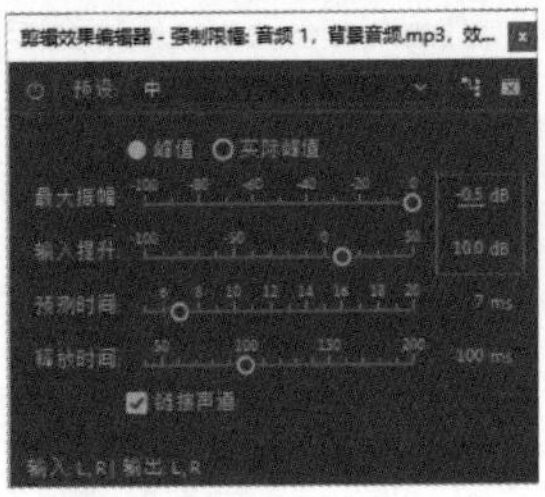

图10-4

图10-5

☞ 技术回顾

演示视频: 026-强制限幅

效果: 强制限幅

位置: 效果>音频效果>振幅与压限

扫码观看视频

01 新建一个项目文件，在"项目"面板中导入学习资源"技术回顾"文件夹中的素材文件，如图10-6所示。

02 选中音乐.wav素材文件，将其拖曳到"时间轴"面板中，生成序列，如图10-7所示。

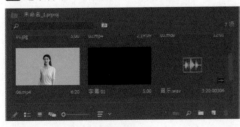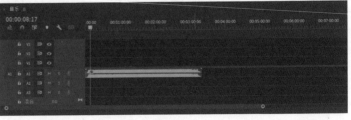

图10-6

图10-7

03 在"效果"面板中选中"强制限幅"效果，将其拖曳到剪辑上，就可以在"效果控件"面板上显示相应的参数，如图10-8和图10-9所示。

04 单击"编辑"按钮 ▭编辑▭ ，就会弹出图10-10所示的面板。在面板中可以调整限制音频的一些参数。

图10-8

图10-9

图10-10

> ⚠ **技巧提示**
>
> 选中剪辑，双击"强制限幅"效果，也可以将效果添加到剪辑上。

05 展开"预设"下拉列表，系统提供了一些设置好参数的预设，方便快速调用，如图10-11所示。

06 调整"最大振幅"可以控制音频剪辑的音量大小，如图10-12所示。在"音频仪表"上能直观地看到音量的大小。

07 调整"输入提升"的参数可以提升音频的音量，如图10-13所示。

图10-11

图10-12

图10-13

> ⚠ **技巧提示**
>
> 无须关闭面板，按Space键就可以聆听音频，并随时调整面板上的参数。

> ❓ **疑难问答：** "最大振幅"和"输入提升"有何区别？
>
> "最大振幅"可控制音频的最高点，而"输入提升"则是在"最大振幅"的限制下调整音量。

实战: 修正加速后的音调

素材文件	素材文件>CH10>02
实例文件	实例文件>CH10>实战：修正加速后的音调.prproj
难易程度	★★★☆☆
学习目标	掌握音频变速不变调的方法

扫码观看视频

通常加速剪辑后，音频部分的音调会发生改变。本案例通过"音高换挡器"效果对加速后的音频进行处理，使其速度改变后音调不产生变化。

☞ **案例制作**

01 新建一个项目文件，将学习资源"素材文件>CH10>02"文件夹中的素材文件全部导入"项目"面板中，如图10-14所示。

02 选中01.mp4素材文件，将其拖曳到"时间轴"面板中，生成序列，然后将02.wav素材文件选中并拖曳到A1轨道上，如图10-15所示。

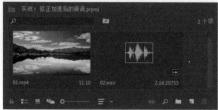

图10-14

图10-15

03 音频剪辑的长度明显大于视频剪辑的长度，这里需要将音频提速，从而缩短剪辑的长度。选中音频剪辑，打开"剪辑速度/持续时间"对话框，设置"速度"为300%，如图10-16所示。效果如图10-17所示。

图10-16

图10-17

04 按Space键播放音频，可以明显听到音调的变化效果。使用"比率拉伸工具" 将视频剪辑延长，使之与下方的音频剪辑长度相等，如图10-18所示。

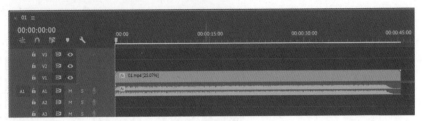

图10-18

05 在"效果"面板中选择"音高换挡器"效果，将其添加到音频剪辑上，如图10-19所示。

06 在"效果控件"面板中单击"编辑"按钮 ，在弹出的面板中设置"比率"为0.5，"精度"为"高精度"，并勾选"使用相应的默认设置"选项，如图10-20所示。

07 关闭面板，然后按Space键播放音频，可以听到音频的音调没有发生改变，只是节奏加快了。

图10-19

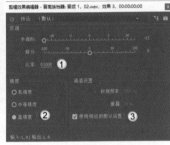

图10-20

👉 **技术回顾**--

演示视频：027-音高换挡器

效果：音高换挡器

位置：效果>音频效果>时间与变调

扫码观看视频

01 新建一个项目文件，在"项目"面板中导入学习资源"技术回顾"文件夹中的素材文件，如图10-21所示。

02 选中音乐.wav素材文件，将其拖曳到"时间轴"面板中，生成序列，如图10-22所示。

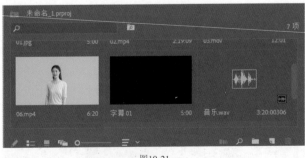

图10-21

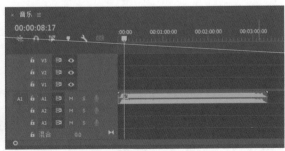

图10-22

03 在"效果"面板中选中"音高换挡器"效果，将其拖曳到剪辑上，"效果控件"面板上会显示相应的参数，如图10-23和图10-24所示。

04 单击"编辑"按钮 ，会弹出图10-25所示的面板。可以在面板中设置相应的参数，从而产生不同的变调效果。

05 展开"预设"下拉列表，可以选择不同的预设参数，从而快速转换音调，如图10-26所示。

图10-23　　　　　　　　　　图10-24　　　　　　　　　　图10-25　　　　　　　　　　图10-26

> ⓘ **技巧提示**
>
> 　　调整"半音阶"为正数时，会听到音调向上变化；而调整"半音阶"为负数时，会听到音调向下变化。调整"音分"参数时，会有相同的效果，只是在音调变化上有区别。

👑 **重点**

实战：制作干净的语音音频

素材文件	素材文件>CH10>03
实例文件	实例文件>CH10>实战：制作干净的语音音频.prproj
难易程度	★★★★☆
学习目标	掌握音频降噪的方法

扫码观看视频

　　日常录制语音时，往往会在录入一些杂音，使得语音音频不够纯净。本案例通过"降噪"效果配合"对话"功能，就能基本消除语音音频的杂音。

👉 **案例制作**--

01 新建一个项目文件，将学习资源"素材文件>CH10>03"文件夹中的素材文件导入"项目"面板中，如图10-27所示。

02 选中01.mp4素材文件，将其拖曳到"时间轴"面板中，生成序列，如图10-28所示。

03 按Space键播放音频剪辑，明显可以听到音频的语音有杂音，且带有混响，整个语音不是很清晰。在"效果"面板中选择"降噪"效果，并将其添加到剪辑上，如图10-29所示。添加后音频剪辑会自动生成降噪效果。

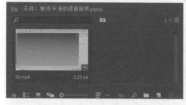  

图10-27　　　　　　　　　　　　　　图10-28　　　　　　　　　　　　　　图10-29

04 按Space键播放音频剪辑，发现还是残留一些杂音。在"效果控件"面板中单击"编辑"按钮 <u>编辑</u>，在弹出的面板中设置"预设"为"强降噪"，如图10-30所示。

05 按Space键播放音频剪辑，发现音频残留有比较强的混音。切换到"音频"工作区，在"基本声音"面板中单击"对话"按钮 🗨 对话，如图10-31所示。

06 单击按钮后，设置"预设"为"清理嘈杂对话"，"减少混响"为0.4，如图10-32所示。按Space键播放音频，可以明显感觉到语音清晰了很多，本案例制作完成。

图10-30　　　　　　　　　　图10-31　　　　　　　　　　图10-32

> ⓘ **技巧提示**
>
> 　　"减少混响"数值一般设置在1.5以内，具体数值需要依据音频质量进行确定。

技术回顾

演示视频:028-降噪

效果:降噪

位置:效果>音频效果>降杂/恢复

图10-33

01 新建一个项目文件,在"项目"面板中导入学习资源"技术回顾"文件夹中的素材文件,如图10-33所示。

02 选中音乐.wav素材文件,将其拖曳到"时间轴"面板中,生成序列,如图10-34所示。

03 在"效果"面板中选中"降噪"效果,将其拖曳到剪辑上,就可以在"效果控件"面板上显示相应的参数,如图10-35和图10-36所示。

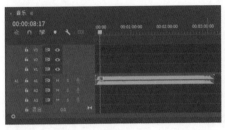

图10-34

图10-35

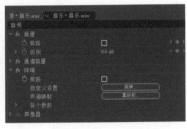

图10-36

04 在"效果控件"面板中单击"编辑"按钮，可以打开图10-37所示的面板。在面板中可以调整降噪的详细参数。

05 展开"预设"下拉列表,可以选择降噪的强度,默认为"弱降噪",如图10-38所示。降噪后可以听到音频中消除了杂音,但本身的音频会受到一定的损失。

06 切换到"强降噪"模式,可以看到面板中的波形发生了一定的改变,如图10-39所示。

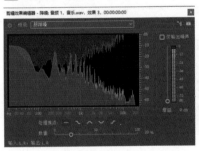

图10-37

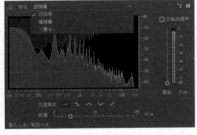

图10-38

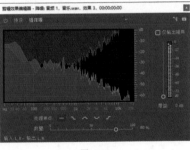

图10-39

> **技巧提示**
>
> 单击"处理焦点"后的按钮,可以选择不同的音调高度,从而在降噪的过程中尽量使原有的音频不受影响。

🛇 重点

实战：制作音频的起始和结尾

素材文件	素材文件>CH10>04
实例文件	实例文件>CH10>实战：制作音频的起始和结尾. prproj
难易程度	★★★★☆
学习目标	掌握音频的缓入缓出效果

如果一段音乐开始时突然声音增大或结尾时突然没有声音,都会给人一种突兀的感觉。本案例为一段音频制作开始和结尾的缓入缓出效果,使音频过渡更加自然。

案例制作

01 新建一个项目文件,将学习资源"素材文件>CH10>04"文件夹中的素材文件全部导入"项目"面板中,如图10-40所示。

02 选中01.mp4素材文件,将其拖曳到"时间轴"面板中,生成序列,然后将02.wav素材文件选中并拖曳到AI轨道上,如图10-41所示。

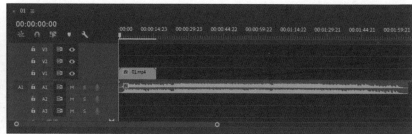

图10-40　　　　　　　　　　　　　　　　　　　　　　　图10-41

03 音频剪辑的长度明显比视频剪辑长很多。移动播放指示器到00:00:22:20的位置,用"剃刀工具" 🔪 对音频进行裁剪,如图10-42所示。

04 删掉前边的音频剪辑,然后将后方的剪辑向前移动,接着裁剪并删除多余的音频剪辑,如图10-43所示。

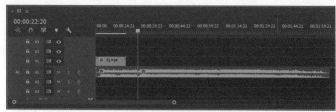

图10-42　　　　　　　　　　　　　　　　　　　　　　　图10-43

05 按Space键播放音频,会发现声音突然出现又突然结束,非常突兀。移动播放指示器,在00:00:01:00和00:00:15:11的位置添加"级别"关键帧,使其保持原有声音大小,如图10-44所示。

06 移动播放指示器到音频剪辑的起始和结尾位置,分别设置"级别"为-281.1dB,如图10-45所示。这时播放音频,就能听到音频会有声音从小到大和从大到小的变化,这样就不会显得突兀。

图10-44　　　　　　　　　　　　　　　　　　图10-45

◎ **技术专题:另一种音频收尾的方法**

除了案例中讲到的比较简单的音频收尾方法外,还有一种方法是利用"室内混响"效果收尾。下面介绍具体的操作步骤。

第1步: 在需要结尾的音频部分进行裁剪,如图10-46所示。

第2步: 将结尾部分音频的音量整体调整到最小,如图10-47所示。

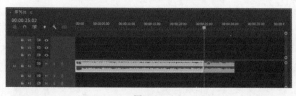

图10-46　　　　　　　　　　　　　　　　　　　　　　图10-47

第3步: 将两段音频剪辑选中,进行嵌套,如图10-48所示。如果嵌套后没有显示音频波段,按Space键播放音频就能显示。

第4步: 通过波形图就能判断出结尾部分。向前稍微移动一段后对嵌套序列进行裁剪,如图10-49所示。

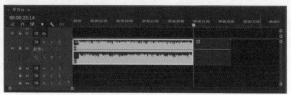

图10-48　　　　　　　　　　　　　　　　　　　　　　图10-49

第5步：在"效果"面板中选中"室内混响"效果，将其添加到后半段剪辑上。在"效果控件"面板上单击"编辑"按钮，设置"预设"为"大厅"，并调高"房间大小"和"衰减"数值，如图10-50所示。

第6步：在"效果"面板中选择"恒定功率"过渡效果，将其添加到两段音频的交接处，如图10-51所示。这样就能生成平滑过渡的音频收尾。

图10-50　　　　　　　　　　　　　　　　　　　　图10-51

实战：制作喇叭广播音效

👑 重点

素材文件	素材文件>CH10>05
实例文件	实例文件>CH10>实战：制作喇叭广播音效. prproj
难易程度	★★★★☆
学习目标	掌握制作喇叭广播音效的方法

喇叭广播的声音会带有回声和重复的效果，通过"吉他套件"效果和"模拟延迟"效果就可以进行模拟。

👉 **案例制作**

01 新建一个项目文件，将学习资源"素材文件>CH10>05"文件夹中的素材文件全部导入"项目"面板中，如图10-52所示。

02 选中01.mov素材文件，将其拖曳到"时间轴"面板中，生成序列，并在A1轨道上添加02.wav素材文件，如图10-53所示。

图10-52

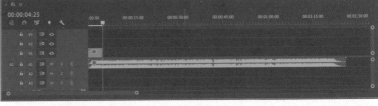

图10-53

03 音频剪辑的长度要大于视频剪辑的长度。选中视频剪辑，向后复制多个，使其与音频剪辑的长度相等，如图10-54所示。

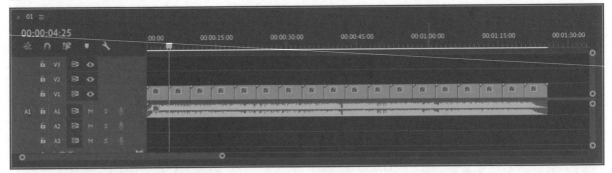

图10-54

> ❗ **技巧提示**
>
> 视频剪辑的内容基本是重复的，因此可以将其复制多个并连接起来。

04 在"效果"面板中选择"吉他套件"效果，将其添加到音频剪辑上，如图10-55所示。

05 在"效果控件"面板中单击"编辑"按钮 ██████ 编辑 ，在弹出的面板中设置"预设"为"驱动盒"，如图10-56所示。

06 按Space键播放音频，可以发现音频的音调发生了明显的改变。在"效果"面板中选择"模拟延迟"效果，将其添加到音频剪辑上，如图10-57所示。再次播放音频，就可以听到回声效果。

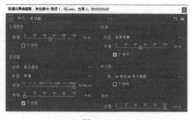

图10-55　　　　　　　　　　　　　　图10-56　　　　　　　　　　　　　　图10-57

☞ **技术回顾**--

　　演示视频: 029-吉他套件

　　效果: 吉他套件

　　位置: 效果>音频效果>特殊效果

01 新建一个项目文件，在"项目"面板中导入学习资源"技术回顾"文件夹中的素材文件，如图10-58所示。

02 选中音乐.wav素材文件，将其拖曳到"时间轴"面板中，生成序列，如图10-59所示。

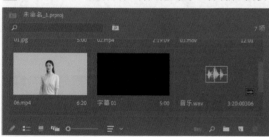
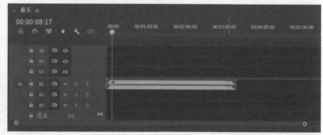

图10-58　　　　　　　　　　　　　　　　　　　图10-59

03 在"效果"面板中选择"吉他套件"效果，将其拖曳到剪辑上，"效果控件"面板上会显示相应的参数，如图10-60和图10-61所示。

图10-60　　　　　　　　　　　　图10-61

04 在"效果控件"面板上单击"编辑"按钮 ██████ 编辑 ，会弹出图10-62所示的面板。可以在面板中设置不同的音调效果。

05 展开"预设"下拉列表，可以选择不同的声音效果，如图10-63所示。

06 选择不同的预设后，会相应调整面板中的参数。图10-64所示是"驱动盒"的参数面板。

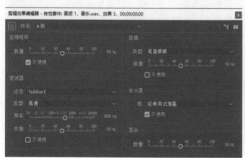

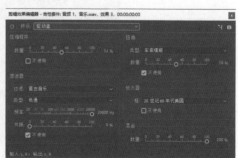

图10-62　　　　　　　　　　　图10-63　　　　　　　　　　　图10-64

👆重点

实战：制作3D环绕声音效

素材文件	素材文件>CH10>06
实例文件	实例文件>CH10>实战：制作3D环绕声音效. prproj
难易程度	★★★★☆
学习目标	掌握制作3D环绕声音效的方法

　　3D环绕声效果会在左右两个声道中交替出现声音，呈现丰富的音频效果。本案例需要在"级别"参数上添加关键帧，从而控制两个声道声音的大小。

👉 案例制作---

01 新建一个项目文件，将学习资源"素材文件>CH10>06"文件夹中的素材文件导入"项目"面板中，如图10-65所示。

02 选中01.mp4素材文件，将其拖曳到"时间轴"面板中，生成序列，如图10-66所示。素材文件自带音频剪辑。

图10-65

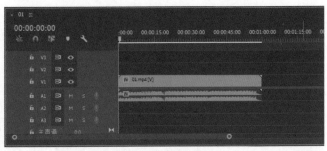
图10-66

03 将视频和音频断开链接，然后将音频剪辑向下复制两层，如图10-67所示。

04 单击A3轨道前的"轨道静音"按钮 M，使该轨道不发出声音，如图10-68所示。

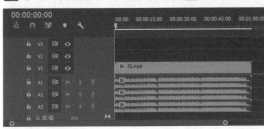
图10-67

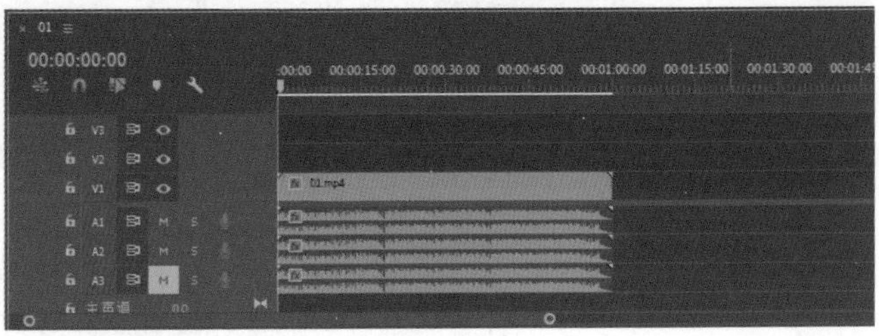

图10-68

05 选中A1轨道上的剪辑，单击鼠标右键，在弹出的菜单中选择"音频声道"选项，如图10-69所示。

06 在弹出的"修改剪辑"对话框中取消勾选右声道，只保留左声道，如图10-70所示。

> ⚠️ **技巧提示**
>
> L代表左声道，R代表右声道。

图10-69

图10-70

07 选中A2轨道上的剪辑，打开"修改剪辑"对话框，取消勾选左声道，只保留右声道，如图10-71所示。

08 选中A1轨道上的剪辑，在"效果控件"面板中根据音乐的节奏为"级别"参数添加关键帧，如图10-72所示。

> ⚠️ **技巧提示**
>
> 读者可根据自己的喜好为音乐添加关键帧，这里不作具体规定。

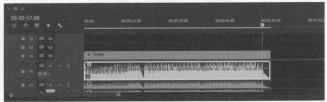

图10-71

图10-72

09 全选上一步添加的关键帧，按快捷键Ctrl+C复制，然后选中A2轨道上的剪辑，按快捷键Ctrl+V粘贴，如图10-73所示。

10 将A1轨道上剪辑的关键帧从第1个开始并每间隔1个向下拉动，且要拉到最低位置，如图10-74所示。

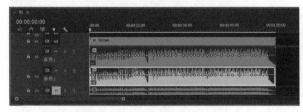
图10-73

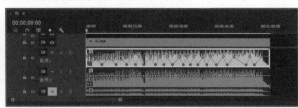
图10-74

> ⚠ **技巧提示**
>
> 按住Shift键可以让关键帧直线向下移动。

11 将A2轨道上剪辑的关键帧，从第2个开始每间隔一个向下拉动，且要拉到最低位置，如图10-75所示。

12 按Space播放音频，就可以听到声音在左右耳机间进行切换。单击A3轨道上的"静音轨道"按钮，取消轨道静音效果，如图10-76所示。这样就能避免出现声道转换时声音忽大忽小的问题。如果感觉声道切换效果不明显，可以适当降低A3轨道上音频的音量。

图10-75

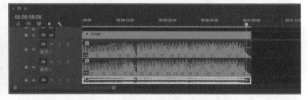
图10-76

实战： 制作机器人语音音效

素材文件	素材文件>CH10>07
实例文件	实例文件>CH10>实战：制作机器人语音音效. prproj
难易程度	★★★★☆
学习目标	掌握制作机器人语音音效的方法

扫码观看视频

机器人语音音效有明显的延迟效果，需要用到"模拟延迟"效果和"音高换挡器"效果。

☞ **案例制作**

01 新建一个项目文件，将学习资源"素材文件>CH10>06"文件夹中的素材文件导入"项目"面板中，如图10-77所示。

02 选中01.wav素材文件，将其拖曳到"时间轴"面板中，生成序列，如图10-78所示。音频是一段单纯的语音，没有背景音乐。

图10-77

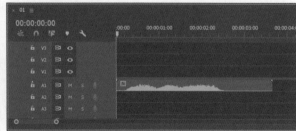
图10-78

03 在"效果"面板中选中"模拟延迟"效果，并将其添加到剪辑上，如图10-79所示。

04 在"效果控件"面板中单击"编辑"按钮，在弹出的面板中设置"预设"为"机器人声音"，如图10-80所示。

图10-79

图10-80

05 按Space键播放语音，发现声音效果不是很理想。在面板中设置"延迟"为25ms，"劣音"为70%，如图10-81所示。

06 在"效果"面板中选择"音高换挡器"效果，将其添加到剪辑上，如图10-82所示。按Space键播放语音，就能听到音调已经变成带延迟的机械音，类似于机器人的语音效果。

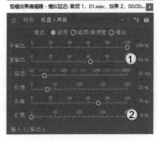

图10-81   图10-82

☞ **技术回顾**

演示视频：030-模拟延迟

效果： 模拟延迟

位置： 效果>音频效果>延迟与回声

扫码观看视频

01 新建一个项目文件，在"项目"面板中导入学习资源"技术回顾"文件夹中的素材文件，如图10-83所示。

02 选中音乐.wav素材文件，将其拖曳到"时间轴"面板中，生成序列，如图10-84所示。

图10-83   图10-84

03 在"效果"面板中选择"模拟延迟"效果，将其拖曳到剪辑上，在"效果控件"面板上会显示相应的参数，如图10-85和图10-86所示。

图10-85   图10-86

04 在"效果控件"面板上单击"编辑"按钮，会打开图10-87所示的面板。在面板中可以设置延迟的具体参数。

05 展开"预设"下拉列表，可以选择不同的延迟模式，如图10-88所示。

06 设置"干输出"和"湿输出"数值，可以控制整体的音量，如图10-89所示。

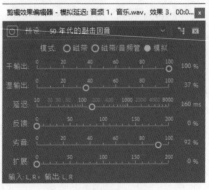
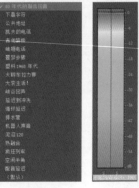

图10-87   图10-88   图10-89

❓ **疑难问答：** "干输出"和"湿输出"有何区别？

"干输出"的声音更加清脆、清晰，而"湿输出"的声音则显得含混不清。具体请读者播放音频感受。

实战：制作电话语音音效

素材文件	素材文件>CH10>08
实例文件	实例文件>CH10>实战：制作电话语音音效. prproj
难易程度	★★★★☆
学习目标	掌握制作电话语音音效的方法

扫码观看视频

我们经常会在影视剧中听到电话中的声音和人物平时说话的声音有明显的差别。电话语音音效可以通过两种方法制作出来。

案例制作

01 新建一个项目文件，将学习资源"素材文件>CH10>08"文件夹中的素材文件导入"项目"面板中，如图10-90所示。

02 选中01.mp3素材文件，将其拖曳到"时间轴"面板中，生成序列，如图10-91所示。

图10-90

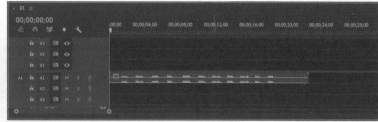

图10-91

03 在"效果"面板中选择"高通"效果，将其添加到剪辑上，如图10-92所示。

04 在"效果控件"面板中设置"屏蔽度"为700Hz，如图10-93所示。按Space键播放音频，就能听到声音发生了明显的变化。

图10-92　　　　　　　　　　　　图10-93

05 转换后的声音音量偏小。选中剪辑，单击鼠标右键，在弹出的菜单中选择"音频增益"选项，如图10-94所示。

06 在弹出的"音频增益"对话框中设置"调整增益值"为6dB，如图10-95所示。按Space键播放音频，就能听到合适音量的音频。

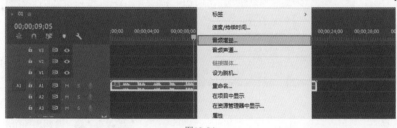

图10-94

图10-95

◎ **技术专题：另一种制作电话音效的方法**

还有一种更为简单的制作电话音效的方法，下面讲解具体的操作步骤。

第1步：切换到"音频"工作区，选中音频剪辑，在"基本声音"面板中单击"对话"按钮，如图10-96所示。

第2步：在"预设"中选择"从电话"选项，如图10-97所示。这样电话音效就制作完成了。

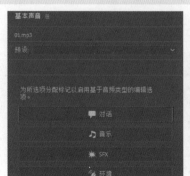

图10-96

图10-97

实战：制作耳机播放音乐音效

素材文件	素材文件>CH10>09
实例文件	实例文件>CH10>实战：制作耳机播放音乐音效.prproj
难易程度	★★★☆☆
学习目标	掌握制作耳机播放音乐音效的方法

扫码观看视频

本案例模拟耳机播放音乐的音效，需要用到"高通"效果。耳机播放音乐会有音质改变或失真的特点。

👉 **案例制作**

01 新建一个项目文件，将学习资源"素材文件>CH10>09"文件夹中的素材文件导入"项目"面板中，如图10-98所示。

02 选中01.wav素材文件，将其拖曳到"时间轴"面板中，生成序列，如图10-99所示。按Space键播放音频剪辑，可以听到音乐原本的曲调。

03 在"效果"面板中选中"高通"效果，将其添加到剪辑上，如图10-100所示。按Space键播放剪辑，就可以听到音乐的曲调转换为耳机外放时的效果。

图10-98

图10-99

图10-100

👉 **技术回顾**

演示视频：031-高通

效果：高通

位置：效果>音频效果>滤波器和EQ

扫码观看视频

01 新建一个项目文件，在"项目"面板中导入学习资源"技术回顾"文件夹中的素材文件，如图10-101所示。

02 选中音乐.wav素材文件，将其拖曳到"时间轴"面板中，生成序列，如图10-102所示。

图10-101

图10-102

03 在"效果"面板中选择"高通"效果，将其拖曳到剪辑上，"效果控件"面板上会显示相应的参数，如图10-103和图10-104所示。

04 在"效果控件"面板中只需要调整"切断"的数值。设置"切断"为200Hz时，音频的变化不是很大，且音频高度较高，如图10-105所示。

05 设置"切断"为2000Hz时，音频发生了明显的变化，且音频的高度会降低，如图10-106所示。

图10-103

图10-104

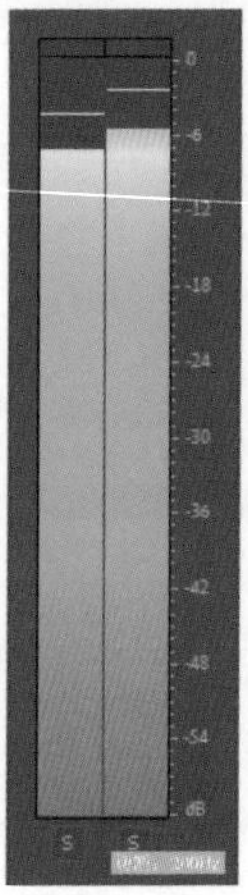

图10-105 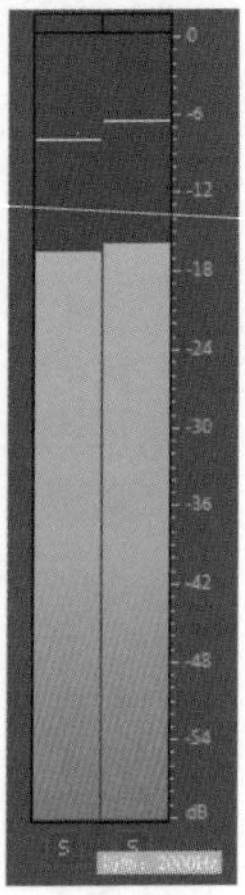　　图10-106

实战：制作背景音乐回避人声效果

素材文件	素材文件>CH10>10
实例文件	实例文件>CH10>实战：制作背景音乐回避人声效果.prproj
难易程度	★★★★☆
学习目标	掌握将人声与背景音乐融合的方法

在一些影视作品中，背景音乐会自动回避人物间的对话。本案例就通过"基本声音"面板中的"对话"和"音乐"功能来达到这一效果。

☞ 案例制作--

01 新建一个项目文件，将学习资源"素材文件>CH10>10"文件夹中的素材文件全部导入"项目"面板中，如图10-107所示。

02 选中01.wav素材文件，将其拖曳到"时间轴"面板中，生成序列，如图10-108所示。

图10-107

图10-108

03 选中02.mp3素材文件，将其拖曳到A2轨道上，如图10-109所示。

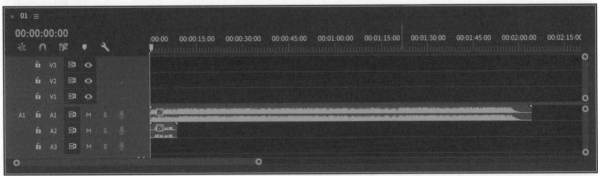

图10-109

04 将A2轨道上的语音按照内容裁剪为4段剪辑，并拉开一些距离摆放，如图10-110所示。

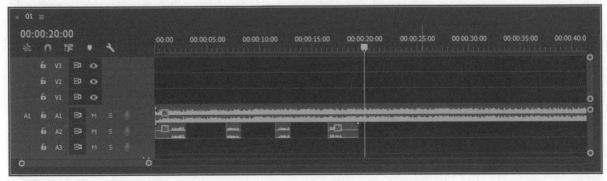

图10-110

> ⓘ **技巧提示**
>
> 读者可以录制自己喜欢的语音，用其代替原有的语音文件，并裁剪成需要的片段。语音剪辑的间隔按照具体情况进行设置。

05 切换到"音频"工作区，选中A2轨道上所有的语音剪辑，在"基本声音"面板中单击"对话"按钮 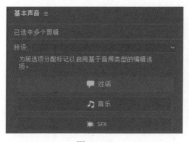，如图10-111所示。

06 选中A1轨道上的音乐剪辑，在"基本声音"面板中单击"音乐"按钮 ，如图10-112所示。

图10-111　　　　　　　　　图10-112

07 在"音乐"卷展栏中勾选"回避"选项，设置"敏感度"为5，"闪避量"为-20dB，"淡化"为500毫秒，然后单击"生成关键帧"按钮，如图10-113所示。

08 按Space键播放音频，就可以听到语音剪辑部分背景音乐会自动消失，只保留语音，而语音剪辑之外的部分，背景音乐会自动播放。用"剃刀工具" 裁剪并删除多余的背景音乐剪辑，如图10-114所示。

图10-113

图10-114

技术回顾

演示视频：032-基本声音
工具：基本声音
位置：窗口>基本声音

01 新建一个项目文件，在"项目"面板中导入学习资源"技术回顾"文件夹中的素材文件，如图10-115所示。

02 选中音乐.wav素材文件，将其拖曳到"时间轴"面板中，生成序列，如图10-116所示。

图10-115

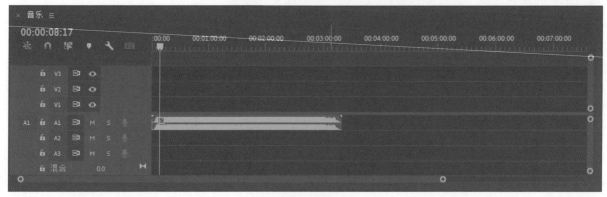

图10-116

03 在"工作区"单击"音频"即可切换到"音频"工作区，工作区的右侧就是"基本声音"面板，如图10-117所示。

04 面板中有4类标签按钮，需要读者按照音频的用处进行单击，如图10-118所示。

05 选中音频剪辑，单击"对话"按钮 <kbd>对话</kbd>，面板会转换为图10-119所示的内容。可以在面板中具体调整音频的参数。

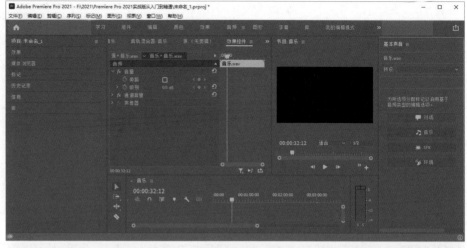

图10-117

> **① 技巧提示**
>
> 在之前的案例制作中，会为单纯的语音音频和一些音乐选择"对话"，而会为带语音的背景音乐一类的音频选择"音乐"。具体类型还需要根据制作的目的灵活选择。

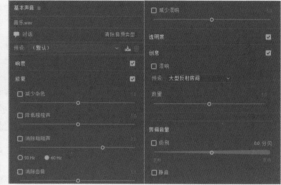

图10-118　　　　　　　　　　图10-119

06 展开"预设"下拉列表，可以设置不同场景的音频效果，如图10-120所示。虽然也可以用其他效果达到同样的效果，但用这种方法更简便。

07 选择不同的预设类型，下方的参数会随之改变。图10-121所示是选择"预设"为"从电视"和"拍摄远景"的参数对比。

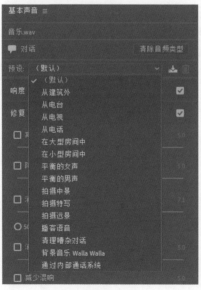
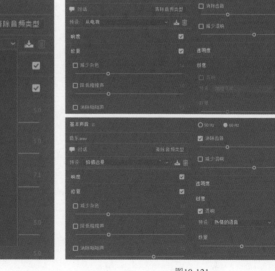

图10-120　　　　　　　　　　图10-121

08 在"剪辑音量"中勾选"级别"选项并滑动滑块，可以快速调整整体剪辑音量的大小，如图10-122所示。

09 单击右上角的"清除音频类型"按钮 <kbd>清除音频类型</kbd>，就能删掉原有的参数设置，如图10-123所示。

10 删掉原有参数后，"基本声音"面板会恢复到初始状态。单击"音乐"按钮 ，面板中会显示相应的参数，如图10-124所示。

11 勾选"回避"选项，就能激活该选项组，如图10-125所示。可以在选项组中选择需要回避的音频类型，同时调整相应的回避参数。当剪辑在播放时遇到需要回避的音频部分，就会自动降低音量。

图10-122

图10-123

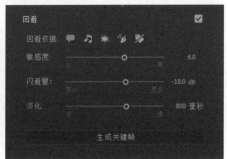

图10-124

图10-125

🛈 **技巧提示**

设置回避参数后，一定要单击"生成关键帧"按钮 [生成关键帧]，这样才能产生回避效果。

第 **11** 章

输出作品

　　视频和音频制作完成后，需要将其合成输出为一个单独的可播放文件。输出文件时可以选择用Premiere Pro自带的导出工具，也可以选择用Adobe Media Encoder软件批量导出。

学习重点　🔍

重点

实战：输出MP4格式视频文件

素材文件	素材文件>CH11>01
实例文件	实例文件>CH11>实战：输出MP4格式视频文件.prproj
难易程度	★★☆☆☆
学习目标	掌握MP4格式文件的输出方法

扫码观看视频

MP4格式是常见的视频播放格式，适用于大多数播放器。本案例用一个制作好的项目文件进行渲染输出，生成MP4格式的视频文件。效果如图11-1所示。

图11-1

👉 案例制作

01 打开学习资源中的"素材文件>CH11>01>01.prproj"文件，可以看到"时间轴"面板中已经有制作完成的序列，如图11-2所示。

02 选中"时间轴"面板中的序列，执行"文件>导出>媒体"菜单命令，弹出"导出设置"对话框，如图11-3所示。

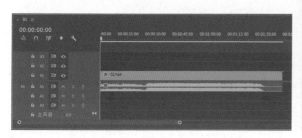

图11-2

图11-3

03 在"导出设置"中设置"格式"为"H.264"，如图11-4所示。

04 在"导出设置"中单击"输出名称"后的"01.mp4"，在弹出的文件夹中选择导出视频的保存路径，并重新设置导出视频的名称为"实战：输出MP4格式视频文件"，如图11-5所示。

ⓘ 技巧提示

H.264对应输出的文件格式就是MP4格式。

图11-4

图11-5

05 在"其他参数"中勾选"使用最高渲染质量"选项，然后单击"导出"按钮[导出]即可开始渲染，如图11-6所示。系统会弹出对话框，显示渲染的进度，如图11-7所示。

图11-6

图11-7

06 渲染完成后，就可以在之前保存路径的文件夹里找到渲染完成的MP4格式的视频，如图11-8所示。

07 在视频中随意截取4帧画面，效果如图11-9所示。

图11-8

图11-9

☞ 技术回顾---

演示视频：033-导出设置

工具： 导出设置（快捷键Ctrl+M）

位置： 文件>导出>媒体

扫码观看视频

01 新建一个项目文件，在"项目"面板中导入学习资源"技术回顾"文件夹中的素材文件，如图11-10所示。

02 选中02.mp4素材文件，将其拖曳到"时间轴"面板中，生成序列，如图11-11所示。

图11-10

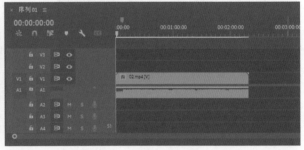

图11-11

03 在保持"时间轴"面板选中的情况下，执行"文件>导出>媒体"菜单命令，或按快捷键Ctrl+M，就会弹出"导出设置"对话框，如图11-12所示。

04 在左侧"输出预览"的面板中切换到"源"选项卡，单击"裁剪输出"按钮 ，就可以裁剪最终需要输出的画面，如图11-13所示。

05 切换到"输出"选项卡，展开"源缩放"下拉列表，就可以选择合适的预览画面，如图11-14所示。

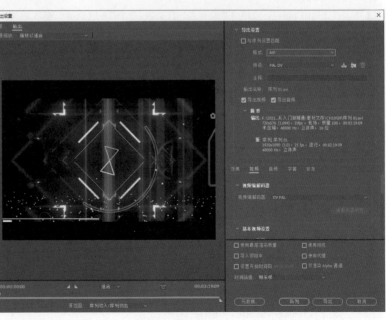

图11-12

06 在"导出设置"面板中展开"格式"下拉列表，可以选择导出文件的格式，如图11-15所示。

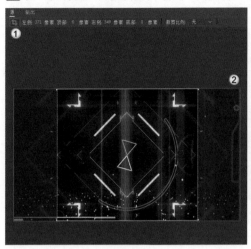

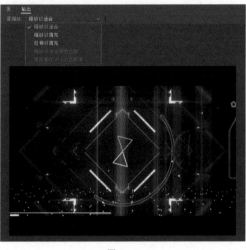

图11-13　　　　　　　　　　　　　　　　图11-14　　　　　　　　　　　　　　　　图11-15

07 在下拉列表中选中H.264选项，"输出名称"的文件名后缀自动切换为.mp4，如图11-16所示。

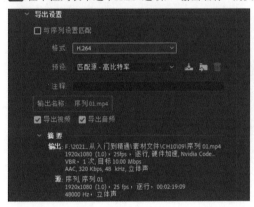

图11-16

> ◎ **技术专题：常用的视频和音频文件格式**
>
> 　　Premiere Pro提供了多种视频和音频格式，但在实际工作中运用到的格式却不多。下面简单介绍一些常用的视频和音频格式。
>
> 　　**AVI：** 导出后生成AVI格式的视频文件，体积较大，输出较慢。
>
> 　　**H.264：** 导出后生成MP4格式的视频文件，体积适中，输出较快，运用的范围广。
>
> 　　**Quick Time：** 导出后生成MOV格式的视频文件，适用于苹果系统播放器。
>
> 　　**Windows Media：** 导出后生成WMV格式的视频文件，适用于微软系统播放器。
>
> 　　**MP3：** 导出后生成MP3格式的音频文件，是常用的音频格式。

08 单击"序列01.mp4"，会弹出"另存为"对话框，如图11-17所示。在对话框中既可以设置导出文件保存的路径，又可以设置文件的名称。

图11-17

09 在"扩展参数"面板中切换到"效果"选项卡，然后勾选"Lumetri Look/LUT"选项，并设置"已应用"为"SL NOIR RED WAVE"，就可以在左侧观察到预览画面变成滤镜的单色效果，如图11-18所示。效果如图11-19所示。

图11-18　　　　　　　　　　图11-19

10 在"其他参数"面板中勾选"使用最高渲染质量"选项，就可以渲染最高质量的画面，但会延长编码的时间，如图11-20所示。

11 勾选"使用预览"选项，系统在渲染时会调取之前的预览文件，加快渲染速度，如图11-21所示。

图11-20　　　　　　　　　　图11-21

12 单击"导出"按钮 ▇▇▇▇ ，就能将序列输出为MP4格式的视频文件，如图11-22所示。

图11-22

实战：输出AVI格式视频文件

素材文件	素材文件>CH11>02
实例文件	实例文件>CH11>实战：输出AVI格式视频文件.prproj
难易程度	★★★☆☆
学习目标	掌握AVI格式文件的输出方法

AVI格式的视频一般很少压缩，因此文件体积较大，对于一些播放器来说不能进行播放。本案例对一个制作好的项目文件进行渲染输出，生成AVI格式的视频文件。效果如图11-23所示。

图11-23

☞案例制作 --

01 打开学习资源中的"素材文件>CH11>02>01.prproj"文件，可以看到"时间轴"面板中已经有制作完成的序列，如图11-24所示。

02 选中"时间轴"面板中的序列，执行"文件>导出>媒体"菜单命令，弹出"导出设置"对话框，如图11-25所示。

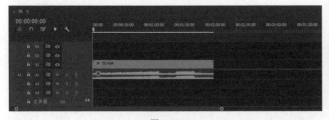

图11-24

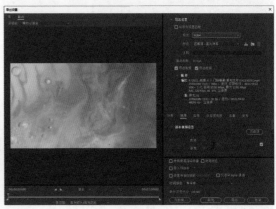

图11-25

03 在"导出设置"中设置"格式"为"AVI"，如图11-26所示。

04 在"导出设置"中单击"输出名称"后的"01.avi"，在弹出的对话框中选择导出视频的保存路径，并重新设置导出视频的名称为"实战：输出AVI格式视频文件"，如图11-27所示。

图11-26

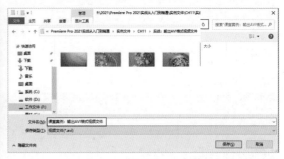

图11-27

05 在"扩展参数"中设置"视频编解码器"为"Microsoft Video 1",如图11-28所示。

06 在"基本视频设置"中设置"宽度"为1920,"高度"为1080,"场序"为"逐行",如图11-29所示。

 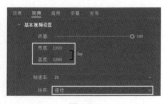

图11-28   图11-29

07 在"其他参数"中勾选"使用最高渲染质量"选项,单击"导出"按钮 导出 即可开始渲染,如图11-30所示。系统会弹出对话框,显示渲染的进度,如图11-31所示。相对于MP4格式文件,AVI格式文件的导出速度明显较慢。

08 渲染完成后,就可以在之前保存路径的文件夹里找到渲染完成的AVI格式视频,如图11-32所示。

图11-30   图11-31   图11-32

09 在视频中随意截取4帧画面,效果如图11-33所示。

图11-33

实战: 输出GIF格式视频文件

素材文件	素材文件>CH11>03
实例文件	实例文件>CH11>实战: 输出GIF格式视频文件.prproj
难易程度	★★☆☆☆
学习目标	掌握GIF格式文件的输出方法

扫码观看视频

GIF格式的图片在社交媒体中运用较多,通过Premiere Pro就可以进行制作。本案例用一个制作好的项目文件进行渲染输出,生成GIF格式的文件。效果如图11-34所示。

图11-34

☞ 案例制作

01 打开学习资源中的"素材文件>CH11>03>01.prproj"文件,可以看到"时间轴"面板中已经有制作完成的序列,如图11-35所示。

图11-35

02 按Space键预览画面，可以看到画面中的花瓣和树枝有动画效果，如图11-36所示。

03 选中"时间轴"面板中的序列，按快捷键Ctrl+M，弹出"导出设置"对话框，如图11-37所示。

图11-36

图11-37

04 在"导出设置"中设置"格式"为"动画GIF"，如图11-38所示。

05 在"导出设置"中单击"输出名称"后的"背景.gif"，在弹出的对话框中选择导出视频的保存路径，并重新设置导出视频的名称为"实战：输出GIF格式视频文件"，如图11-39所示。

图11-38

图11-39

06 在"其他参数"中勾选"使用最高渲染质量"选项，单击"导出"按钮 即可开始渲染，如图11-40所示。系统会弹出对话框，显示渲染的进度，如图11-41所示。

07 渲染完成后，在之前保存路径的文件夹里就可以找到渲染完成的GIF格式的动图，如图11-42所示。

图11-40

图11-41

图11-42

08 在动图中随意截取4帧画面，效果如图11-43所示。

图11-43

实战：输出单帧图片

素材文件	素材文件>CH11>04
实例文件	实例文件>CH11>实战：输出单帧图片.prproj
难易程度	★★☆☆☆
学习目标	掌握单帧图片的输出方法

扫码观看视频

可以从一段视频的任意位置输出一张单帧图片。本案例用一个制作好的项目文件进行渲染输出，生成JPG格式的图片文件，效果如图11-44所示。

图11-44

👉 案例制作------------------------------------

01 打开学习资源中的"素材文件>CH11>04>01.prproj"文件，如图11-45所示。

图11-45

02 选中实拍女性.mp4素材文件，将其拖曳到"时间轴"面板中，生成序列，如图11-46所示。

03 移动播放指示器到00:00:07:15的位置，此时画面的构图较好，适合导出为单帧图片，如图11-47所示。

图11-46

图11-47

04 选中"时间轴"面板中的序列，按快捷键Ctrl+M，弹出"导出设置"对话框，如图11-48所示。

05 在"导出设置"中设置"格式"为"JPEG"，如图11-49所示。

06 在"导出设置"中单击"输出名称"后的"实拍女性.jpg"，在弹出的对话框中选择导出视频的保存路径，并重新设置导出视频的名称为"实战：输出单帧图片"，如图11-50所示。

图11-48

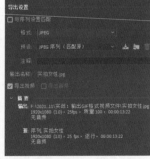

图11-49

图11-50

07 在"扩展参数"中取消勾选"导出为序列"选项，如图11-51所示。

08 在"其他参数"中勾选"使用最高渲染质量"选项，单击"导出"按钮 导出 即可开始渲染，如图11-52所示。

技巧提示

导出单帧图片时，系统会弹出对话框，显示渲染的进度，但渲染的速度非常快，对话框可以忽略。

图11-51　　　　　　　　图11-52

09 渲染完成后，就可以在之前保存路径的文件夹里找到渲染完成的单帧图片，如图11-53所示。最终效果如图11-54所示。

图11-53

图11-54

◎ **技术专题：输出单帧图片的简便方法**

除了案例中采用的方法，还有一种非常简便的方法也可以输出单帧图片。

第1步： 移动播放指示器到需要输出单帧图片的位置。

第2步： 单击"节目"监视器下方的"导出帧"按钮 ◘ （快捷键为Ctrl+Shift+E）。

第3步： 在弹出的"导出帧"对话框中设置导出图片的名称、格式和路径，如图11-55所示。

第4步： 单击"确定"按钮 确定 ，就能将选定的帧输出为图片。

这种方法相比案例中的方法更简单，是其他案例中输出单帧图片时常用的方法。

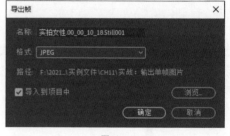

图11-55

👑 重点

实战：输出MP3格式音频文件

素材文件	素材文件>CH11>05
实例文件	实例文件>CH11>实战：输出MP3格式音频文件.prproj
难易程度	★★☆☆☆
学习目标	掌握MP3格式音频文件的输出方法

扫码观看视频

可以从带有音频的视频文件中单独导出MP3格式的音频文件。本案例用一个制作好的项目文件进行渲染输出，生成MP3格式的音频文件。

👉 **案例制作**------------------------------------

01 打开学习资源中的"素材文件>CH11>05>01.prproj"文件，如图11-56所示。

02 选中背景视频.mp4素材文件，将其拖曳到"时间轴"面板中，生成序列，如图11-57所示。序列中既有视频剪辑，又有音频剪辑。

图11-56

图11-57

03 选中"时间轴"面板中的序列，按快捷键Ctrl+M，弹出"导出设置"对话框，如图11-58所示。

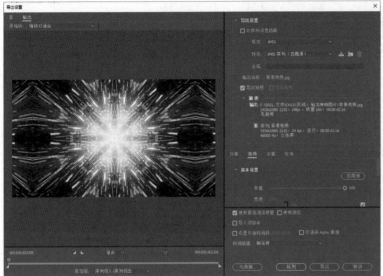

04 在"导出设置"中设置"格式"为"MP3"，如图11-59所示。

图11-59

> **⚠ 技巧提示**
>
> "格式"设置为"MP3"后，左侧就无法生成预览画面。

图11-58

05 在"导出设置"中单击"输出名称"后的"背景视频.mp3"，在弹出的文件夹中选择导出音频的保存路径，并重新设置导出视频的名称为"实战：输出MP3格式音频文件"，如图11-60所示。

06 在"其他参数"中单击"导出"按钮 ▇▇导出▇▇ 即可开始渲染，如图11-61所示。

07 渲染完成后，就可以在之前保存路径的文件夹里找到渲染完成的音频图片，如图11-62所示。

图11-60

图11-61

图11-62

实战：输出 Adobe Media Encoder队列

素材文件	素材文件>CH11>06
实例文件	实例文件>CH11>实战：输出 Adobe Media Encoder队列.prproj
难易程度	★★★☆☆
学习目标	掌握批量渲染输出的方法

扫码观看视频

使用Adobe Media Encoder可以在空闲时间批量渲染序列，这样可节省很多的时间，提高工作效率。只有在计算机上安装了Adobe Media Encoder 2021后，才能在Premiere Pro 2021中直接打开该软件并进行批量渲染输出文件。本案例展示将一个制作好的项目文件在Adobe Media Encoder中输出。效果如图11-63所示。

图11-63

☞ **案例制作**

01 打开学习资源中的"素材文件>CH11>06>01.prproj"文件，可以看到"时间轴"面板中已经有制作完成的序列，如图11-64所示。

02 选中"时间轴"面板中的序列，执行"文件>导出>媒体"菜单命令，弹出"导出设置"对话框，如图11-65所示。

图11-64

图11-65

03 在"其他设置"面板中单击"队列"按钮 队列 ，打开Adobe Media Encoder 2021软件，如图11-66所示。

04 在右上角的"队列"面板中设置导出序列的"格式"为"H.264"及导出文件的路径，如图11-67所示。

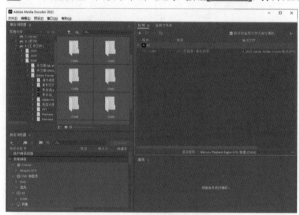

图11-66

图11-67

05 单击"启动队列"按钮 ▶ ，就可以将队列中的序列进行渲染输出，如图11-68所示。

06 渲染完成后，就可以在之前保存路径的文件夹里找到渲染完成的MP4格式视频，如图11-69所示。

图11-68

图11-69

⚠ **技巧提示**

可以在"队列"面板中一次添加多个待渲染的序列。在序列渲染时，仍然可以在Premiere Pro或After Effects中制作其他的项目文件。

07 随意截取4帧画面，效果如图11-70所示。

图11-70

☞ **技术回顾**----------

演示视频:034-Adobe Media Encoder

工具: Adobe Media Encoder

位置: 导出设置>队列

01 新建一个项目文件,在"项目"面板中导入学习资源"技术回顾"文件夹中的素材文件,如图11-71所示。

02 选中02.mp4素材文件,将其拖曳到"时间轴"面板中,生成序列,如图11-72所示。

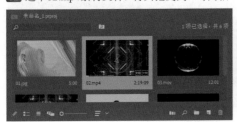

图11-71

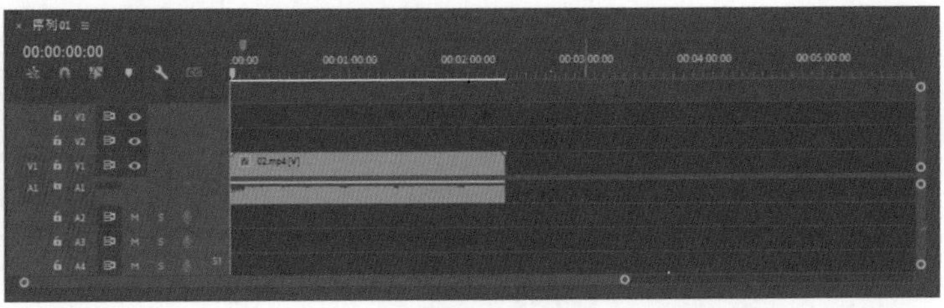

图11-72

03 按快捷键Ctrl+M,弹出"导出设置"对话框。单击"队列"按钮 队列 ,如图11-73所示。打开相对应版本的Adobe Media Encoder软件。图11-74所示是软件的启动界面。

图11-73

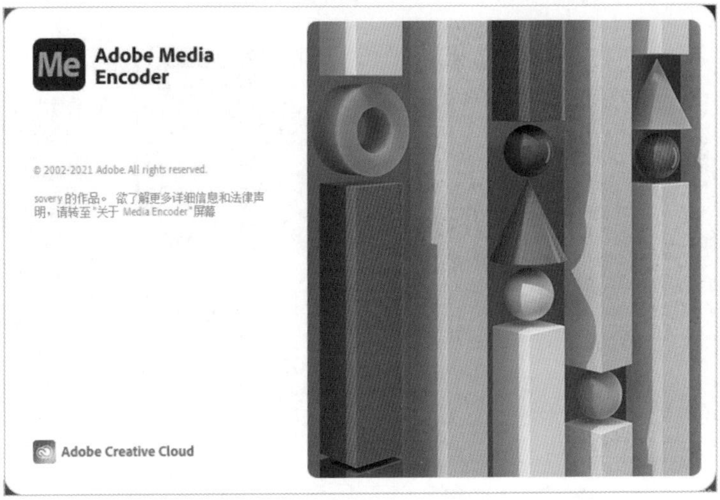

图11-74

> ⚠ **技巧提示**
>
> 如果计算机上没有安装Adobe Media Encoder 2021软件,单击"队列"按钮 队列 后没有任何反应。读者在下载软件时,一定要选择15.0版本,虽然14.5版本的启动画面和Logo与15.0版本的相同,但14.5版本对应的是Adobe Media Encoder 2020。

04 可以在Adobe Media Encoder 2021软件界面右侧的"队列"面板中找到刚才Premiere Pro中导出的序列文件,如图11-75所示。

> ◎ **技术专题:Adobe Media Encoder 2021的软件界面**
>
> 与Premiere Pro 2020的软件界面一样,Adobe Media Encoder 2021的软件界面也是深灰色的,界面分为5个部分,分别是"媒体浏览器"面板、"预设浏览器"面板、"队列"选项卡、"监视文件夹"选项卡和"编码"面板,如图11-76所示。
>
> **"媒体浏览器"面板:** 可以在将媒体文件添加到队列之前预览这些文件,保证渲染后不出现问题,可避免浪费时间,如图11-77所示。

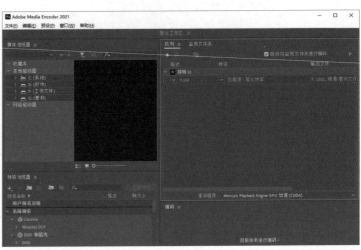

图11-75

图11-76

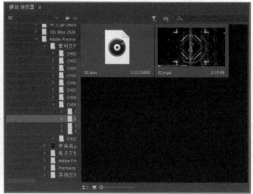

图11-77

"预设浏览器"面板: 提供各种可以帮助简化工作流程的选项,如图11-78所示。

"队列"选项卡: 将需要输出的文件添加到队列中。不仅可以输出视频和音频文件,还可以兼容Premiere Pro序列和After Effects序列,如图11-79所示。

"监视文件夹"选项卡: 可以添加任意路径的文件夹,将其作为监视文件夹,之后添加在监视文件夹中的文件都会使用预设的序列进行输出。

"编码"面板: 提供每个编码文件的状态信息,如图11-80所示。

图11-78

图11-79

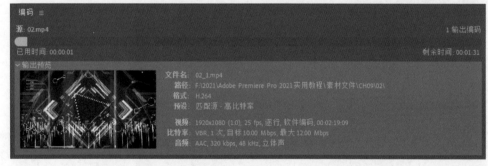

图11-80

05 单击"格式"下拉列表,可以在菜单中选择要输出的文件格式,如图11-81所示。

06 单击"预设"下拉列表,可以在菜单中选择输出文件格式的预设类型,如图11-82所示。

07 单击"输出文件"下方的路径,就可以在弹出的文件夹中设置输出文件的路径,如图11-83所示。

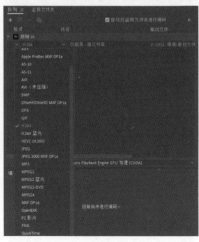

图11-81

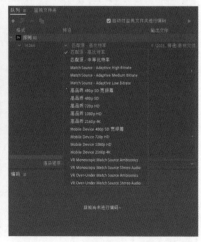

图11-82

08 除了从Premiere Pro中添加需要渲染的文件，还可以在左侧的"媒体浏览器"面板中选中需要输出的项目文件，如图11-84所示。

图11-83　　　　　　　　　　　　　　　　　　　　图11-84

> ⓘ **技巧提示**
>
> 除了Premiere Pro，Adobe Media Encoder 也可以打开After Effcts的项目文件。

09 在"队列"面板单击"启动队列"按钮▶（Enter键），就可以将面板中需要输出的项目文件依次进行渲染输出，如图11-85所示。

10 如果在输出过程中需要停止输出，单击"停止队列"按钮。此时会弹出图11-86所示的对话框。根据需求单击对话框中的按钮即可完成操作。

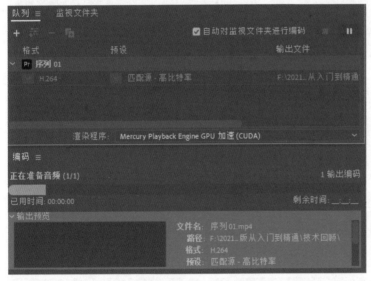

图11-85　　　　　　　　　　　　　　　　　　　　图11-86

第**12**章

Premiere Pro的商业应用

　　本章会将之前学习的内容进行汇总，从而制作7个商业项目实战案例。这些案例都是日常工作中常用到的，制作时有一定的难度。读者可结合案例视频进行学习。本章中的案例参数仅为参考，希望读者能理解制作的思路，能够举一反三。

学习重点　🔍

👑 重点

商业项目实战：15秒CG展示快剪视频

素材文件	素材文件>CH12>01
实例文件	实例文件>CH12> 商业项目实战：15秒CG展示快剪视频.prproj
难易程度	★★★★★
学习目标	掌握快剪类视频的制作方法

扫码观看视频

　　快剪视频在日常生活中出现的频率比较高，尤其是一些宣传类的小视频，需要在很短的时间内传达出大量的内容，这就需要运用快剪的方法进行展示。本案例要制作一段15秒CG展示快剪视频，需要将之前章节中学过的知识综合运用起来。案例效果如图12-1所示。

图12-1

👉 **音频处理**

01 新建一个项目文件，将学习资源"素材文件>CH12>01"文件夹中的素材文件全部导入"项目"面板中，并将其分到不同的素材箱中，如图12-2所示。

02 新建一个AVCHD 1080p 25序列，先将"音乐"素材箱中的背景音乐.wav音频文件拖曳到"时间轴"面板上，如图12-3所示。

图12-2　　　　　　　　　　　　　　　　　　图12-3

> ❗ **技巧提示**
> 可以将3个类别的文件夹同时导入"项目"面板中，这样就能自动形成相应的素材箱。

03 整体视频时长为15秒，现有的音频文件太长，需要将其剪掉一部分。分别移动播放指示器到00:00:08:15和00:00:25:20的位置，用"剃刀工具"🔪将其裁剪成3段，如图12-4所示。

04 删掉首尾两端的剪辑，将保留的音频拖曳到序列的起始位置，如图12-5所示。现有的剪辑已经超过15秒，这里先不处理。

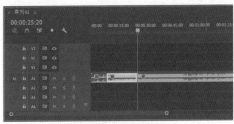

图12-4　　　　　　　　　　　　　　　　　　图12-5

05 在剪辑的起始位置和00:00:15:00的位置分别添加"级别"关键帧，设置"级别"为-20dB，然后在00:00:01:00和00:00:13:15的位置分别设置"级别"为0，如图12-6所示。处理后，音频的起始和结尾处就会有声音变化，播放时不会显得突兀。

06 播放音频，根据节奏点添加29个标记，如图12-7所示。注意，声音过渡的位置没有添加标记。

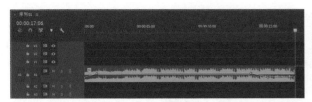

图12-6　　　　　　　　　　　　　　　　　　图12-7

> **⚠ 技巧提示**
>
> 标记的位置这里不作强制规定，读者可按照自己的感觉进行添加。书中的标记位置仅作为参考。

☞ 图片剪辑

01 按照图片顺序，将图片素材文件依次拖曳到V1轨道上，并调整其长度，如图12-8所示。

> **⚠ 技巧提示**
>
> 标记的位置不一定能非常准确地踩在节奏点上，还要根据声音具体确定剪辑的长度。

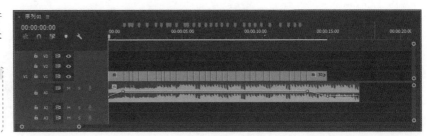

图12-8

02 在"效果"面板中选中"黑场过渡"剪辑，将其添加到01.jpg剪辑的起始位置，设置"持续时间"为00:00:00:20，如图12-9所示。效果如图12-10所示。

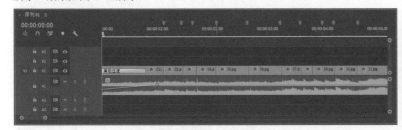

图12-9　　　　　　　　　　　　　　　　　　图12-10

03 在01.jpg和02.jpg剪辑交接处添加"交叉缩放"过渡效果，然后设置"持续时间"为00:00:00:08，如图12-11所示。效果如图12-12所示。

图12-11　　　　　　　　　　　　　　　　　　图12-12

04 选中03.jpg剪辑，在起始位置和结束位置分别添加"位置"关键帧，效果如图12-13所示。

05 选中04.jpg剪辑，为其添加"偏移"效果，在剪辑的起始位置和中间位置添加"将中心移位至"关键帧，如图12-14所示。效果如图12-15所示。

图12-13　　　　　　　　　图12-14　　　　　　　　　图12-15

06 在"遮罩"素材箱中选中01.mov素材文件，将其拖曳到V2轨道上，使之位于05.jpg剪辑上方。然后用"比率拉伸工具" 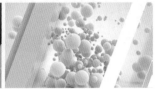 将其缩短，使其末尾与06.jpg剪辑的末尾对齐，如图12-16所示。效果如图12-17所示。

图12-16 　　　　　　　　　　　　　　　　　　　　图12-17

07 选中10.jpg剪辑，为其添加"偏移"效果。在剪辑中间和末尾位置分别添加"将中心移位至"关键帧，制作由下往上移动的效果。效果如图12-18所示。

08 将12.jpg剪辑选中并拖曳到V2轨道上。然后延长11.jpg剪辑的长度，以填补空缺位置。接着将12.jpg剪辑延长，使之与11.jpg的长度相等，如图12-19所示。

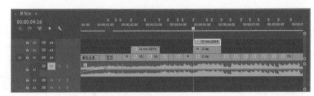

图12-18 　　　　　　　　　　　　　　　　　　　　图12-19

09 选中07.mov素材文件，将其拖曳到V3轨道上。然后用"比率拉伸工具"  将剪辑缩短，使之和12.jpg剪辑的长度相等，如图12-20所示。

图12-20

10 选中12.jpg剪辑，为其添加"轨道遮罩键"效果，设置"遮罩"为"视频3"，如图12-21所示。效果如图12-22所示。

图12-21 　　　　　　　　　　　　　　　　　　　　图12-22

11 选中13.jpg剪辑，在"效果"面板中添加"拉镜"预设效果，如图12-23所示。

12 切换到"效果控件"面板中，可以看到添加的"拉镜"预设效果的相关参数，如图12-24所示。

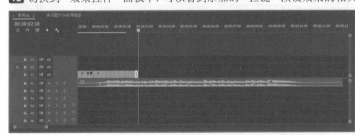

图12-23 　　　　　　　　　　　　　　　　　　　　图12-24

🔗 知识链接

　　"拉镜"预设效果的具体制作方法请参阅"第5章 过渡效果"中的相关案例。

13 选中最下层的"变换（拉镜）"效果，然后添加"位置"和"缩放"关键帧，并调整其速度曲线，如图12-25所示。效果如图12-26所示。

图12-25   图12-26

14 选中14.jpg剪辑，为其添加"拉镜"预设效果，然后添加"位置"和"缩放"关键帧，使动画效果与之前的剪辑相反，如图12-27所示。效果如图12-28所示。

图12-27   图12-28

15 为15.jpg剪辑添加"拉镜"预设效果，然后添加"位置"和"旋转"关键帧，使画面向右移动并旋转，如图12-29所示。效果如图12-30所示。

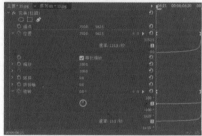

图12-29   图12-30

16 为16.jpg剪辑添加"拉镜"预设效果，然后添加"位置"和"旋转"关键帧，使画面向右移动并旋转，如图12-31所示。效果如图12-32所示。

图12-31   图12-32

> **! 技巧提示**
>
> 与15.jpg不同的是，16.jpg旋转是从负数到0°，这样就能与上一个剪辑画面衔接起来。

17 选中17.jpg剪辑，添加"缩放"关键帧，制作从大到小变化的动画效果，效果如图12-33所示。

图12-33

18 选中19.jpg剪辑，将其拖曳到V2轨道上，使之位于18.jpg剪辑上方。同时延长两个剪辑的长度，然后在V3轨道上添加06.mov素材文件，如图12-34所示。

! 技巧提示

06.mov剪辑超出下方剪辑的部分用"剃刀工具" ◈ 裁剪后删掉即可。

图12-34

19 为19.jpg剪辑添加"轨道遮罩键"效果，设置"遮罩"为"视频3"，如图12-35所示。效果如图12-36所示。

20 选中20.jpg剪辑，为其添加"缩放"关键帧，效果如图12-37所示。

图12-35

图12-36

图12-37

21 选中22.jpg剪辑，将其移动到21.jpg剪辑上方，并同时延长两个剪辑。在V3轨道上添加02.mov剪辑，如图12-38所示。

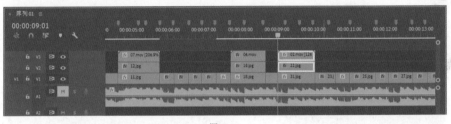

图12-38

22 为22.jpg剪辑添加"轨道遮罩键"效果，设置"遮罩"为"视频3"，如图12-39所示。效果如图12-40所示。

图12-39

图12-40

23 选中16.jpg剪辑的拉镜效果，按快捷键Ctrl+C复制，再选中24.jpg剪辑，按快捷键Ctrl+V复制，效果如图12-41所示。效果如图12-42所示。

! 技巧提示

在复制拉镜效果时，一定要从上到下按住Ctrl键逐个选中各个效果参数，不能打乱顺序选择，否则粘贴后效果参数的顺序会发生改变，从而导致动画效果变化。粘贴参数后，要调整图片的"缩放"数值，在原有的基础上放大两倍。

图12-41

图12-42

24 选中26.jpg剪辑，将其移动到25.jpg剪辑上方，并延长两个剪辑。然后在V3轨道上添加04.mov剪辑，如图12-43所示。

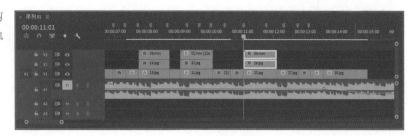

图12-43

25 为26.jpg剪辑添加"轨道遮罩键"效果，设置"遮罩"为"视频3"，如图12-44所示。效果如图12-45所示。

26 选中27.jpg剪辑，为其添加"拉镜"预设效果。在"不透明度"卷栅栏中单击"自由绘制贝塞尔曲线"按钮，在画面中绘制一个蒙版，使画面只显示一半，如图12-46所示。

图12-44

图12-45

图12-46

> **① 技巧提示**
>
> "蒙版羽化"数值建议设置为1到5之间到数字。

27 将27.jpg剪辑向上复制一层到V2轨道上，然后在"不透明度"卷展栏中勾选"已反转"选项，效果如图12-47所示。

28 选中V1轨道上的27.jpg剪辑，移动播放指示器到剪辑的起始位置，然后在"效果面板"最下方的"变换（拉镜）"效果中添加"位置"关键帧，接着在剪辑末尾移动画面，使之向右下方移动，如图12-48所示。

图12-47　　　　　　图12-48

> **① 技巧提示**
>
> "位置"关键帧同样需要调整速度曲线，由于方法相同，这里不再赘述。

29 按照上一步的方法制作V2轨道上27.jpg剪辑的动画效果，需要与下方轨道上剪辑的移动方向相反，如图12-49所示。

30 按照制作27.jpg剪辑效果的方法，为28.jpg剪辑制作动画效果，如图12-50所示。

图12-49

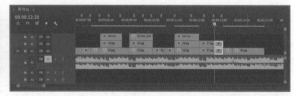

图12-50

> **① 技巧提示**
>
> 这一步将27.jpg剪辑的"不透明度"和"拉镜"预设全部选中后复制粘贴到28.jpg剪辑中，蒙版与动画关键帧会全部原样复制，只需要调整28.jpg剪辑的"缩放"数值。

31 调整28.jpg"位置"关键帧运动的方向，且与27.jpg完全相反，形成由分开到合并的效果，如图12-51所示。

32 选中29.jpg剪辑，在"缩放"上添加由小到大的关键帧，效果如图12-52所示。

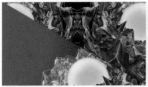

图12-51 图12-52

33 选中30.jpg剪辑，在"缩放"上添加由大到小的关键帧，效果如图12-53所示。

34 在30.jpg剪辑末尾添加"黑场过渡"效果，设置"持续时间"为00:00:00:20，如图12-54所示。效果如图12-55所示。

图12-53 图12-54 图12-55

35 按Space键预览序列，发现在22.jpg剪辑和23.jpg剪辑的位置画面没有太大的变化，显得节奏不流畅，如图12-56所示。

36 将23.jpg剪辑移动到V2轨道上，然后将22.jpg剪辑复制一份到23.jpg剪辑下方的V1轨道上，并在V3轨道上添加05.mov素材文件，如图12-57所示。

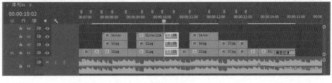

图12-56 图12-57

37 为23.jpg剪辑添加"轨道遮罩键"效果，设置"遮罩"为"视频3"，如图12-58所示。效果如图12-59所示。

38 选中30.mov素材文件，将其拖曳到V4轨道上。然后向右复制一份，使其完全遮盖住下方的剪辑，如图12-60所示。

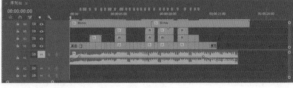

图12-58 图12-59 图12-60

39 选中V4轨道上的两段剪辑，设置"混合模式"为"滤色"，"不透明度"为70%，如图12-61所示。效果如图12-62所示。

40 在V4轨道上整体剪辑的起始和末尾位置分别添加"黑场过渡"效果，如图12-63所示。这样在下方图片剪辑的黑场过渡位置就不会显示上方的粒子效果。

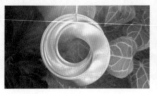
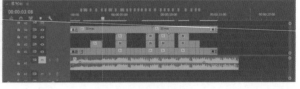

图12-61 图12-62 图12-63

☞ **渲染输出** --

01 选中"时间轴"面板上的序列，执行"文件>导出>媒体"菜单命令，弹出"导出设置"对话框，如图12-64所示。

02 在"导出设置"中设置"格式"为"H.264"，如图12-65所示。

03 在"导出设置"中单击"输出名称"后的"序列01.mp4"，在弹出的对话框中选择导出视频的保存路径，并重新设置导出视频的名称为"商业项目实战：15秒CG展示快剪视频"，如图12-66所示。

图12-65

图12-64

图12-66

04 在"其他参数"中勾选"使用最高渲染质量"选项，然后单击"导出"按钮 导出 ，即可开始渲染，如图12-67所示。系统会弹出对话框，显示渲染的进度，如图12-68所示。

05 渲染完成后，在之前保存路径的文件夹里就可以找到渲染完成的MP4格式的视频，如图12-69所示。

图12-67

图12-68

图12-69

06 从视频中随意截取4帧画面，效果如图12-70所示。

图12-70

商业项目实战：婚礼开场视频

素材文件	素材文件>CH12>02
实例文件	实例文件>CH12> 商业项目实战：婚礼开场视频.prproj
难易程度	★★★★★
学习目标	掌握婚庆类视频的制作方法

婚礼开场视频主要运用在婚礼现场，起到烘托气氛的作用。本案例要制作一段婚礼庆典的开场视频，需要在背景视频和音乐中添加婚庆照片。案例效果如图12-71所示。

图12-71

视频和音频处理

01 打开学习资源"素材文件>CH12>02"文件夹，如图12-72所示。

02 新建一个AVCHD 1080p 25序列，先将背景视频.mp4素材文件和背景音乐.wav素材文件选中并拖曳到"时间轴"面板上，如图12-73所示。

图12-72

图12-73

03 音频剪辑要比视频剪辑长。移动播放指示器到视频剪辑的末尾，裁剪音频剪辑，并将音频剪辑多余的部分移动到A2轨道上，让AI轨道上音频的末尾与视频的末尾对齐，如图12-74所示。

04 选中A1轨道上的音频，在两个音频剪辑相交的位置和AI轨道上音频的末尾添加"级别"关键帧，设置末尾的关键帧为-281.1dB，如图12-75所示。A1轨道上剪辑的音量会随着播放逐渐变小。

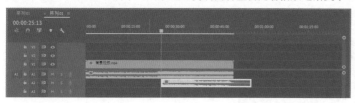

图12-74   图12-75

05 选中A2轨道上的音频，在剪辑起的始位置和末尾添加"级别"关键帧，设置起始位置的关键帧为-281.1dB，如图12-76所示。A2轨道上剪辑的音量会随着播放逐渐变大。

06 选中视频剪辑，为其添加"超级键"效果，设置"主要颜色"为绿色，如图12-77所示。此时就能抠掉背景视频中的绿幕，为后面添加图片素材做好准备，如图12-78所示。

图12-76   图12-77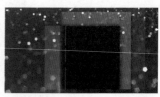

图12-78

图片剪辑

01 选中背景视频.mp4剪辑，将其拖曳到V2轨道上，如图12-79所示。

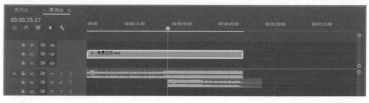

图12-79

02 移动播放指示器到00:00:11:04的位置，在V1轨道上添加01.jpg素材文件，如图12-80所示。画面效果如图12-81所示。

03 边框有明显的锯齿状。选中背景视频.mp4剪辑，在"效果控件"面板中展开"遮罩清除"卷展栏，设置"抑制"为40，"柔化"为60，如图12-82所示。

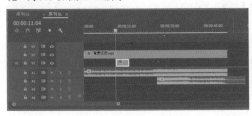

图12-80　　　　　　　　　　图12-81　　　　　　　　　　图12-82

04 缩小01.jpg剪辑，使其与边框相匹配，效果如图12-83所示。

05 移动播放指示器到00:00:11:08的位置，此时视频切换到下一个遮罩样式，如图12-84所示。将01.jpg剪辑缩短，从而对应第1个遮罩样式，如图12-85所示。

图12-83　　　　　　　　　　图12-84　　　　　　　　　　图12-85

06 在V1轨道上添加02.jpg素材文件，然后缩小并移动位置，使其在遮罩中显示，如图12-86所示。

07 移动播放指示器到00:00:11:14的位置，在V1轨道上添加03.jpg素材文件，如图12-87所示。效果如图12-88所示。

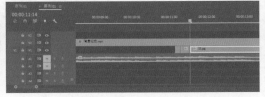

图12-86　　　　　　　　　　图12-87　　　　　　　　　　图12-88

08 移动播放指示器到00:00:11:20的位置，在V1轨道上添加04.jpg剪辑，如图12-89所示。效果如图12-90所示。

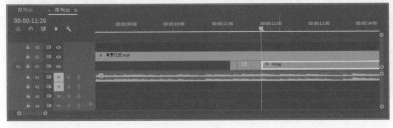

图12-89　　　　　　　　　　　　　　　图12-90

09 移动播放指示器到00:00:13:11的位置，在V1轨道上添加06.jpg素材文件，如图12-91所示。效果如图12-92所示。

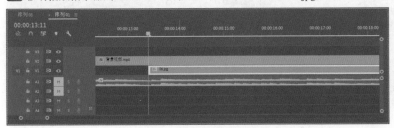

图12-91　　　　　　　　　　　　　　　图12-92

10 移动播放指示器到00:00:15:09的位置，在V1轨道上添加07.jpg素材文件，如图12-93所示。效果如图12-94所示。

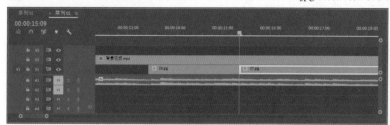

图12-93　　　　　　　　　　　　　　　　　　　图12-94

11 移动播放指示器到00:00:16:19的位置，在V1轨道上添加08.jpg素材文件，如图12-95所示。效果如图12-96所示。

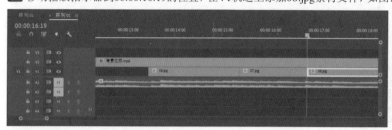
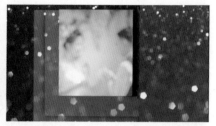

图12-95　　　　　　　　　　　　　　　　　　　图12-96

12 移动播放指示器到00:00:18:08的位置，在V1轨道上添加09.jpg素材文件，如图12-97所示。效果如图12-98所示。

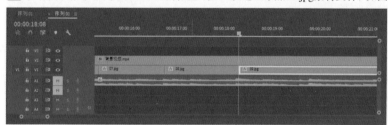

图12-97　　　　　　　　　　　　　　　　　　　图12-98

13 移动播放指示器到00:00:19:17的位置，在V1轨道上添加10.jpg素材文件，如图12-99所示。效果如图12-100所示。

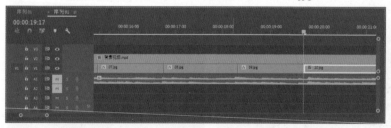

图12-99　　　　　　　　　　　　　　　　　　　图12-100

14 移动播放指示器到00:00:21:10的位置，在V1轨道上添加11.jpg素材文件，如图12-101所示。效果如图12-102所示。

图12-101　　　　　　　　　　　　　　　　　　　图12-102

15 移动播放指示器到00:00:23:05的位置，在V1轨道上添加12.jpg素材文件，如图12-103所示。效果如图12-104所示。

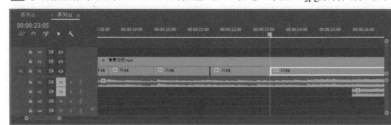

图12-103

图12-104

16 移动播放指示器到00:00:24:19的位置，在V1轨道上添加13.jpg素材文件，如图12-105所示。效果如图12-106所示。

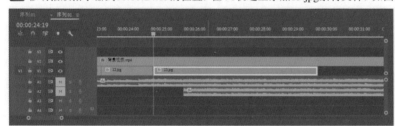

图12-105

图12-106

17 移动播放指示器到00:00:26:16的位置，在V1轨道上添加14.jpg素材文件，如图12-107所示。画面效果如图12-108所示。

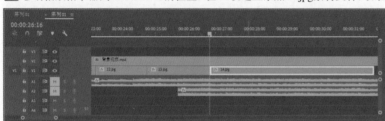

图12-107

图12-108

18 移动播放指示器到00:00:29:06的位置，在V1轨道上添加15.jpg素材文件，如图12-109所示。效果如图12-110所示。

图12-109

图12-110

19 移动播放指示器到00:00:30:15的位置，在V1轨道上添加16.jpg素材文件，如图12-111所示。效果如图12-112所示。

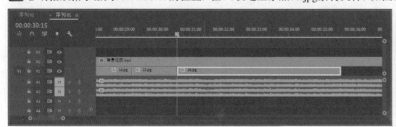

图12-111

图12-112

20 移动播放指示器到00:00:32:13的位置，在V1轨道上添加17.jpg素材文件，如图12-113所示。效果如图12-114所示。

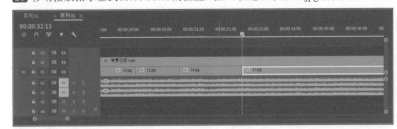

图12-113

图12-114

21 移动播放指示器到00:00:34:18的位置，在V1轨道上添加18.jpg素材文件，如图12-115所示。效果如图12-116所示。

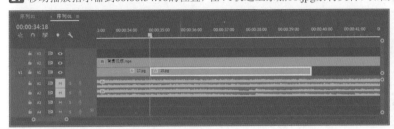

图12-115

图12-116

22 移动播放指示器到00:00:37:00的位置，在V1轨道上添加19.jpg素材文件，如图12-117所示。效果如图12-118所示。

图12-117

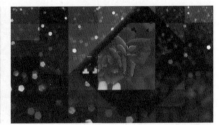

图12-118

23 移动播放指示器到00:00:39:08的位置，在V1轨道上添加20.png素材文件，如图12-119所示。效果如图12-120所示。

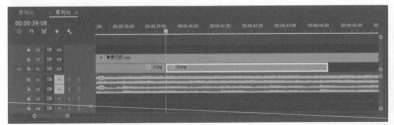

图12-119

图12-120

24 移动播放指示器到00:00:43:07的位置，在V1轨道上添加01.jpg素材文件，如图12-121所示。效果如图12-122所示。

图12-121

图12-122

☞ 文字制作

01 新建一个"旧版标题",在面板中输入"他和她的故事",设置"字体系列"为"方正经黑简体","字体大小"为137,"颜色"为白色,如图12-123所示。

02 关闭面板。将字幕01素材文件拖曳到V3轨道上,设置剪辑长度为00:00:04:00,如图12-124所示。效果如图12-125所示。

图12-123

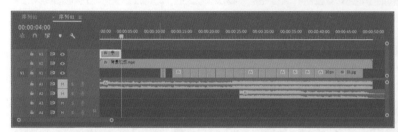

图12-124

图12-125

03 将字幕01剪辑向右复制一份,然后修改文字内容为"即将开始…",效果如图12-126所示。

04 将字幕01剪辑向右复制到序列末尾,然后修改文字内容为"余生请多指教",如图12-127所示。

05 为字幕01剪辑添加"湍流置换"效果,设置"数量"为3000,"大小"为300,"复杂度"为10,如图12-128所示。此时字幕会变成分散的粒子效果,如图12-129所示。

图12-126

图12-127

图12-128

图12-129

06 在字幕01剪辑的起始和结束位置分别设置"数量"为3000,并添加关键帧。然后在距离起始和结束大概1秒的位置分别设置"数量"为0,效果如图12-130所示。这样就能制作出飞散的文字动画。

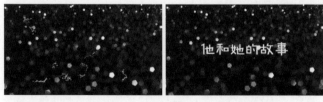

图12-130

> **① 技巧提示**
>
> "数量"关键帧的位置这里不作具体规定,读者按照自己的理解进行设置即可。

07 按照制作字幕01动画的方法,制作另外两个字幕剪辑的动画,如图12-131和图12-132所示。

图12-131

图12-132

08 选中粒子.mp4素材文件,将其添加到V3轨道的起始位置,如图12-133所示。

09 在"效果控件"面板中
设置"不透明度"为60%,
"混合模式"为"滤色",如
图12-134所示。效果如图
12-135所示。

图12-133　　　　　　　　　　　　　　　　　图12-134

10 粒子素材的颜色与画面
不匹配。为粒子.mp4剪辑
添加"快速颜色校正器",
设置"色相角度"为45°,
如图12-136所示。效果如图
12-137所示。

图12-135　　　　　　　　　　图12-136　　　　　　　　　　图12-137

11 将粒子.mp4剪辑向右复制两份,分别放在其他两个字幕剪辑的下方,效果如图12-138和图12-139所示。

12 按Space键预览整体画面,发现背景的颜色不太理想。选中背景视频.mp4剪辑,为其添加"快速颜色校正器"效果,设置"色相角度"为-24°,如图12-140所示。效果如图12-141所示。

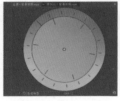

图12-138　　　　　　　　图12-139　　　　　　　　图12-140　　　　　　　　图12-141

☞ **渲染输出**---

01 选中"时间轴"面板上的序列,执行"文件>导出>媒体"菜单命令,弹出"导出设置"对话框,如图12-142所示。

02 在"导出设置"中设置"格式"为"H.264",如图12-143所示。

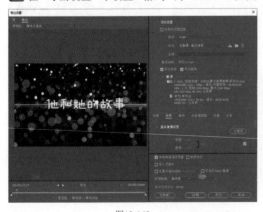

03 在"导出设置"中单击"输出名称"后的"序列01.mp4",在弹出的对话框中选择导出视频的保存路径,并重新设置导出视频的名称为"商业项目实战:婚礼开场视频",如图12-144所示。

图12-142　　　　　　　　　　图12-143　　　　　　　　　　图12-144

04 在"其他参数"中勾选"使用最高渲染质量"选项,单击"导出"按钮，即可开始渲染,如图12-145所示。系统会弹出对话框,显示渲染的进度,如图12-146所示。

05 渲染完成后,就可以在之前保存路径的文件夹里找到渲染完成的MP4格式的视频,如图12-147所示。

图12-145　　　　　　　　　图12-146

06 从视频中随意截取4帧画面，效果如图12-148所示。

图12-147

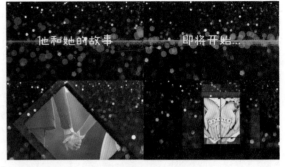

图12-148

商业项目实战：企业宣传视频

素材文件	素材文件>CH12>03
实例文件	实例文件>CH12>商业项目实战：企业宣传视频.prproj
难易程度	★★★★★
学习目标	掌握企业宣传类视频的制作方法

企业宣传视频在日常工作中是经常碰到的类型，在发布产品、对外宣传和年终总结等场合经常会用到。本案例需要制作片头和片中宣传两个部分的视频内容。效果如图12-149所示。

图12-149

片头制作

01 打开学习资源"素材文件>CH12>03"文件夹，将素材文件都导入"项目"面板中，如图12-150所示。

02 新建一个AVCHD 1080p 25序列，将48966.mp4素材文件选中并拖曳到"时间轴"面板上，如图12-151所示。

图12-150

图12-151

03 将视频整体缩到5秒，如图12-152所示。

04 新建"旧版标题"，在画面中输入"航骋文化"，设置"字体系列"为"字魂59号-创粗黑"，"字体大小"为230，"颜色"为白色，如图12-153所示。

> **技巧提示**
>
> 字体的相关参数仅供参考，读者可依据自己的喜好进行设置。

图12-152

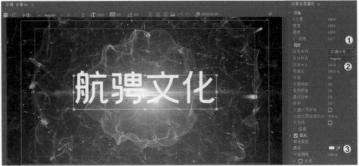

图12-153

05 移动播放指示器到00:00:01:15的位置,将字幕01素材文件选中并拖曳到V2轨道上,注意剪辑末尾与下方视频的末尾对齐,如图12-154所示。

06 移动播放指示器到00:00:01:10的位置,选中转场音效.wav素材文件,并将其拖曳到A2轨道上,如图12-155所示。此时正好是画面中粒子交汇且即将爆炸的效果,如图12-156所示。

图12-154

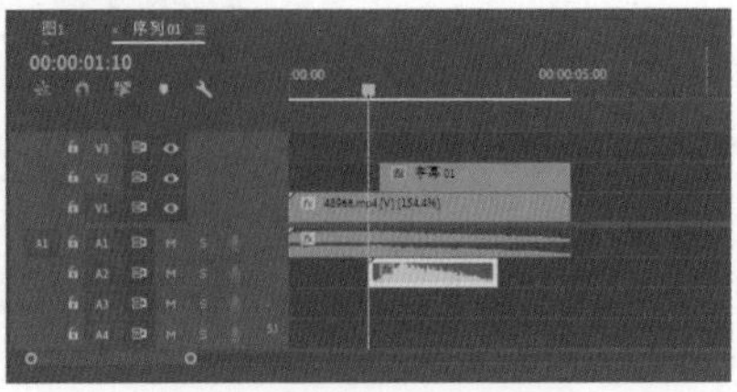

图12-155

图12-156

07 选中字幕01剪辑,在剪辑的起始位置和00:00:04:11的位置设置"不透明度"为0%,如图12-157所示。

08 移动播放指示器到00:00:01:21和00:00:03:19的位置,分别设置"不透明度"为100%,如图12-158所示。

09 选中视频剪辑,将其转换为"嵌套序列01",并重命名为"片头",如图12-159所示。

图12-157

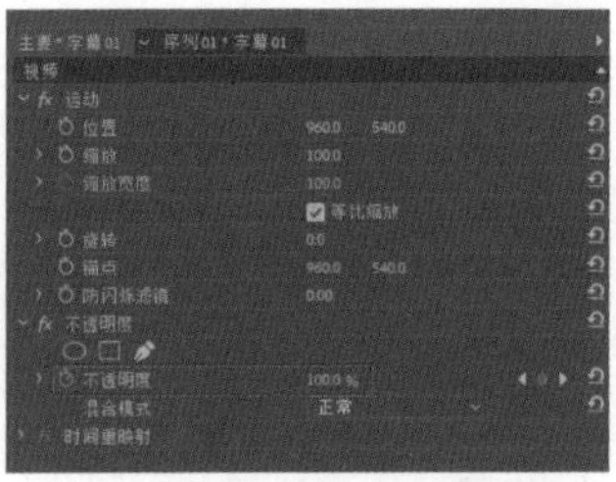

图12-158

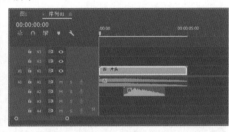
图12-159

> ⊕ **技巧提示**
>
> 嵌套剪辑后,可方便识别和管理剪辑。

☞ 视频制作

01 选中背景.mp4素材文件,将其拖曳到V1轨道上,如图12-160所示。效果如图12-161所示。

02 选中光.mp4素材文件,将其拖曳到V2轨道上,置于背景.mp4剪辑上方,如图12-162所示。

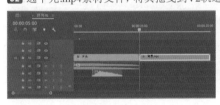
图12-160

图12-161

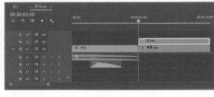
图12-162

03 选中光.mp4剪辑,设置"混合模式"为"滤色",如图12-163所示。效果如图12-164所示。

04 选中01.jpg素材文件,将其拖曳到V3轨道上,如图12-165所示。效果如图12-166所示。

图12-163

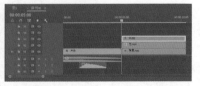
图12-164

图12-165

图12-166

05 选中图片框.mov素材文件,将其拖曳到V4轨道上,如图12-167所示。效果如图12-168所示。

06 选中01.jpg剪辑,为其添加"轨道遮罩键"效果,设置"遮罩"为"视频4",如图12-169所示。这样就能将图片素材嵌套到遮罩视频中,效果如图12-170所示。

图12-167　　　　　　　　　　图12-168　　　　　　　　　　图12-169　　　　　　　　　　图12-170

07 将图片剪辑和图片框剪辑进行嵌套，并重命名为"图片1"，如图12-171所示。

08 选中文字框.mov素材文件，将其拖曳到V4轨道上。然后设置"缩放"为70，并摆放在画面左下角，如图12-172所示。效果如图12-173所示。

图12-171　　　　　　　　　　图12-172　　　　　　　　　　图12-173

09 用"文字工具" **T** 在文本框内输入"艺术设计教育"。然后设置字体为"FZLanTingHei-EL-GBK"，字体大小为230，字距调整为170，"填充"为白色，如图12-174所示。效果如图12-175所示。

10 选中文字和文字框的剪辑，对其进行嵌套，并重命名为"文字1"，如图12-176所示。

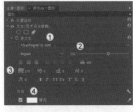
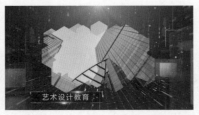
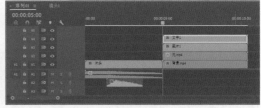

图12-174　　　　　　　　　　图12-175　　　　　　　　　　图12-176

11 选中"文字1"嵌套序列中的文字剪辑，在00:00:00:06的位置设置"不透明度"为0%，在00:00:00:20的位置设置"不透明度"为100%，效果如图12-177所示。

12 选中"文字1"和"图片1"两个嵌套序列，再次进行嵌套，并重命名为"镜头1"，如图12-178所示。

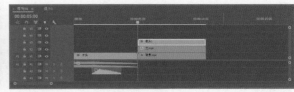

图12-177　　　　　　　　　　　　　　　图12-178

> ⓘ **技巧提示**
>
> 再次嵌套是为了后面统一添加效果和动画关键帧。

13 在"效果"面板中选择"基本3D"效果，将其添加到"镜头1"嵌套序列上。在剪辑的起始位置设置"与图像的距离"为-100，并添加关键帧，如图12-179所示。效果如图12-180所示。

14 移动播放指示器到00:00:05:15的位置，设置"与图像的距离"为0，效果如图12-181所示。

图12-179　　　　　　　　　　图12-180　　　　　　　　　　图12-181

15 移动播放指示器到00:00:09:09的位置，设置"与图像的距离"为10，效果如图12-182所示。

16 移动播放指示器到00:00:10:00的位置，设置"与图像的距离"为300，效果如图12-183所示。

17 将"镜头1"、光.mp4和背景.mp4剪辑都缩短到00:00:10:00的位置，如图12-184所示。

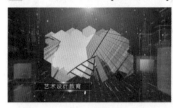
图12-182

图12-183

图12-184

18 将"镜头1"、光.mp4和背景.mp4剪辑进行嵌套，重命名为"01"，如图12-185所示。

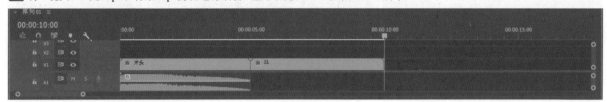
图12-185

ℹ 技巧提示

读者若觉得麻烦，可以不操作这一步。

19 选中"01"嵌套序列，在"项目"面板中复制粘贴，并重命名为"02"，如图12-186所示。

20 将"02"嵌套序列选中并拖曳到V1轨道上，如图12-187所示。

图12-186

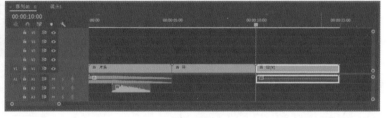
图12-187

21 双击进入嵌套序列，修改"镜头2"中的图片和文字，效果如图12-188所示。

22 按照"02"的制作方法，制作剩余3个嵌套序列，效果如图12-189所示。

图12-188

图12-189

ℹ 技巧提示

在复制嵌套序列时，不能只复制最外侧的嵌套序列，还需要复制内部嵌套的各个嵌套序列，否则更换素材后会让之前的嵌套序列内容发生改变。图12-190所示是所有的嵌套序列。

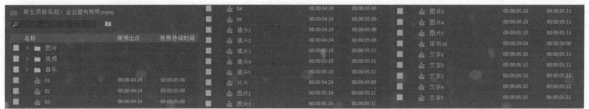
图12-190

☞ **音频处理**--

01 选中背景音乐.mp3素材文件,将其拖曳到A1轨道上,如图12-191所示。

02 用"剃刀工具" ◆ 裁剪音频文件并将多余的音频删除,如图12-192所示。

图12-191

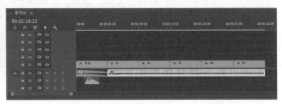
图12-192

03 移动播放指示器到00:00:27:15的位置,用"剃刀工具" ◆ 裁剪音频,如图12-193所示。

04 将后一段音频剪辑的音量设置到最小,如图12-194所示。

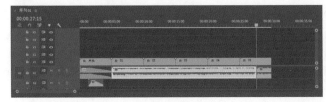
图12-193

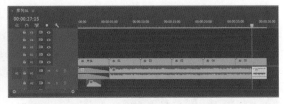
图12-194

> ① **技巧提示**
>
> 将鼠标指针放在A1和A2轨道之间并向下拖曳,就能增加轨道的宽度,这样就能观察到音量曲线。音频裁剪的位置仅供参考,读者可按照自己的理解进行裁剪。

05 将背景音乐.mp3音频剪辑的两段音频选中后进行嵌套,效果如图12-195所示。

06 通过波纹能判断出结尾部分。向前移动播放指示器到00:00:26:15的位置,用"剃刀工具" ◆ 进行裁剪,如图12-196所示。

图12-195

图12-196

> ? **疑难问答:为何嵌套后看不到后半段音频的波纹?**
>
> 这只是暂时的显示问题,只需要按Space键播放音频,就能显示音频的波纹。

07 在"效果"面板中选择"室内混响"效果,将其添加到最后一段音频剪辑上。在"效果控件"面板中单击"编辑"按钮 [编辑],设置"预设"为"大厅",将"房间大小"和"衰减"的数值调到最大,如图12-197所示。

08 在两段音频剪辑交接处添加"恒定功率"效果,这样就可以让音频过渡得更加自然,如图12-198所示。

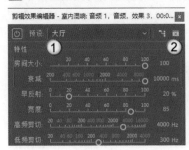
图12-197

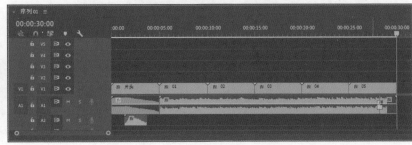
图12-198

09 在AI轨道上前两段音频的起始位置各添加一个"级别"关键帧，将音量设置为逐渐增大效果，如图12-199所示。

10 选中A2轨道上的转场音效.wav剪辑，向右复制4个，放在两个镜头转换的位置，如图12-200所示。

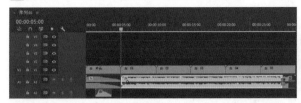

图12-199

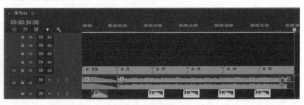

图12-200

> **! 技巧提示**
>
> 如果读者觉得专场音效过于单一，可以为其添加不同的混响效果，生成带有差异的转场音效。

👉 渲染输出

01 选中"时间轴"面板中的序列，执行"文件>导出>媒体"菜单命令，弹出"导出设置"对话框，如图12-201所示。

02 在"导出设置"中设置"格式"为"H.264"，如图12-202所示。

03 在"导出设置"中单击"输出名称"后的"序列01.mp4"，在弹出的对话框中选择导出视频的保存路径，并重新设置导出视频的名称为"商业项目实战：企业宣传视频"，如图12-203所示。

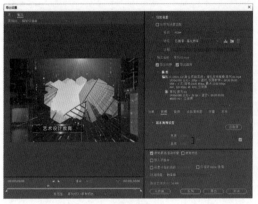

图12-201

图12-202

图12-203

04 在"其他参数"中勾选"使用最高渲染质量"选项，然后单击"导出"按钮 **导出** ，即可开始渲染，如图12-204所示。系统会弹出对话框，显示渲染的进度，如图12-205所示。

05 渲染完成后，就可以在之前保存路径的文件夹里找到渲染完成的MP4格式的视频，如图12-206所示。

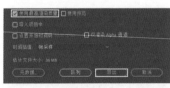

图12-204

图12-205

图12-206

06 从视频中随意截取4帧画面，效果如图12-207所示。

图12-207

⭐ 重点

商业项目实战: 综艺游戏开场视频

素材文件	素材文件>CH12>04
实例文件	实例文件>CH12>商业项目实战: 综艺游戏开场视频.prproj
难易程度	★★★★★
学习目标	练习栏目包装的制作方法

扫码观看视频

本案例要制作一段综艺节目的游戏开场视频, 需要分成3个镜头进行制作。这个综艺节目在风格上偏卡通化, 会带有一些稍微夸张的动画效果, 如图12-208所示。

图12-208

👉 **镜头01制作**--

01 打开学习资源"素材文件>CH12>04"文件夹, 将所有素材导入"项目"面板中, 如图12-209所示。

02 新建一个AVCHD 1080p 25序列, 将背景.mp4素材文件选中并拖曳到"时间轴"面板上, 如图12-210所示。效果如图12-211所示。

图12-209

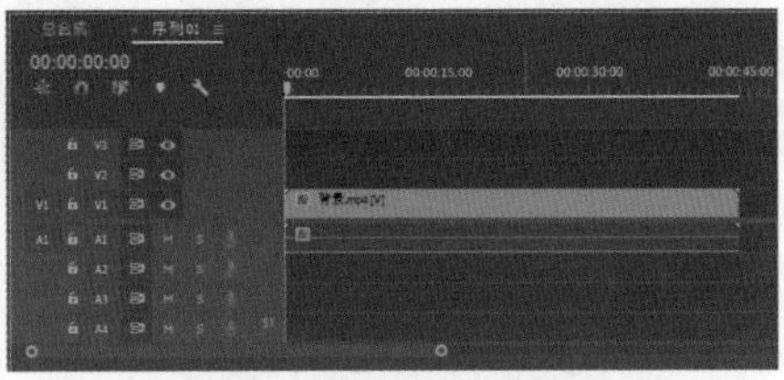

图12-210

图12-211

03 选中"时间轴"上的背景.mp4剪辑, 单击鼠标右键, 在弹出的菜单中选择"嵌套"选项, 在弹出的对话框中设置"名称"为"镜头01", 如图12-212和图12-213所示。

04 新建一个"颜色遮罩", 并设置颜色为橙色, 如图12-214所示。

图12-212

图12-213

图12-214

05 在"效果控件"中设置"缩放高度"为80, "缩放宽度"为150, "旋转"为-30°, "不透明度"为70%, 如图12-215所示。效果如图12-216所示。

06 选中01.png素材文件, 将其拖曳到V3轨道上, 并调整到画面左侧, 如图12-217所示。

07 用"文字工具" T 在画面中输入"时尚博主", 然后设置字体为"zihun59hao-chuangcuhei", 字体大小为150, "填充"颜色为红色, 如图12-218所示。旋转文字的角度, 使其与橙色背景的角度相同, 效果如图12-219所示。

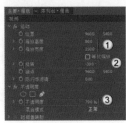

图12-215

图12-216

图12-217

图12-218

图12-219

08 用"文字工具" ⊤ 在画面中输入"NANA",然后设置字体大小为230,"填充"颜色为白色,"描边"颜色为红色,描边宽度为10,如图12-220所示。效果如图12-221所示。

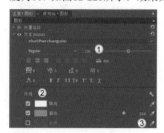

09 选中粒子.mov素材文件,将其拖曳到V6轨道上,如图12-222所示。效果如图12-223所示。

| 图12-220 | 图12-221 | 图12-222 | 图12-223 |

10 选中转场.mp4素材文件,将其拖曳到V7轨道上,且使其起始位置与文字剪辑的末尾位置对齐,如图12-224所示。效果如图12-225所示。

11 转场剪辑中,黑色部分遮挡了下方的背景剪辑。在"效果"面板中选择"颜色键"效果,对其添加到转场.mp4剪辑上。然后设置"主要颜色"为黑色,"颜色容差"为130,如图12-226所示。这样视频中的黑色部分会被抠掉,下方背景剪辑的画面就能显示出来,如图12-227所示。

| 图12-224 | 图12-225 | 图12-226 | 图12-227 |

12 为"橙色"颜色遮罩剪辑添加"划出"过渡效果,然后设置"持续时间"为00:00:00:10,并勾选"反向"选项,如图12-228所示。效果如图12-229所示。

13 选中01.png剪辑,添加"位置"关键帧,使人物素材从右向左进入画面,如图12-230所示。

图12-229

| 图12-228 | 图12-230 |

> **① 技巧提示**
>
> 需要注意的是,必须等橙色的颜色遮罩全部显示后,才能让人物素材进入画面。

14 选中"时尚博主"剪辑,为其添加"线性擦除"效果,然后为"过渡完成"添加关键帧,并设置"擦除角度"为57°,如图12-231所示。效果如图12-232所示。

15 将上一步添加的"线性擦除"效果复制到NANA剪辑的"效果控件"面板中,然后将"过渡完成"的关键帧向后移动5帧,其他参数不变,效果如图12-233所示。至此,镜头01制作完成。

| 图12-231 | 图12-232 | 图12-233 |

☞ 镜头02制作

01 镜头02与镜头01比较相似,因此先将镜头01中的剪辑向右复制一份,如图12-234所示。这一步不需要复制背景和粒子剪辑,只需要复制颜色遮罩、文字和转场的剪辑。

02 新建一个粉色的颜色遮罩，并重命名为"粉色"，如图12-235所示。

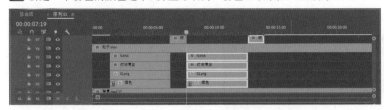

图12-234　　　　　　　　　　　　　　　　　　　　　　　图12-235

03 选中镜头02的"橙色"剪辑，将其替换为"项目"面板中的"粉色"素材，如图12-236所示。

04 在"效果控件"面板中设置"旋转"为30°，如图12-237所示。效果如图12-238所示。

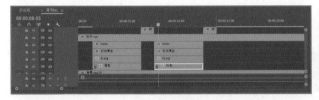

图12-236　　　　　　　　　图12-237　　　　　　　　　图12-238

05 选中"划出"过渡剪辑，设置过渡方向为"自西北向东南"，并取消勾选"反向"选项，如图12-239所示。效果如图12-240所示。

06 将01.png剪辑的素材替换为02.png素材文件，并将素材移动到画面右侧，如图12-241所示。

图12-239　　　　　　　　　图12-240　　　　　　　　　图12-241

07 将02.png剪辑的"位置"关键帧修改为从左向右运动效果，效果如图12-242所示。

08 修改文本的内容、颜色、位置和旋转角度，如图12-243所示。

09 将两个文本剪辑的"擦除角度"都修改为-60°，如图12-244所示。效果如图12-245所示。

图12-242　　　　　　　　　图12-243

图12-244　　　　　　　　　图12-245

10 按Space键进行预览，发现整体节奏偏慢。缩短两个镜头的剪辑长度，如图12-246所示。

图12-246

☞ **镜头03制作**---

01 选中01.png和02.png素材文件,将其分别添加到V2和V3轨道上,如图12-247所示。效果如图12-248所示。

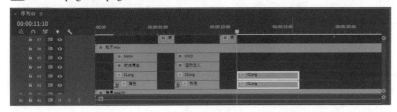

图12-247 图12-248

02 将"橙色"颜色遮罩选中并拖曳到V2轨道上,将原有的两个图片剪辑整体向上移动一个轨道,如图12-249所示。

03 选中"橙色"剪辑,在"效果控件"面板中设置"位置"为(902,540),"缩放高度"为120,"缩放宽度"为2,"旋转"为20°,如图12-250所示。效果如图12-251所示。

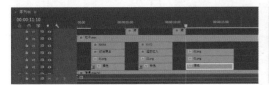

图12-249 图12-250 图12-251

04 用"文字工具" **T** 在画面中输入"VS",设置字体大小为350,"填充"颜色为粉色,如图12-252所示。效果如图12-253所示。

05 下面制作动画效果。选中"橙色"剪辑,为其添加"缩放宽度"关键帧,使其形成收缩的动画效果,如图12-254所示。

图12-252 图12-253 图12-254

> ⓘ **技巧提示**
>
> 增大"缩放宽度"数值后,会发现上下两侧出现空隙,就需要相应增大"缩放高度"数值。

06 选中01.png剪辑,添加"位置"参数关键帧,形成由下往上的动画效果,如图12-255所示。

07 人物素材完全出现后,再添加"旋转"关键帧,形成轻微摇晃的效果,如图12-256所示。

图12-255 图12-256

> ⓘ **技巧提示**
>
> 人物旋转的关键帧做完一组后向后复制几组,生成持续的摇晃效果,这样画面就不会显得单调。

08 按照01.png剪辑动画的制作方法,制作02.png剪辑的动画效果,如图12-257所示。

09 选中"VS"文本剪辑,当人物全部出现后,为其添加"不透明度"关键帧,制作显示效果,如图12-258所示。

图12-257 图12-258

10 移动播放指示器到"VS"文字全部出现的位置，然后添加闪电元素.mov素材文件，使其出现在两个人物素材的中间，如图12-259所示。效果如图12-260所示。

11 移动播放指示器到00:00:15:00的位置，按O键标记出点，如图12-261所示。

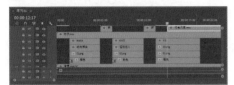

图12-259　　　　　　　　　　　　图12-260　　　　　　　　　　　　图12-261

音频处理

01 选中背景.mp3素材文件，将其拖曳到A1轨道上，如图12-262所示。

02 移动播放指示器到00:00:14:05的位置添加"级别"关键帧，然后移动播放指示器到00:00:15:00的位置，设置"级别"为-281.1dB，如图12-263所示。背景音乐会在接近出点的位置声音逐渐变小。

图12-262　　　　　　　　　　　　　　　　图12-263

03 选中键盘音效.mp3素材文件，将其添加到镜头01和镜头02文本剪辑的下方，如图12-264所示。

04 选中电流声.wav素材文件，将其添加到闪电元素.mov剪辑的下方，如图12-265所示。

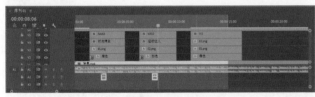
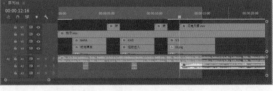

图12-264　　　　　　　　　　　　　　　　图12-265

> **! 技巧提示**
>
> 键盘音效.mp3素材文件的长度远大于文字剪辑，需要根据文字出现的位置截取合适的音效片段。

渲染输出

01 选中"时间轴"面板中的序列，执行"文件>导出>媒体"菜单命令，弹出"导出设置"对话框，如图12-266所示。

02 在"导出设置"中设置"格式"为"H.264"，如图12-267所示。

03 在"导出设置"中单击"输出名称"后的"序列01.mp4"，在弹出的对话框中选择导出视频的保存路径，并重新设置导出视频的名称为"商业项目实战：综艺游戏开场视频"，如图12-268所示。

图12-266　　　　　　　　　　图12-267　　　　　　　　　　图12-268

04 在"其他参数"中勾选"使用最高渲染质量"选项，单击"导出"按钮 ，即可开始渲染，如图12-269所示。系统会弹出对话框，显示渲染的进度，如图12-270所示。

05 渲染完成后，就可以在之前保存路径的文件夹里找到渲染完成的MP4格式的视频，如图12-271所示。

图12-269

图12-270

图12-271

06 从视频中随意截取4帧画面，效果如图12-272所示。

图12-272

商业项目实战：美食电子相册

素材文件	素材文件>CH12>05
实例文件	实例文件>CH12>商业项目实战：美食电子相册.prproj
难易程度	★★★★★
学习目标	掌握美食电子相册的制作方法

扫码观看视频

电子相册是常见的视频类型，可以通过丰富的动画效果展现静态的图片。本案例制作一套美食电子相册，需要用到之前章节学过的一些效果。案例效果如图12-273所示。案例中的参数仅作为参考，读者在制作案例时可按照自己的想法灵活处理。

图12-273

☞ **镜头01制作** --

01 打开学习资源"素材文件>CH12>05"文件夹，将所有素材导入"项目"面板中，如图12-274所示。

02 新建一个AVCHD 1080p 25序列，将图片素材文件都选中并拖曳到V1轨道上，如图12-275所示。

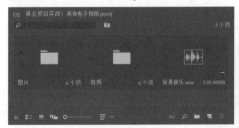

图12-274

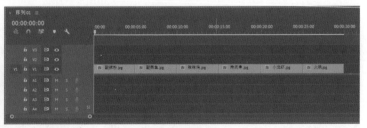

图12-275

03 选中酸辣粉.jpg剪辑，在剪辑的起始位置和00:00:01:15的位置分别添加"缩放"关键帧，形成缩小的动画效果，如图12-276所示。

04 在"效果"面板中选中"高斯模糊"效果,将其添加到酸辣粉.jpg剪辑上。然后在00:00:01:15的位置设置"模糊度"为0,在00:00:01:20的位置设置"模糊度"为70,效果如图12-277所示。

图12-276　　　　　　　　　　　　　　　　　　　　　　　　图12-277

05 为酸辣粉.jpg剪辑添加"亮度与对比度"效果,然后在00:00:01:15的位置添加"亮度"关键帧,制作闪光灯效果,如图12-278所示。

> **知识链接**
>
> "闪光灯"效果的具体制作方法请参阅"第6章 视频效果"中的相关案例。

图12-278

06 将酸辣粉.jpg剪辑向上复制到V2轨道上,并删掉所有的关键帧和效果,如图12-279所示。

07 选中V2轨道上的酸辣粉.jpg剪辑,设置"缩放"为70,"旋转"为-5°,效果如图12-280所示。

08 将V2轨道上的剪辑转换为"嵌套序列01",然后进入嵌套序列,在酸辣粉.jpg剪辑下方新建一个白色的"颜色遮罩",效果如图12-281所示。

图12-279　　　　　　　　　　　　　　　图12-280　　　　　　　　　　图12-281

09 将"嵌套序列01"的起始位置移动到闪光灯结束的位置,如图12-282所示。这样就不会在前期显示出照片的效果。效果如图12-283所示。

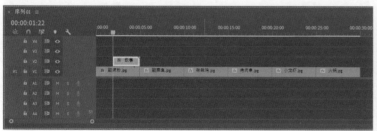 

图12-282　　　　　　　　　　　　　　　　　　　　　图12-283

10 将V1轨道上的酸辣粉.jpg剪辑和V2轨道上的"嵌套序列01"再次嵌套,然后重命名为"镜头01",如图12-284所示。

> **技巧提示**
>
> 笔者在这一步为"嵌套序列01"添加"缩放"和"旋转"关键帧,形成一定的动画效果。读者可以进行参考,也可以制作一些其他的效果。

图12-284

☞ **镜头02制作**--

01 移动播放指示器到00:00:03:00的位置，将酸菜鱼.jpg剪辑选中并拖曳到V2轨道上，如图12-285所示。

02 在V3轨道上添加条纹转场.mov素材文件，使其与下方的酸菜鱼.jpg剪辑对齐，如图12-286所示。

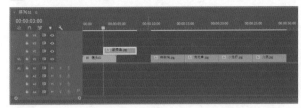

图12-285

图12-286

03 选中V2轨道上的剪辑，为其添加"视频遮罩键"效果，设置"遮罩"为"视频3"，效果如图12-287所示。

04 移动播放指示器到00:00:05:15的位置，此时酸菜鱼.jpg剪辑画面完全显示。将条纹转场.mov剪辑缩短到播放指示器的位置，如图12-288所示。

图12-287

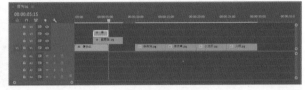

图12-288

05 选中酸菜鱼.jpg剪辑，复制粘贴酸辣粉.jpg剪辑中的"高斯模糊"和"亮度与对比度"关键帧，并移动关键帧到转场剪辑的末尾，如图12-289所示。效果如图12-290所示。

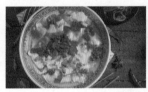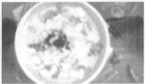

图12-289   图12-290

06 移动播放指示器到00:00:06:00的位置，用"剃刀工具" ◈ 裁剪酸菜鱼.jpg剪辑，并删掉"轨道遮罩键"效果，如图12-291所示。

图12-291

07 在"项目"面板中复制粘贴"嵌套序列01"，将其重命名为"嵌套序列02"，接着替换图片素材后放置在V3轨道上，如图12-292所示。效果如图12-293所示。

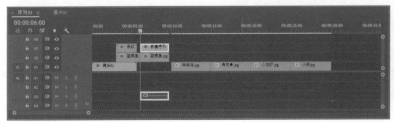

图12-292   图12-293

08 为了与前一个镜头有所区别,调整"嵌套序列02"的旋转方向,效果如图12-294所示。

09 将V2和V3轨道上的剪辑进行嵌套,并重命名为"镜头02",如图12-295所示。

图12-294　　　　　　　　　　　　　图12-295

镜头03制作

01 镜头03与镜头02的制作方法大致相同。移动播放指示器到00:00:08:00的位置,将钵钵鸡.jpg素材选中并拖曳到V3轨道上,并在V4轨道上添加方形转场.mov素材,如图12-296所示。

02 复制第1个酸菜鱼.jpg剪辑中的效果到钵钵鸡.jpg剪辑上,然后修改"轨道遮罩键"的"遮罩"为"视频4",效果如图12-297所示。

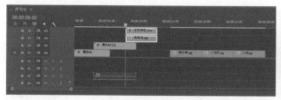 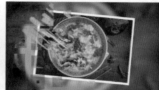

图12-296　　　　　　　　　　　　图12-297

03 移动播放指示器到00:00:09:18的位置,裁剪钵钵鸡.jpg剪辑,并缩短方形转场.mov剪辑的长度,如图12-298所示。

04 选中第2段钵钵鸡.jpg剪辑,然后删除"轨道遮罩键"效果,并调整"高斯模糊"和"亮度与对比度"关键帧到剪辑起始位置,如图12-299所示。效果如图12-300所示。

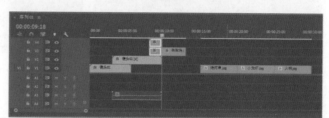

图12-298

图12-299　　　　　　　图12-300

05 在"项目"面板中复制并粘贴"嵌套序列01",将其重命名为"嵌套序列03",然后替换图片为钵钵鸡.jpg素材文件,如图12-301所示。

06 将V3和V4轨道上的剪辑选中后进行嵌套,并重命名为"镜头03",如图12-302所示。

 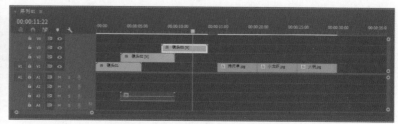

图12-301　　　　　　　　　　　图12-302

☞ **其他镜头制作**--

01 通过前3个镜头的制作，可以发现镜头的制作方法基本相同，只是个别参数不一样。在烤肉串.jpg剪辑上添加三角形转场.mov剪辑，镜头效果如图12-303所示。

02 复制粘贴"嵌套序列02"，将其重命名为"嵌套序列04"，然后替换图片文件，效果如图12-304所示。

03 在小龙虾.jpg剪辑上添加圆形转场.mov剪辑，镜头效果如图12-305所示。

图12-303　　　　　　　　　　图12-304　　　　　　　　　　图12-305

04 复制粘贴"嵌套序列03"，将其重命名为"嵌套序列05"，然后替换图片文件，效果如图12-306所示。

05 在火锅.jpg剪辑上添加圆形转场.mov剪辑，镜头效果如图12-307所示。

图12-306　　　　　　　　　　图12-307

06 复制粘贴"嵌套序列04"，将其重命名为"嵌套序列06"，然后替换图片文件，效果如图12-308所示。

07 按Space键预览画面，发现一些镜头在衔接时不够流畅，需要移动嵌套序列的位置，如图12-309所示。

 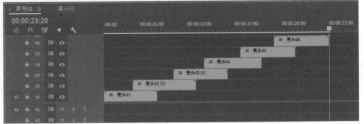

图12-308　　　　　　　　　　　　　　　　　图12-309

☞ **文字制作**--

01 新建一个"旧版标题"，在面板中输入"酸辣粉"，设置"字体系列"为"方正静蕾简体"，"字体大小"为139，"颜色"为红色，然后添加"外描边"，设置"大小"为20，"颜色"为白色，如图12-310所示。

02 将"字幕01"移动到"嵌套序列01"的最上方轨道上，如图12-311所示。效果如图12-312所示。

图12-310

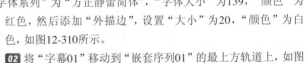

图12-311　　　　　　　　图12-312

03 为"字幕01"剪辑添加"不透明度"关键帧，形成显示动画，如图12-313所示。

04 按照上面的方法，制作"镜头02"的字幕。修改文字内容为"酸菜鱼"，设置文字"颜色"为绿色，效果如图12-314所示。

图12-313　　　　　　　　图12-314

05 在"嵌套序列03"中添加字幕，修改文字内容为"钵钵鸡"，设置文字"颜色"为橙色，效果如图12-315所示。

06 在"嵌套序列04"中添加字幕，修改文字内容为"烤肉串"，设置文字"颜色"为褐色，效果如图12-316所示。

07 在"嵌套序列04"中添加字幕，修改文字内容为"麻辣小龙虾"，设置文字"颜色"为黄色，效果如图12-317所示。

08 返在"嵌套序列05"中添加字幕，修改文字内容为"麻辣火锅"，设置文字"颜色"为红色，效果如图12-318所示。

图12-315 　　　　　　　图12-316 　　　　　　　图12-317 　　　　　　　图12-318

☞ 特效制作和音频处理

01 选中光效粒子.mov素材文件，将其拖曳到V7轨道上，然后设置"混合模式"为"滤色"，如图12-319所示。效果如图12-320所示。

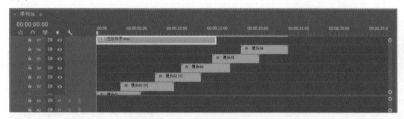 

图12-319 　　　　　　　　　　　　　　　　　　图12-320

02 剪辑的长度比总体序列要短一截。按住Alt键，将光效粒子.mov剪辑向右复制一份，如图12-321所示。

03 在V7轨道上序列的起始和结尾位置添加"黑场过渡"效果，并设置"持续时间"为00:00:00:10，如图12-322所示。

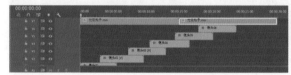 

图12-321 　　　　　　　　　　　　　　　　　　图12-322

04 选中背景音乐.wav素材文件，将其拖曳到A1轨道上，如图12-323所示。

05 裁剪并删除多余的音频剪辑，然后在音频的起始和结尾位置调小音量，如图12-324所示。

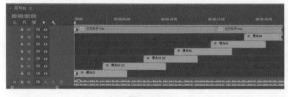 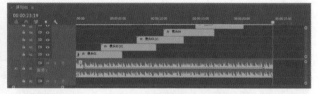

图12-323 　　　　　　　　　　　　　　　　　　图12-324

☞ 渲染输出

01 选中"时间轴"面板上的序列，执行"文件>导出>媒体"菜单命令，弹出"导出设置"对话框，如图12-325所示。

02 在"导出设置"中设置"格式"为"H.264"，如图12-326所示。

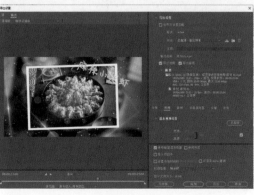 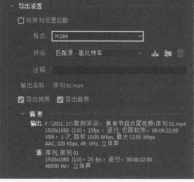

图12-325 　　　　　　　　　　　　　　　　　　图12-326

03 在"导出设置"中单击"输出名称"后的"序列01.mp4",在弹出的对话框中选择导出视频的保存路径,并重新设置导出视频的名称为"商业项目实战:美食电子相册",如图12-327所示。

04 在"其他参数"中勾选"使用最高渲染质量"选项,单击"导出"按钮，即可开始渲染,如图12-328所示。系统会弹出对话框,显示渲染的进度,如图12-329所示。

图12-327

图12-328

图12-329

05 渲染完成后,就可以在之前保存路径的文件夹里找到渲染完成的MP4格式的视频,如图12-330所示。

06 从视频中随意截取4帧画面,效果如图12-331所示。

图12-330

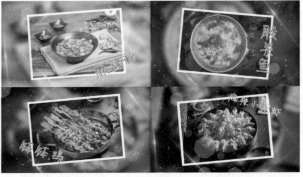

图12-331

商业项目实战:旅游Vlog

素材文件	素材文件>CH12>06
实例文件	实例文件>CH12>商业项目实战:旅游Vlog.prproj
难易程度	★★★★★
学习目标	掌握旅游Vlog的制作方法

Vlog是近几年流行起来的一种短视频类型,拍摄记录日常生活,经过剪辑后分享到社交媒体上。本案例要制作一段旅游Vlog。案例效果如图12-332所示。

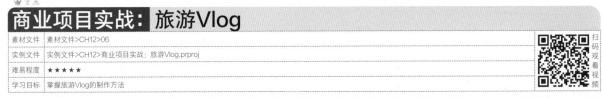

图12-332

素材处理

01 打开学习资源"素材文件>CH12>06"文件夹,将所有素材导入"项目"面板中,如图12-333所示。

02 新建一个AVCHD 1080p 25序列,双击"飞机.mp4"素材文件,在"源"监视器中查看,如图12-334所示。

图12-333

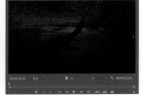

图12-334

03 在素材文件的00:00:03:00和00:00:06:00的位置分别添加入点和出点，如图12-335所示。

04 按,键将入点和出点间的素材插入V1轨道上，如图12-336所示。效果如图12-337所示。

 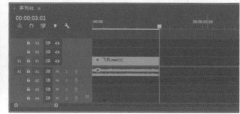 

图12-335 图12-336 图12-337

05 双击火锅.mp4素材文件，在"源"监视器中设置入点为00:00:21:10，出点为00:00:29:20，如图12-338所示。

06 按,键将入点和出点间的素材文件插入V1轨道上，如图12-339所示。效果如图12-340所示。

图12-338 图12-339 图12-340

07 双击杜甫草堂.mp4素材文件，在素材的起始位置和00:00:03:00的位置分别添加入点和出点，如图12-341所示。

08 按,键将入点和出点间的素材文件插入V1轨道上，如图12-342所示。效果如图12-343所示。

图12-341 图12-342 图12-343

09 双击杜甫草堂2.mp4素材文件，在"源"监视器中设置起始位置为入点，00:00:01:20的位置为出点。然后按,键将入点和出点间的素材插入V1轨道上，如图12-344和图12-345所示。

图12-344 图12-345

10 在杜甫草堂2.mp4素材00:00:16:20和00:00:19:20的位置分别添加入点和出点，并按,键将入点和出点间的素材插入V1轨道上，如图12-346和图12-347所示。

 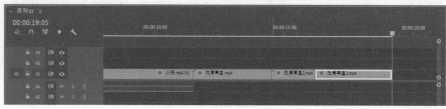

图12-346 图12-347

11 在杜甫草堂2.mp4素材00:00:50:14和结尾处分别添加入点和出点,并按,键将入点和出点间的素材插入V1轨道上,如图12-348和图12-349所示。

图12-348

图12-349

12 双击宽窄巷子.mp4素材文件,在"源"监视器的00:00:07:20和00:00:09:00的位置分别添加入点和出点,然后按,键将入点和出点间的素材插入V1轨道上,如图12-350和图12-351所示。

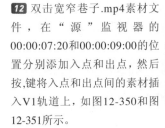

图12-350

图12-351

13 在宽窄巷子.mp4素材00:00:12:18和00:00:13:20的位置分别添加入点和出点,然后按,键将入点和出点间的素材插入V1轨道上,如图12-352和图12-353所示。

图12-352

图12-353

14 在宽窄巷子.mp4素材00:00:31:15和00:00:35:20的位置分别添加入点和出点,然后按,键将入点和出点间的素材插入V1轨道上,如图12-354和图12-355所示。

图12-354

图12-355

15 在宽窄巷子.mp4素材00:00:39:28和00:00:42:19的位置分别添加入点和出点,然后按,键将入点和出点间的素材插入V1轨道上,如图12-356和图12-357所示。

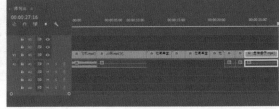

图12-356

图12-357

16 在宽窄巷子.mp4素材00:00:46:05和00:00:47:20的位置添加入点和出点,然后按,键将入点和出点间的素材插入V1轨道上,如图12-358和图12-359所示。

图12-358

图12-359

17 在宽窄巷子.mp4素材00:00:55:13和00:01:00:08的位置分别添加入点和出点，然后按,键将入点和出点间的素材插入V1轨道上，如图12-360和图12-361所示。

图12-360

图12-361

18 双击熊猫1.mp4素材文件，在"源"监视器中查看文件，设置起始位置为入点，00:00:04:00的位置为出点，然后按,键将入点和出点间的素材插入V1轨道上，如图12-362和图12-363所示。

图12-362

图12-363

19 双击熊猫2.MOV素材文件，在"源"监视器中查看文件，设置00:00:45:01位置为入点，00:00:50:23的位置为出点，然后按,键将入点和出点间的素材插入V1轨道上，如图12-364和图12-365所示。

图12-364

图12-365

20 双击九寨沟.mp4素材文件，在"源"监视器中查看文件，设置00:00:26:07的位置为入点，00:00:30:25的位置为出点，然后按,键将入点和出点间的素材插入V1轨道上，如图12-366和图12-367所示。

图12-366

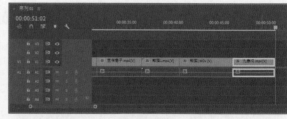

图12-367

21 双击九寨沟2.mp4素材文件，在"源"监视器中查看文件，设置素材的起始位置为入点，00:00:02:00的位置为出点，然后按,键将入点和出点间的素材插入V1轨道上，如图12-368和图12-369所示。

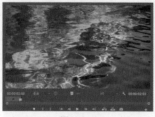

图12-368

图12-369

22 双击九寨沟3.mp4素材文件，在"源"监视器中查看文件，设置素材的起始位置为入点，00:00:02:00的位置为出点，然后按,键将入点和出点间的素材插入V1轨道上，如图12-370和图12-371所示。

图12-370

图12-371

23 在九寨沟3.mp4素材00:00:22:00和00:00:24:00的位置分别添加入点和出点，然后按键将入点和出点间的素材插入V1轨道上，如图12-372和图12-373所示。

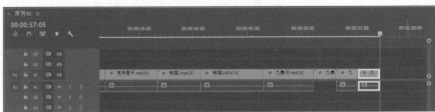

图12-372 　　　　　　　　　　　　　　　　　　　　　图12-373

24 在九寨沟3.mp4素材00:00:35:23和00:00:38:03的位置分别添加入点和出点，然后按键将入点和出点间的素材插入V1轨道上，如图12-374和图12-375所示。

图12-374 　　　　　　　　　　　　　　　　　　　　　图12-375

25 按Space键预览画面，根据内容排列画面，如图12-376所示。这一步仅作为参考，读者可按照自己的想法排列镜头顺序。

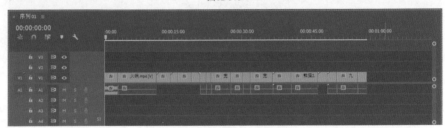

图12-376

☞ 镜头剪辑

01 在飞机.mp4剪辑的起始位置添加"黑场过渡"效果，然后设置"持续时间"为00:00:00:15，如图12-377所示。

02 选中火锅.mp4剪辑，将"速度"设置为300%，如图12-378所示。

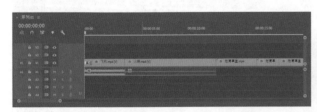

图12-377 　　　　　　　　　　　　　　　　图12-378

> ❶ **技巧提示**
> 向下拖曳V1轨道和V2轨道间的分割线，就可以加大V1轨道的宽度，显示剪辑的截图。

03 选中第二天早上.mp4素材文件，将其拖曳到V1轨道上，作为画面的过渡剪辑，如图12-379所示。效果如图12-380所示。

04 将杜甫草堂.mp4剪辑移动到第二天早上.mp4剪辑末尾。然后在杜甫草堂.mp4剪辑的起始位置添加"白场过渡"，并设置"持续时间"为00:00:00:10，如图12-381所示。

图12-379 　　　　　　　　　　图12-380 　　　　　　　　　　图12-381

05 移动播放指示器到00:00:08:15的位置，将后续和杜甫草堂有关的剪辑统一向前移动，如图12-382所示。

06 在"效果"面板中选择"交叉溶解"过渡效果，并将其添加到杜甫草堂.mp4和杜甫草堂2.mp4剪辑交接处，并设置"持续时间"为00:00:00:15，如图12-383所示。效果如图12-384所示。

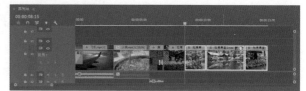

图12-382

图12-383

图12-384

> ⚠ **技巧提示**
>
> 在挑选素材内容时，一般会多留出一些，以方便后续精剪。

07 移动播放指示器到00:00:11:10的位置，将最后一段有关杜甫草堂的剪辑移动到播放指示器的位置，如图12-385所示。

08 在"项目"面板中选择片刻之后.mp4素材文件，将其拖曳到V1轨道上，如图12-386所示。效果如图12-387所示。

图12-385

图12-386

图12-387

09 将和宽窄巷子有关的剪辑移动到片刻之后.mp4剪辑的末尾位置，如图12-388所示。

10 在宽窄巷子.mp4剪辑的起始位置添加"白场过渡"效果，并设置"持续时间"为00:00:00:15，如图12-389所示。效果如图12-390所示。

图12-388

图12-389

图12-390

11 移动播放指示器到00:00:18:08的位置，将其所在的剪辑缩短，使其起始位置与播放指示器对齐，如图12-391所示。

12 移动播放指示器到00:00:22:01和00:00:23:09的位置，分别用"剃刀工具" ◆ 裁剪剪辑，如图12-392所示。

图12-391

图12-392

13 删掉00:00:22:01到00:00:23:09间的剪辑，然后拼合后面的剪辑，如图12-393所示。

图12-393

14 移动播放指示器到00:00:16:22的位置，在两个剪辑交接处添加"叠加溶解"过渡效果，并设置"持续时间"为00:00:00:15，如图12-394所示。效果如图12-395所示。

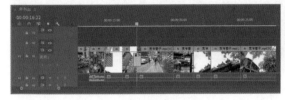

图12-394

图12-395

15 移动播放指示器到00:00:22:11的位置，添加"叠加溶解"过渡效果，如图12-396所示。效果如图12-397所示。

图12-396

图12-397

16 在"项目"面板中选中更多片刻之后.mp4素材文件，将其拖曳到V1轨道上，使其与宽窄巷子相关剪辑的末尾相连，如图12-398所示。效果如图12-399所示。

17 将与熊猫相关的两个剪辑移动到更多片刻之后.mp4剪辑后，然后在起始位置添加"白场过渡"效果，并设置"持续时间"为00:00:00:15，如图12-400所示。效果如图12-401所示。

图12-398

图12-399

图12-400

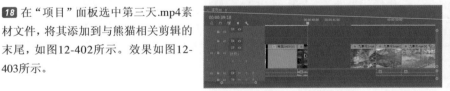

图12-401

18 在"项目"面板选中第三天.mp4素材文件，将其添加到与熊猫相关剪辑的末尾，如图12-402所示。效果如图12-403所示。

图12-402

图12-403

19 将剩余的剪辑向前移动，连接在第三天.mp4剪辑后方，如图12-404所示。

图12-404

20 选中九寨沟2.mp4剪辑，设置"速度"为200％，如图12-405所示。

21 将后方的剪辑向前移动，并在第1个九寨沟2.mp4剪辑的起始位置添加"白场过渡"效果，如图12-406所示。

图12-405   图12-406

22 移动播放指示器到00:00:40:20的位置，添加"交叉溶解"过渡效果，如图12-407所示。效果如图12-408所示。

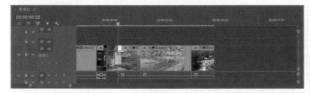  

图12-407   图12-408

23 在后续3个剪辑的两两交接处添加"交叉溶解"过渡效果，如图12-409所示。

24 在最后一个剪辑的末尾添加"黑场过渡"效果，如图12-410所示。

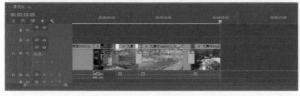 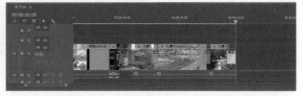

图12-409   图12-410

25 按Space键播放整体序列，灵活调整剪辑的长度和过渡效果的时长，如图12-411所示。

> **① 技巧提示**
>
> 读者在进行这一步操作的时候不用拘泥于书中的时长，按照自身的理解进行调整即可。

图12-411

☞ 文字制作

01 新建一个"旧版标题"，在面板中输入"zurako的旅行日志"。然后设置"字体系列"为"汉仪铸字童年体"，"字体大小"为140，"行距"为113，"颜色"为白色。接着勾选"阴影"选项，设置"不透明度"为50％，"角度"为135°，"距离"为10，"大小"为15，"扩展"为20，如图12-412所示。

图12-412

02 关闭面板。将"字幕01"添加到V2轨道上，如图12-413所示。

> **① 技巧提示**
>
> 字幕需要在下方视频黑场过渡之后再出现，这样就不会显得突兀。

图12-413

03 复制"字幕01"素材并重命名为"字幕02",然后双击打开面板,修改文字内容为"成都",如图12-414所示。

04 将"字幕02"添加到V2轨
道上,如图12-415所示。

图12-414

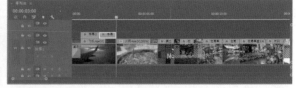
图12-415

05 给两个字幕剪辑添加"不透明度"关键帧,形成带有过渡效果的动画,如图12-416所示。播放序列时就不会显得不流畅。

06 新建"字幕03",在画面中输入"不可错过的火锅",如图12-417所示。

图12-416

图12-417

> ① 技巧提示
>
> 文字的字体与之前一样,只是大小有变化,这里不再赘述。

07 单击"基于当前字幕新建字幕"按钮,在画面中输入"一点都不辣",如图12-418所示。

08 将两个字幕剪辑添加到
V2轨道上,与下方的火
锅.mp4剪辑对齐,如图12-419
所示。

图12-418　　　　　　　　　　　　　　图12-419

09 选中捂嘴笑.gif素材文件,将其拖曳到V3轨道上,并复制两个,以延长动画效果,如图12-420所示。效果如图12-421所示。

10 新建字幕,输入"第1站 杜甫草堂",并添加"不透明度"关键帧,如图12-422所示。

图12-420

图12-421

图12-422

11 在后方几个相关视频剪辑上方添加字幕,输入"位于城中心 交通方便",如图12-423所示。

12 在与宽窄巷子相关的剪辑上方新建字幕,输入"第2站 宽窄巷子",如图12-424所示。效果如图12-425所示。

图12-423

图12-424

图12-425

13 在紧接着的视频剪辑上方
添加字幕,输入"杜甫草堂坐
地铁4号线直达",如图12-426
所示。效果如图12-427所示。

图12-426

图12-427

14 在熊猫1.mp4剪辑上方添加字幕剪辑，输入"第3站 熊猫基地"，如图12-428所示。效果如图12-429所示。

15 在熊猫2.mp4剪辑上新建字幕，输入"坐地铁3号线直达"，如图12-430所示。效果如图12-431所示。

16 选中萌.gif素材文件，将其拖曳到V3轨道上，然后复制多个，使其末尾与下方"字幕10"剪辑的末尾对齐，如图12-432所示。效果如图12-433所示。

17 观察画面，左上角显得比较空，右下角又显得太挤。将文字和萌.gif素材文件都移动到画面左上角，如图12-434所示。

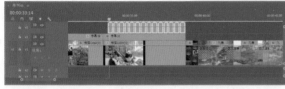

图12-428

图12-429

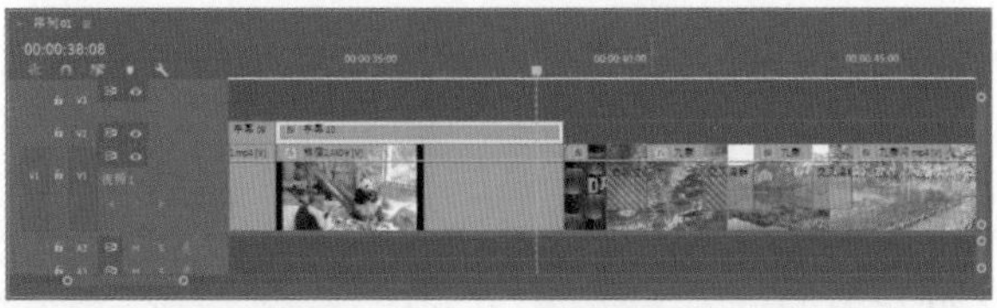

图12-430

图12-431

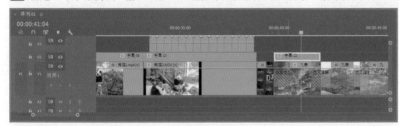

图12-432

图12-433

图12-434

18 新建一个字幕剪辑，输入"第4站 九寨沟"，如图12-435所示。效果如图12-436所示。

图12-435

图12-436

19 再新建两个字幕剪辑，分别输入"宛如人间仙境"和"心灵净化之旅"，如图12-437所示。效果如图12-438所示。

图12-437

图12-438

👉 **音频处理**

01 选中背景音乐.wav素材文件，将其拖曳到A2轨道上，如图12-439所示。

02 根据音乐节奏，适当调整个别视频剪辑的长度，使其能够在节奏点上转场切换，如图12-440所示。

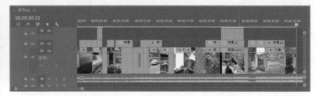

图12-439

图12-440

03 将音频末尾多余的剪辑裁剪并删除，在00:00:50:02的位置将剩余的音频裁成两段，如图12-441所示。

04 将末尾音频剪辑的声音调到最小，然后将两段音频进行嵌套，如图12-442所示。

图12-441

图12-442

05 用"剃刀工具" 将嵌套后的剪辑再次裁剪，如图12-443所示。

06 在"效果"面板中选择"室内混响"效果，将其添加到最后一段音频剪辑上。在"效果控件"面板中单击"编辑"按钮，设置"预设"为"大厅"，将"房间大小"和"衰减"数值调到最大，如图12-444所示。

图12-443

图12-444

07 在两段音频剪辑交接处添加"恒定功率"效果，这样就可以让音频过渡得更加自然，如图12-445所示。

08 选中饭馆人声.wav素材文件，将其拖曳到A3轨道上，如图12-446所示。

图12-445

图12-446

09 移动饭馆人声.wav剪辑，使其起始位置在飞机.mp4剪辑下方。这样就会形成J-cut剪辑效果。裁剪剪辑，使其末尾与火锅.mp4剪辑的末尾对齐。这样镜头过渡会更加自然，如图12-447所示。

10 选中公园自然声.wav素材文件，将其拖曳到A3轨道上，且其起始位置与第1个杜甫草堂相关剪辑的起始位置对齐，如图12-448所示。

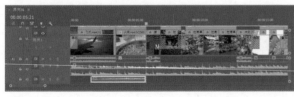
图12-447

图12-448

11 裁剪并删除转场剪辑对应的公园自然声.wav剪辑部分，让剩余的音频分别对应宽窄巷子和熊猫相关剪辑，如图12-449所示。

12 选中缓慢流水.wav素材文件，将其拖曳到A3轨道上，使其与第1段九寨沟剪辑对应，如图12-450所示。

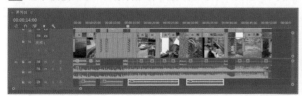
图12-449

图12-450

13 选中小河流水.wav素材文件,将其拖曳到A3轨道上,使其起始部分在倒数第2个剪辑有重合,如图12-451所示。这样就能通过声音产生转场效果。

14 按Space键预览序列,适当调整音频的大小和位置,如图12-452所示。

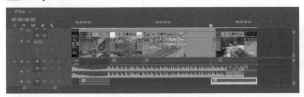

图12-451

图12-452

15 在最后一段剪辑的后面加一段结束字幕,效果如图12-453所示。

图15-453

☞ **视频调色**

01 新建一个"调整图层",将其添加到V4轨道上,并延长到结束字幕之前,如图12-454所示。

02 切换到"颜色"工作区,在"Lumetri 颜色"面板的"基本校正"卷展栏中设置所有画面的相关参数,如图12-455所示。

图12-454

图12-455

03 在"创意"卷展栏中设置"淡化胶片"为25,如图12-456所示。

04 在"效果"面板中选中"通道混合器",将其添加到"调整图层"剪辑上,然后设置"红色-红色"为60,"红色-绿色"为40,"蓝色-绿色"为60,"蓝色-蓝色"为40,如图12-457所示。效果如图12-458所示。

图12-456

图12-457

图12-458

05 添加"快速颜色校正器"效果,然后设置"色相角度"为-15°,如图12-459所示。效果如图12-460所示。

06 在"Lumetri颜色"面板中展开"色轮和匹配"卷展栏,设置"阴影"为青色,"中间调"为橘色,"高光"为黄色,如图12-461所示。效果如图12-462所示。

图12-459

图12-460

图12-461

图12-462

07 展开"曲线"卷展栏,设置"色相与饱和度"曲线,提升橙色和青色的饱和度,如图12-463所示。效果如图12-464所示。

08 序列的整体色调调整完成。根据不同的视频剪辑将"调整图层"裁剪后单独进行细微调整,并删掉过渡剪辑上方的"调整图层"部分,如图12-465所示。

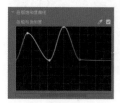

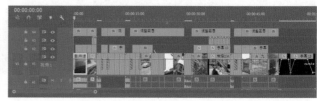

图12-463 图12-464 图12-465

👉 **渲染输出**

01 选中"时间轴"面板中的序列,执行"文件>导出>媒体"菜单命令,弹出"导出设置"对话框,如图12-466所示。

02 在"导出设置"中设置"格式"为"H.264",如图12-467所示。

03 在"导出设置"中单击"输出名称"后的"序列01.mp4",在弹出的对话框中选择导出视频的保存路径,并重新设置导出视频的名称为"商业项目实战:旅游Vlog",如图12-468所示。

图12-466 图12-467 图12-468

04 在"其他参数"中勾选"使用最高渲染质量"选项,单击"导出"按钮 导出 ,即可开始渲染,如图12-469所示。系统会弹出对话框,显示渲染的进度,如图12-470所示。

05 渲染完成后,就可以在之前保存路径的文件夹里找到渲染完成的MP4格式的视频,如图12-471所示。

图12-469 图12-470 图12-471

06 从视频中随意截取4帧画面,效果如图12-472所示。

图12-472

● 重点
商业项目实战： 闲趣食品网店广告视频

素材文件	素材文件>CH12>07
实例文件	实例文件>CH12>商业项目实战：闲趣食品网店广告视频.prproj
难易程度	★★★★★
学习目标	掌握网店广告视频的制作方法

　　平时在逛淘宝、京东等购物平台的网店时，经常会看到30秒到40秒不等的广告视频。相比于静态的广告图片，视频能在有限的时间里展示更多商品细节，激发用户的购买欲。在制作网店广告视频时，一定要尽可能多的在有限的时间里展示产品的各种属性和特点。本案例要制作一段30秒的马卡龙饼干广告视频，需要展示产品的类型及特性。案例效果如图12-473所示。

图12-473

☞ 素材处理

01 打开学习资源"素材文件>CH12>07"文件夹，将所有素材导入"项目"面板中，如图12-474所示。

02 新建一个AVCHD 1080p 25序列，新建一个粉色的"颜色遮罩"，并将其添加到V1轨道上，效果如图12-475所示。粉色的"颜色遮罩"将作为片头和片尾出现。

图12-474　　　　　　图12-475

> ① **技巧提示**
> 素材文件加上片头片尾共有10个素材文件，视频预计总长为30秒，平均一个剪辑为3秒。

03 双击01.mp4素材文件，在"源"监视器中设置00:00:16:00为入点，00:00:19:00为出点，如图12-476所示。按,键将入点和出点间的素材文件插入V1轨道上，如图12-477所示。

图12-476　　　　　　图12-477

04 选中02.jpg素材文件，将其添加到V1轨道上，并将剪辑缩短至3秒，如图12-478所示。效果如图12-479所示。

图12-478　　　　　　图12-479

05 选中03.jpg素材文件，将其拖曳到V1轨道上，如图12-480所示。效果如图12-481所示。

图12-480　　　　　　图12-481

06 双击02.mp4素材文件，在"源"监视器中设置00:00:01:05为入点，00:00:04:05为出点，如图12-482所示。按,键将入点和出点间的素材文件插入V1轨道上，如图12-483所示。

图12-482　　　　　　　　　　　　　　图12-483

07 双击03.mp4素材文件，在"源"监视器中设置00:00:01:15为入点，00:00:04:14为出点，如图12-484所示。按,键将入点和出点间的素材文件插入V1轨道上，如图12-485所示。

图12-484　　　　　　　　　　　　　　图12-485

08 双击04.mp4素材文件，在"源"监视器中设置00:00:01:15为入点，00:00:04:14为出点，如图12-486所示。按,键将入点和出点间的素材文件插入V1轨道上，如图12-487所示。

图12-486　　　　　　　　　　　　　　图12-487

09 双击05.mp4素材文件，在"源"监视器中设置起始位置为入点，00:00:02:15为出点，如图12-488所示。按,键将入点和出点间的素材文件插入V1轨道上，如图12-489所示。

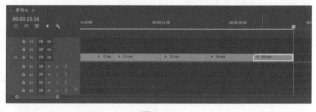

图12-488　　　　　　　　　　　　　　图12-489

10 双击06.mp4素材文件，在"源"监视器中设置00:00:05:00为入点，00:00:09:00为出点，如图12-490所示。按,键将入点和出点间的素材文件插入V1轨道上，如图12-491所示。

图12-490　　　　　　　　　　　　　　图12-491

11 将粉色的"颜色遮罩"添加到剪辑末尾，然后设置结束位置在30秒的位置，如图12-492所示。

12 选中01.jpg素材文件，将其拖曳到V2轨道上，使之与起始位置的"颜色遮罩"对齐，如图12-493所示。效果如图12-494所示。

图12-492　　　　　　　　　　图12-493　　　　　　　　　　图12-494

☞ 镜头剪辑

01 选中01.jpg剪辑，将其添加"裁剪"效果，设置"左侧"和"右侧"都为3%，"顶部"和"底部"都为15%，"羽化边缘"为40，如图12-495所示。效果如图12-496所示。

02 剪辑的色调与下方粉色的颜色遮罩搭配得不是很协调。调换两个剪辑的轨道顺序，然后设置"颜色遮罩"的"混合模式"为"柔光"，如图12-497所示。效果如图12-498所示。

03 选中02.jpg剪辑，添加"缩放"关键帧，形成逐渐放大的效果，如图12-499所示。

图12-495

图12-496

图12-497

图12-498

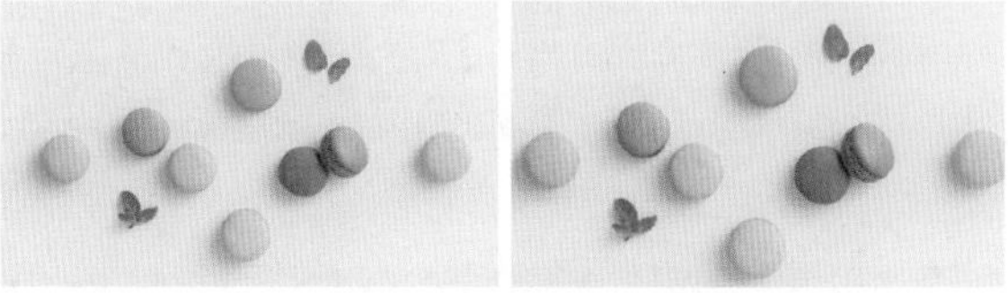

图12-499

> ⓘ **技巧提示**
>
> 在剪辑视频时，要避免出现静止的镜头，否则观看的体验会非常差。对于这一步的图片素材，只需要添加一些简单的动画效果，以方便后期添加字幕。

04 选中03.jpg剪辑，添加"缩放"关键帧，形成逐渐缩小的效果，如图12-500所示。

05 选中背景音乐.wav素材文件，将其拖曳到A1轨道上，如图12-501所示。

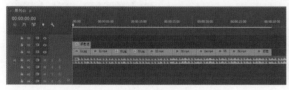

图12-500

图12-501

06 按Space键播放序列，根据音乐的节奏点适当调整剪辑的长度，使其与节奏点对应，如图12-502所示。

07 裁剪并删除多余的音频剪辑，然后调整末尾部分音频的声音大小，如图12-503所示。

图12-502

图12-503

☞ 文字制作

01 新建一个"旧版标题"，在打开的面板中输入"Macaron"和"YOROZUYA"，设置"字体系列"为"NimbusSanExtDLig"，其字体大小和行距按照画面比例灵活调整。效果如图12-504所示。

02 将"字幕01"素材文件添加到V3轨道上，然后添加"不透明度"关键帧，生成文字消失效果，如图12-505所示。

03 新建"字幕02"，在画面中输入马卡龙的口味文字，设置"字体系列"为"汉仪时光体W"，颜色和大小根据画面灵活设置。效果如图12-506所示。

图12-504

图12-505

图12-506

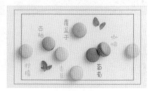

04 将"字幕02"素材文件拖曳到V3轨道上,使之与下方的02.jpg剪辑对齐,然后添加"缩放"关键帧,形成逐渐放大的效果,如图12-507所示。效果如图12-508所示。

图12-507

图12-508

在进行这一步操作时,可能会遇到字幕的缩放和画面的缩放不同步的情况。解决这个问题,只需要删掉原有02.jpg剪辑上的"缩放"关键帧,然后将02.jpg剪辑与"字幕02"剪辑嵌套,再为嵌套序列添加"缩放"关键帧,这样就能产生画面和文字同步缩放的效果,如图12-509所示。

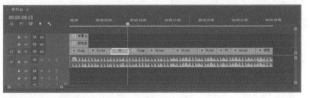

图12-509

05 将"字幕02"复制一份,并移动到03.jpg剪辑上方,根据画面内容调整文字位置,并修改"颜色"为白色,如图12-510所示。效果如图12-511所示。

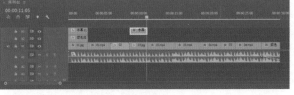

图12-510

图12-511

06 将03.jpg剪辑与"字幕03"剪辑进行嵌套,然后统一添加"缩放"关键帧,效果如图12-512所示。

07 新建一个"旧版标题",在画面中输入"6种口味满足味蕾",设置"字体系列"为"汉仪时光体W",字体大小和颜色根据画面灵活设置。效果如图12-513所示。

08 新建一个"旧版标题",在画面中输入"半糖不甜腻",设置"字体系列"为"汉仪时光体W",字体大小和颜色根据画面灵活设置。效果如图12-514所示。

图12-512

图12-513

图12-514

09 将"字幕05"复制一份,然后修改文字内容为"留给你",如图12-515所示。

10 复制"字幕05",然后修改文字内容为"再来一颗的余味",如图12-516所示。

11 将3个文字剪辑按顺序添加到06.mp4剪辑上方的V3轨道上,如图12-517所示。

图12-515

图12-516

图12-517

12 为3个剪辑添加"不透明度"关键帧,形成逐渐出现的动画效果,如图12-518所示。

13 将"字幕01"剪辑复制一份,移动到最后一个剪辑上方的V3轨道上,如图12-519所示。效果如图12-520所示。

14 为上一步复制的"字幕01"剪辑添加"裁剪"效果，然后添加"顶部"和"底部"关键帧，生成从中间向两边生成的动画效果，如图12-521所示。

图12-518

图12-519

图12-520

图12-521

☞ **视频调色**

01 新建一个"调整图层"，将其拖曳到V4轨道上，并延长剪辑，使之与整体序列的长度相等，如图12-522所示。

02 切换到"颜色"工作区，在"基本校正"卷展栏中设置图12-523所示的参数。效果如图12-524所示。

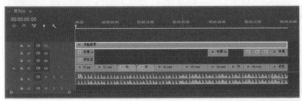

图12-522

图12-523

图12-524

03 在"创意"卷展栏中适当降低"自然饱和度"数值，如图12-525所示。效果如图12-526所示。

图12-525

图12-526

04 在"曲线"卷展栏中调整"RGB曲线"，压暗画面的亮部，提亮画面的暗部，如图12-527所示。效果如图12-528所示。

05 根据不同的镜头裁剪"调整图层"剪辑，然后单独调整其亮度与颜色饱和度，如图12-529所示。

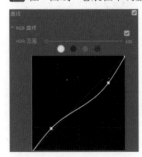

图12-527

图12-528

图12-529

> ⓘ **技巧提示**
>
> 具体的调整过程请观看案例视频。

渲染输出

01 选中"时间轴"面板中的序列,执行"文件>导出>媒体"菜单命令,弹出"导出设置"对话框,如图12-530所示。

02 在"导出设置"中设置"格式"为"H.264",如图12-531所示。

03 在"导出设置"中单击"输出名称"后的"序列01.mp4",在弹出的对话框中选择导出视频的保存路径,并重新设置导出视频的名称为"商业项目实战:闲趣食品网店广告视频",如图12-532所示。

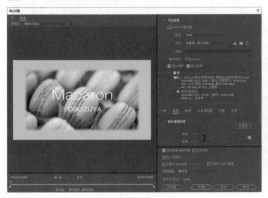

图12-530

图12-531

图12-532

04 在"其他参数"中勾选"使用最高渲染质量"选项,单击"导出"按钮 ▊导出▊,即可开始渲染,如图12-533所示。系统会弹出对话框,显示渲染的进度,如图12-534所示。

05 渲染完成后,就可以在之前保存路径的文件夹里找到渲染完成的MP4格式的视频,如图12-535所示。

图12-533

图12-534

图12-535

06 从视频中随意截取4帧画面,效果如图12-536所示。

图12-536

附 录

附录A：常用快捷键一览表

1.文件操作快捷键

操作	快捷键
新建项目	Ctrl+Alt+N
打开项目	Ctrl+O
关闭项目	Ctrl+Shift+W
关闭	Ctrl+W
保存	Ctrl+S
另存为	Ctrl+Shift+S
导入	Ctrl+I
导出媒体	Ctrl+M
退出	Ctrl+Q

2.编辑快捷键

操作	快捷键
还原	Ctrl+Z
重做	Ctrl+Shift+Z
剪切	Ctrl+X
复制	Ctrl+C
粘贴	Ctrl+V
粘贴插入	Ctrl+Shift+V
粘贴属性	Ctrl+Alt+V
清除	Delete
波纹删除	Shift+Delete
全选	Ctrl+A
取消全选	Ctrl+Shift+A
查找	Ctrl+F
编辑原始资源	Ctrl+E
在项目窗口查找	Shift+F

3.剪辑快捷键

操作	快捷键
持续时间	Ctrl+R
插入	,
覆盖	.
编组	Ctrl+G
取消编组	Ctrl+Shift+G
音频增益	G
音频声道	Shift+G
启用	Shift+E
链接/取消链接	Ctrl+L
制作子剪辑	Ctrl+U

4.序列快捷键

操作	快捷键
新建序列	Ctrl+N
渲染工作区效果	Enter

续表

操作	快捷键
匹配帧	F
剪切	Ctrl+K
所有轨道剪切	Ctrl+Shift+K
修整编辑	T
延伸下一编辑到播放指示器	E
默认视频转场	Ctrl+D
默认音频转场	Ctrl+Shift+D
默认音视频转场	Shift+D
提升	;
提取	`
放大	=
缩小	-
吸附	S
序列中下一段	Shift+;
序列中上一段	Ctrl+Shift+;
播放/停止	Space
最大化所有轨道	Shift++
最小化所有轨道	Shift+-
扩大视频轨道	Ctrl++
缩小视频轨道	Ctrl+-
缩放到序列	\
跳转序列起始位置	Home
跳转序列结束位置	End

5.标记快捷键

操作	快捷键
标记入点	I
标记出点	O
标记素材入出点	X
标记素材	Shift+/
在项目窗口查看形式	Shift+\
返回媒体浏览	Shift+*
标记选择	/
跳转入点	Shift+I
跳转出点	Shift+O
清除入点	Ctrl+Shift+I
清除出点	Ctrl+Shift+Q
清除入出点	Ctrl+Shift+X
添加标记	M
到下一个标记	Shift+M
到上一个标记	Ctrl+Shift+M
清除当前标记	Ctrl+Alt+M
清除所有标记	Ctrl+Alt+Shift+M

6.图形快捷键

操作	快捷键
文本	Ctrl+T
矩形	Ctrl+Alt+R
椭圆	Ctrl+Alt+E

附录B：Premiere Pro操作小技巧

1.在轨道上复制素材

　　一段视频素材需要被多次使用，一次一次进行拖曳实在麻烦，该怎么办呢？只要在轨道中按住Alt键，直接拖曳想要的素材就可以快速进行复制。

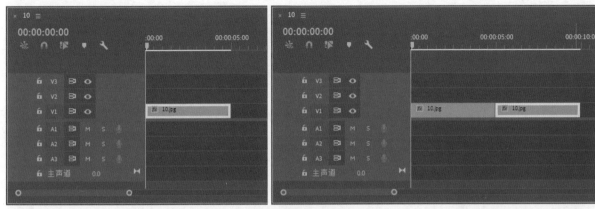

按Alt键向右拖曳

2.在两个剪辑之间插入素材

　　视频剪辑完成，突然发现有一段视频漏掉了，必须将其放进去该怎么办？选中想要插入的素材，将播放指示器拖曳到需要插入的位置，按,键就可以了。（需要注意的是，必须是在英文输入法的状态下按键才能生效。）

选中要插入的素材　　　　　　　　　　　　　将播放指示器移动到需要插入的位置

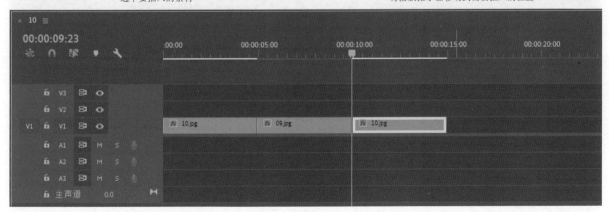

按,键插入素材

3.同时裁剪多个轨道上的剪辑

一般来说，"剃刀工具"🔪只能对一个轨道中的素材进行剪辑。那应该如何实现同时裁剪多个轨道上的剪辑呢？只要按住Shift键，再用"剃刀工具"🔪裁剪就可以了。

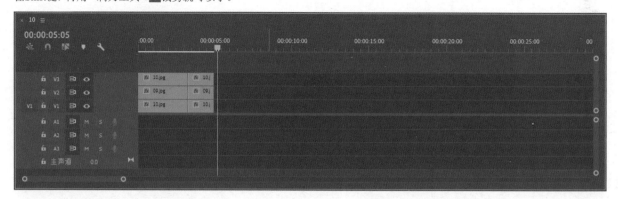

4.素材间互换位置

有时候需要将一段剪辑中的两个素材互换位置，怎样才能快速实现？只要按住Alt+Ctrl组合键，然后拖曳需要交换位置的素材即可。

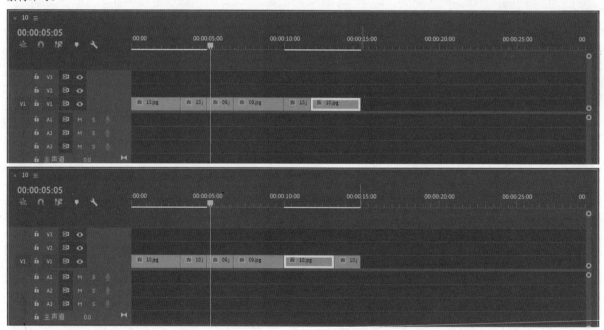

按住Alt+Ctrl组合键移动素材

5.快速查看序列效果

通常情况下，查看序列效果可按Space键。如果想快速查看序列效果该怎么办？每按一次L键，播放速度都会提升，按Space键就可以恢复原有的播放速度。